JN080070

改訂版

セーフティプロモーション

安全・安心を創る科学と実践

日本セーフティプロモーション学会

[編]

晃洋書房

目　　次

第3章　セーフコミュニティ　　　　　　　　　　　　*163*

第4章　セーフティプロモーションスクール
──その歴史と基本的な考え方及び実際の活動──　　189

藤田大輔

第5章　COVID-19 パンデミックの社会への影響　　205

序　章
安全・安心について

衞藤　隆

要　約

　安全は客観的概念であり，安心は主観的概念である．国際的な基準としての国際基本安全規格では「許容できないリスクがないこと」と定義されている．安全は科学的な方法によりリスクを予知し，適切な対策を講じ除去ないし減ずることである．安全情報共有や人々の間の信頼関係は安心を高める可能性がある．

キーワード

体感治安，生活安全，交通安全，災害安全，国際基本安全規格

① 安全・安心とは？

　1960年代から1970年代の高度経済成長が進展した頃の日本は世界の中では安全な国と言われていたが，交通戦争（1970年，第一次交通戦争，1988年第二次交通戦争）（**図1**），誘拐事件（1963年，吉展ちゃん誘拐事件ほか），北朝鮮による拉致被害等安全を脅かす社会状況は存在していた．1990年代から2000年代にかけては，刑法犯検挙率が著しく低下する時期を迎えた（**図2**）．この頃になると決して日本は安全な社会であるとは人々は信じなくなり始めていたと思われる．地域によっては繁華街における人々の体感治安が悪化していった．地方自治体において「安心・安全まちづくり条例」のような名称で対策を講じようとする所も出てきた（**表1**）．他方，日本では水害，地震，津波などの自然災害もまれではなく，安全を考えるときの要因としては必須事項となっている．現在，学校の安全教育においては発生する事故の性格を考慮し，「生活安全」，「交通安全」，「災害安全」の3つの領域に分けてとらえている．犯罪被害防止は生活安全に含まれる．

　さて，これまで生活用語のレベルで「安全」あるいは「安心」という用語を用いてきたが，地域や職場，学校，家庭等で安全を推進するための基礎となるセーフティプロモーションを理解する上

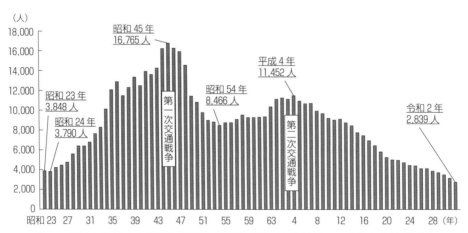

図1　日本における交通事故死者数の推移（昭和23 [1946] 年〜令和2 [2020] 年）
注：昭和46年以前は，沖縄県を含まない．
出典：全日本交通安全協会〈https://www.jtsa.or.jp/topics/T-318.html〉（2023年1月19日アクセス）．

で，安全，安心について
用語の定義を検討し，共
通理解を図っておくこと
にする．

　安全（safety）について
は客観的にとらえ，評価
することが可能で，安全
を脅かす危険の存在の度
合いで表現する定義が主
流である．工場や発電所
における事故が従業員や

表 1　地方公共団体の安全・安心に係わる条例の例

自治体名	条例名	施行日
東京都	東京都安全安心まちづくり条例	平成 15 年 10 月 1 日
神奈川県	神奈川県犯罪のない安全・安心まちづくり推進条例	平成 18 年 10 月 1 日
千葉県	千葉県安全で安心なまちづくりの促進に関する条例	平成 16 年 10 月 1 日
埼玉県	埼玉県防犯のまちづくり推進条例	平成 16 年 7 月 1 日
福岡県	安全・安心まちづくり条例	平成 20 年 4 月 1 日
名古屋市	安心・安全で快適なまちづくりなごや条例	平成 16 年 11 月 1 日一部施行，17 年 4 月 1 日一部施行，18 年 7 月 1 日全面施行

出典：筆者作成.

地域住民にどの程度危険を及ぼす可能性があるか，その危険（リスク）の程度を下げることが安全に
つながるというとらえ方である．リスクが全くない，すなわちリスクがゼロである「絶対安全」は
人々の心情としては考慮する必要があるかもしれないが，現実には何らかのリスクは存在しゼロと
するのは難しい．国際的な基準を検討し作成している国際基本安全規格（ISO/IEC Guide）がヨーロ
ッパで定められ，世界的に用いられることが多い．1990 年に ISO/IEC Guide 51: 1990 が策定され，
「絶対安全は存在しない」と宣言し，さらに安全とは「受容できないリスクがないこと」と定義した．
「受容できないリスク」は英文で "unacceptable risk." と表現された．その後，2014 年の ISO/IEC
GUIDE 51: 2014 で「許容できないリスクがないこと」と定義に改定された．「許容できないリス
ク」は英文で "tolerable risk" と表現された[1]．

　他方，日本においては平成 16（2004）年，文部科学省の「安全・安心な社会の構築に資する科学
技術政策に関する懇談会」報告書[2]において「安全とは，人とその共同体への損傷，ならびに人，組
織，公共の所有物に損害がないと客観的に判断されることである．ここでいう所有物には無形のも
のも含む．」という定義が掲げられた．ここでは事前に予測される危険（リスク）という観点ではな
く，事後の損傷や損害という結果（アウトカム）を問題にしており，それらが「無い」と客観的に判
断されるとき，安全であると確信してよいとしている．

　「許容できないリスクがない」と定義した安全を実現するためには，1．リスク対象の定義を行い，
2．リスクの見積もりを行い（これら 1，2 の過程を「リスク分析」という．），3．リスクの評価を行う
（1，2，3 この 3 つのステップを「リスクアセスメント」という．），4．そのリスクが許容できるかを判定
し，5．そのリスクが許容できない場合はリスクを許容できるまで低減したり回避させたりする
（これをリスク対応という）．これら 5 つのステップを順に繰り返す必要がある．なお，リスクアセスメ
ントとリスク対応を合わせてリスクマネージメントという[3]．

　一方，安心については，上述の文部科学省の懇談会報告書において，安心とは「人が知識・経験
を通じて予測している状況と大きく異なる状況にならないと信じていること，自分が予想していな
いことは起きないと信じ，何かあったとしても受容できると信じていること．」が一つの見方とし
て示されている．この内容からも明らかなように，「安全」が客観的状態を指すのに対し，「安心」

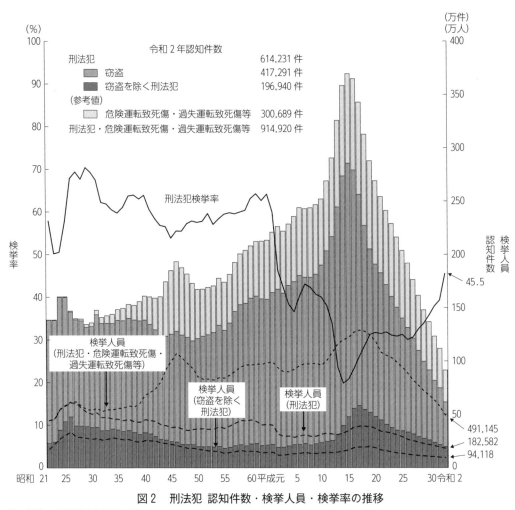

図2 刑法犯 認知件数・検挙人員・検挙率の推移

注：数値・率は警察庁の統計による．
出典：法務省「令和3年版 犯罪白書」.〈https://hakusyo1.moj.go.jp/jp/68/nfm/n68_2_1_1_0.html〉（2023年1月19日アクセス）.

は主観的概念であり，人により，また状況によりその内容は異なって来る可能性がある．

　安心・安全と対で語られたり，記されたりすることがしばしばあるが，客観的な指標を用い安全と判断される状況でも安心とはとらえられない人がいるかもしれないし，逆に，安全とは到底いえない状況であっても人々は安心しているという場合もありうる．人々が安心できる状況を得るための前提として，安全の確保に関わる組織と人々を信頼出来るという確信をもつことが必要である．人々が日々の生活の中で，安全について知識をもち，よく理解した状態が形成され，災害や事件，事故などいざというときの対処についての心構えを持ち，それが保たれている状態において安心が実現してくるといえよう．

② 安全・安心を科学的にマネージメントする

　安全と安心についてそれらの意味と特徴を理解した上で，それらを科学的な基盤にたって制御（コントロール）する．多くの場合，リスクを減じ安全性を向上させ，安心感も増す方向への取り組みに関心が寄せられ，その逆を目指すことはないといってよいだろう．

　安全を向上させる，あるいは安全を推進するということは，安全が客観的に定義づけられ，何らかの指標を設定すると測定が可能となることもある．また，リスクを予想することも可能な場合がある．このことは，科学的な論理や方法を当てはめリスクを予知し，適切な介入方法による対策を講ずることによりリスクを除去ないし減ずることが可能となるかもしれない．後に出てくるセーフティプロモーションの考え方には科学的な方法により危険や危害を予知し，予防することが含まれている．

　安心は人々の感受性，知識，判断，統合力などその人自身の下にある脳機能と深くかかわっているので，外部から制御することは基本的に不可能である．しかし，人々同士の会話やメディアを通じた情報伝達，教育等によりリスクを減ずる方向へ影響を与えることは出来るかもしれない．また，人々の間や安全を推進する組織と住民の間で信頼関係が育まれているとリスクに関する共通理解が生まれ，安心の度合いが増す可能性を高める．

　重要なのは，うわさや自分だけの経験則にとらわれることなく，また呪術や占い，迷信等から自らを開放し科学的思考により安全に近づこうと努力することである．

③ 安全と安心の現状

　「1．安全・安心とは？」の項で日本における安全の状況について日本におけるとらえ方についてふれた．全国レベルでの生活安全に関する調査としては平成 6（1994）年に内閣府により「国民の生活安全に関する世論調査」が行われている[4]．この調査の目的は「国民の生活安全に関する意識を調査し，今後の施策の参考とする」であり，調査項目としては，(1) 犯罪について，(2) 犯罪に至らないが不安に感じる問題について，(3) 犯罪などから身を守る手段，(4) 犯罪などの情報提供に対する警察の取組み，(5) 防犯対策についてである．調査対象は全国から層化 2 段無作為抽出法により抽出した 20 歳以上の 3000 人である．調査時から遡って 5 年以内に自分または家族が被った犯罪については重複を含めて 38.7％の人が「ある」と回答し，68.8％の人が「事件にあったことはない」と回答していた．「ある」の内容としては「自転車，バイク，自動車などの乗り物盗」が最も多く，18.8％であった．全国的に見て「これまでの 1 年間に，犯罪の発生はどうなったと感じますか（交通事故や交通違反等の問題は含みません）．」という質問に対しては 92％の人が「非常に多くなった」または「多くなった」と回答し，住んでいる地域における別の体感不安に関する質問では，「感じない」は 35.5％に過ぎず，それ以外の人々の大半は複数の不安を抱いていた．

上記の調査は全国的に刑法犯の認知件数が増え始め，検挙率が低下しはじめた頃のものである．その後，このような世論調査は内閣府では実施されていないが，平成 25 年度に「子どもの安全に関する世論調査」，平成 27 年度に「インターネット上の安全・安心に関する世論調査」，平成 29 年度に「防災に関する世論調査」が行われている[5]．

市民の体感治安が増加していることへの認識から，市をあげてセーフコミュニティの国際認証を目指して取得し，さらに 5 年後の再認証を受けた神奈川県厚木市からその経緯が報告されている[6]．これによると，厚木市の刑法犯認知件数が最高に達した平成 13（2001）年の翌年，平成 14（2002）年から本格的に安心・安全なまちづくりを開始された．まず，市民が感じる不安感や安心感を把握するため，質問紙調査が実施された．その結果 65％以上の人々が「人通りの少ない，暗い夜道」に不安を感じていることが判明した．これに対して，見通しの悪い箇所や危険と思われる箇所に設置してある既存の防犯灯を照度の高い蛍光灯に順次交換するなどの改善策が実施され，併せて市民安全パトロール車による市内巡回パトロールや小・中学校や地域安全活動の拠点などを重点パトロールするなど犯罪に対する抑止力を高める目的で，犯罪の発生しにくい環境づくりが取り組まれた．さらに市民から情報収集するための環境整備が行われ，市民自身の安全意識の向上を促す対策も講じられた．そして地区市民センターを中心に「地域安心安全なまち会議」が市内 15 カ所に設置されるに至った．このようなきめ細かな対策が積み重ねられる一方，セーフコミュニティ国際認証に向けた準備が進められ，2010 年 11 月に日本で 3 番目，世界で 223 番目のセーフコミュニティ国際認証を取得するに至った．刑法犯認知件数，自転車事故件数，市内の交通事故件数はいずれもセーフコミュニティ取得を目指すことが宣言された 2008 年以降，徐々に減少する傾向を示した．市民意識調査における体感治安に関する質問については，平成 27（2015）年には，「悪くなった」が平成 17（2005）年と比較して 43.8 ポイント減少，「良くなった」が 10.7 ポイント増加しているという結果が得られた．さらに実際に起きた犯罪については，窃盗犯全体でも平成 13（2001）年の 6340 件が平成 28（2016）年には 1899 件と 70％減少していた．このような科学的根拠に基づく調査や対策，また市民，市役所，専門家等の協働を特徴とするセーフコミュニティ活動を通じて，市民が実感できる安心・安全の向上がもたらされた．セーフコミュニティ認証に向けた準備段階で市の危機管理部長を務め，その後退職後もセーフコミュニティ総合指導員としてセーフコミュニティ活動において主導的役割を果たしてきた倉持は，“厚木市の活動を通じて，一見，安心・安全なまちづくりに関係なさそうな「あいさつ運動」や「花いっぱい運動」，そして「お祭り」や「運動会」などのコミュニティ活動が，人と人をつなぎ，地域の絆や信頼感の再生，そして地域の安心・安全感に大きな影響を与えていることを感じた．”と述べており，市民の主体的な安全・安心への取り組みの成功と持続可能性についての示唆を与えている．

参考文献・資料

[1] ウィキペディア「安全」〈https://ja.wikipedia.org/wiki/%E5%AE%89%E5%85%A8〉（2019 年 4 月 2 日アクセス）．

[2] 文部科学省「安全・安心な社会の構築に資する科学技術政策に関する懇談会」報告書，2004 年〈http://www.

mext.go.jp/a_menu/kagaku/anzen/houkoku/04042302.htm〉（2019 年 4 月 2 日アクセス）．

[3]　JIS Q 31000：2010 リスクマネジメント―原則及び指針〈https://kikakurui.com/q/Q31000-2010-01.html〉〈2019 年 4 月 2 日アクセス〉．

[4]　内閣府「国民の生活安全に関する世論調査」1994〈https://survey.gov-online.go.jp/h06/H06-12-06-14_chosahyo. html〉（2019 年 4 月 2 日アクセス）．

[5]　内閣府「世論調査」〈https://survey.gov-online.go.jp/index-all.html〉（2019 年 4 月 2 日アクセス）．

[6]　倉持隆雄．市民協働による生活安全活力の再生と魅力あるまちづくり～"セーフコミュニティ"で「安心」「安全」「元気」なまちを！～．日本セーフティプロモーション学会誌 10(1)：27-34，2017．

第1章
安全・安心を
マネージメントする科学

第 1 節

injury prevention とは？
基本的な考え方

今井博之

要　約

　かつての「事故予防」は，今日ではより広義の「傷害制御」と呼ばれるようになった．その概念と理念を概説する．そして，セーフティプロモーションは，これらの原理を実社会に導入し実施するための人間生態学的アプローチの一つである．

キーワード

傷害制御，ハドンのマトリックス，ハドンの 10 項目戦略，システムズ・アプローチ，人間生態学的アプローチ

1　傷害の問題の大きさ

　不慮の事故，故意の外傷（自殺・虐待・他殺），意図不明の外傷の 3 つのカテゴリーを包含する用語が injury であり，本節では injury の日本語訳を傷害と表記する．

　年間死者数のうち，死亡原因が傷害であった割合は全年齢で見ると 5 ％に過ぎないが[1]（**図 1-1**），比較的若年者において傷害は最も重要な死因の一つとなっている（**図 1-2**）．

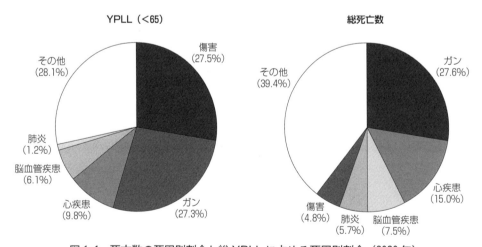

図 1-1　死亡数の死因別割合と総 YPLL に占める死因別割合（2020 年）

出典：人口動態統計（令和 2 年）より筆者作成.

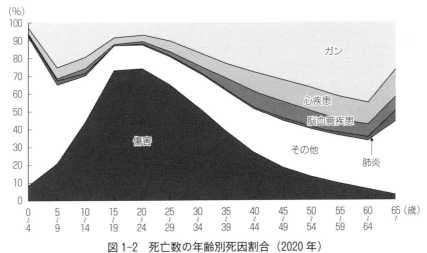

図 1-2　死亡数の年齢別死因割合（2020 年）

出典：人口動態統計（令和 4 年）より筆者作成.

　YPLL（損失生存可能年数）という死亡統計がある．これは，生産年齢を仮定し（ここでは 65 歳未満とする），ある原因により 40 歳で死亡した場合，その人は 25 年（65 − 40 = 25）を損失したと考えて，様々な死亡原因別にこの損失年数を総計し，比較する衛生統計である[2]．2020 年のわが国の YPLL（図 1-1）で見ると，事故・自殺・他殺をあわせた傷害死は，その差はわずかではあるが悪性新生物をしのいで 1 位となっている．さらに，主な死因別 YPLL のこれまでの推移（図 1-3）で見ると，1995 年の阪神淡路大震災と 2011 年の東日本大震災を除けば，1998 年から 2016 年までの 18 年間に及ぶ自殺者数の突出が傷害全体の YPLL を押し上げていたことがわかる．

　死者数だけではなく，死亡に至らない大小の傷害はおびただしい数であり，しばしば生涯にわたる後遺症の原因ともなっている．マサチューセッツ州で行われた子どもの傷害に関する調査によると，一人の死亡例の背景には 45 人の入院例があり，約 1300 人が救急処置室で手当てを受けていた[3]．さらに，受診すらしていない多くの人々がその背景にあると考えられるが，その実数は未だ正確に把握されていない（傷害のピラミッド）．

　死亡したり，後遺症を残したり，長期にわたる生活の制限を余儀なくされる，こうした様々なレベルの傷害が社会に与える負の影響は測り知れない．少子高齢化がますます深刻化するわが国にとって，傷害は公衆衛生の観点からも増々重要な課題となっている．

　傷害制御学という分野が本格的に研究され始めて数十年が経過し，米国では CDC（疾病制御センター）内部に置いていた国立傷害防止センターを，独立した部門に格上げして，しかるべき資金と人材を投入し，本格的な活動を開始した[3]．「傷害の問題は，重大であるにもかかわらず過小評価されてきた．そして，われわれの理解が最も不足している分野である」という 1985 年のアメリカ科学アカデミーの報告[4]以来，傷害対策は一国の公衆衛生上の重大問題の一つであると認識されるようになった．

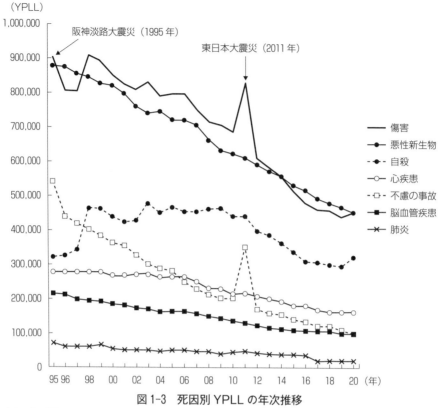

図 1-3　死因別 YPLL の年次推移

出典：人口動態統計（該当年）より筆者作成.

②　傷害制御の基本的概念

　傷害制御の基本的な考え方は大きく変貌した．かつての「事故予防」（accident prevention）は，今日では「傷害制御」（injury control）と呼ばれる．もともと事故（accident）という言葉には，「不運」とか「予期できなかった」というニュアンスが含まれており，したがって事故は「やむを得ないもの」であり合理的に防止することは困難であるという先入観を包含している．また，事故は疾病とは異なり，受傷者側にも何らかの落ち度や不注意があったのではないかという偏見が未だ払拭できていない．しかし，今日では傷害は疾病同様に一定のパターンで繰り返されており，科学的に分析すれば対策が立てられるし，負傷した個人を責めても何も生み出さないことが明らかにされてきた．[5]

　「事故」という出来事やプロセスに着目するのではなく，その結果もたらされる「傷害」というアウトカムにこそ着目すべきである．たとえ事故の頻度は減らせなくても重症度を減ずることで傷害を軽くしたり無くしたりすることはできる．したがって，それを達成するための方策は，「予防」だけにとどまらず，「介入」や「事後対策」なども重要であり，その意味では，こうした一連の対策は「制御（control）」と呼ばれるべきである．[6]

　このような概念の変遷を歴史的に回顧すると，以下の5つが重要である：① ハドン・マトリッ

表1-1　ハドンのマトリックス（自動車事故の例）

	動因（自動車） agent	人 host	物理的環境 physical environment	社会文化的環境 socio-cultural environment
事故前 pre-event	ブレーキ点検，車検， など	ドライバー教育，歩行者 教育，など	道路環境の整備	飲酒運転や速度超過に対す る社会的認識
事故中 event	割れないフロントガラス， など	エアバック，チャイルド シート	ガードレールの衝撃吸収性	シートベルト着用に関する 認識
事故後 post-event	ガソリン引火防止装置， など	負傷者の一般的覚醒状態 （飲酒など）	救急システム	外傷センターやリハビリに 対する社会的支援

出典：Robertson LS. *Injury epidemiology* より筆者作成.

クス，② ハドンの 10 項目戦略，③ 受動的 vs 能動的対策，④ Three "E"，⑤ ヒューマンエラーと
システムズ・アプローチ.

（1）ハドン・マトリックス（Haddon Matrix）

　感染症制御の疫学的手法をモデルにして傷害疫学（injury epidemiology）[6] が発達した．かつて猛威を
ふるった感染症が今日の状況までに減少したのは何も病原体を根絶したからではなく，病原体が存
在していても感染しにくくしたり（頻度を減らす），感染しても軽症化させる（重症度を減らす）手法を
発展させてきたからに他ならない.

　William Haddon Jr. は，感染症モデルでの agent（ウイルスや細菌など），host（ヒト），vehicle or
vector（汚染された飲用水や蚊やネズミなど agent を媒介するもの）に相当する各要因を，傷害制御にも適
用できるとし，それぞれの傷害のリスク因子がどの要因に相当するのかを整理し，それらに対応す
る対策が，「事故前」，「事故の瞬間」，「事故の後」のどの時相に作用するのかによって 3 要因 × 3 時
相の 9 つのセルに分けることが出来ることを示した[6]（表1-1）.

　傷害制御における **agent** とは，傷害を引き起こす物理的（骨折など），化学的（中毒など），熱力学的
（熱傷など），電気的（電撃熱傷など）エネルギーのことである．傷害はこれらのエネルギーが人体の耐
性を超えた時に発生するので，agent は傷害の必要条件であり，製品の改変などによって傷害エネ
ルギーを減ずるか，あるいは，何らかの対策によってエネルギーの人間への曝露機会を減じること
ができれば，傷害を大きく減らすことができる.

　host は人間のことであるが，傷害に対する身体の耐性を高めることも，性別や年齢を変えること
も無理なので，host を変化させるということは，行動の変容によって agent への曝露を防ぐという
ことに他ならない.

　vehicle（or vector）に相当するのが **environment** である．傷害制御の分野では，環境とは主とし
て物理的環境（physical environment）を指していたが，host と vehicle の関係を生態学的モデルとし
て捉えるという行動科学的アプローチの進歩によって，社会文化的環境（socio-cultural environment）
を分けて示すことが多くなった．environment の変化によって host の agent への曝露を変化させる
ことができる.

（2）ハドンの10項目戦略（Haddon's 10 strategies）

技術面から傷害制御の対策を考案する際には，ハドンがまとめた10項目の戦略が役立つ. [3][5][6]

① そもそもハザードを創らせない：欧州連合はこんにゃくゼリーのような特別危険な食べ物を販売することを禁止した.

② ハザードのエネルギー量を減らす：全量一度に飲んだとしても致死量にならない範囲で薬を処方する. 給湯器から出るお湯はやけどしない温度に上限設定する.

③ ハザードの放出を防ぐ：子どもには発火できないライターにする. 薬はセーフティーキャップの容器に入れて処方する.

④ ハザードが放出される速度や範囲を変化させる：シートベルトやチャイルドシートの着用. 自動スプリンクラーシステムの装備.

⑤ ハザードを時間的・空間的に分離する：子どもは自動車の後部座席に座らせる. 子どもが近づけないキッチンユニットにする. 危険物を運搬できる時間帯を決める.

⑥ ハザードを物質的バリアーで分離する：自転車ヘルメット着用を義務化. 高層階には窓ガードをつける.

⑦ ハザードの危険特性そのものを変化させる：道路沿いの電柱やガードレールの衝撃吸収性を高める. 遊具の地表面を衝撃吸収素材にする.

⑧ ダメージに対するヒトの抵抗性を高める：高齢者の転倒防止にビタミンDを投与.

⑨ 既に受けてしまったダメージに対抗する：煙感知器を普及させる. 熱傷は先ず冷やすことを周知させる.

⑩ ダメージの安定化・治療・リハビリ：義足や車イスの提供. 重症熱傷の植皮・再建手術・リハビリ.

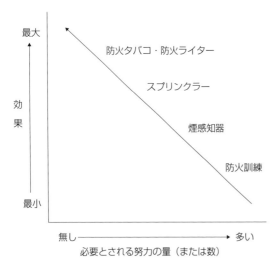

図 1-4　受動的対策と能動的対策

求められる行動の量や数が少ないほど，受動的な対策であり，効果も高まる.
出典：ウィルソン MH，ベイカー SP，ガルバリーノ J 他. 今井博之訳. 死ななくてもよい子どもたち. メディカ出版, 1998.

（3）受動的 vs 能動的対策

　受動的対策（passive strategy）とは，その安全対策を実現するために求められる個人の行動が，より少なく，自動的に安全が確保されるという対策である. 他方，能動的対策（active strategy）とはその個人に求められる行動の量あるいは手数が多い対策のことを指す.[5] 例えば，自動車のフロントガラスが安全な割れ方をするように設計されていることは完全な受動的対策であり，シートベルトは，乗車のたびに着用の手間を要するので能動的対策であるが，一旦バックルを締めれば受動的に安全が確保される. 傷害制御においては，その対策がより受動的であればあ

るほど大きな成果をあげてきた（**図1-4**）．

　しかし，全ての対策は，受動的対策と能動的対策のスペクトラムの中にあるので，実際には受動的対策と言っても，求められる行動が皆無であるという対策は無く，例えば，煙感知器を設置していてもバッテリーを交換しなければいけないし，エアバッグですら子どもの場合は座席の位置を選ばなくてはならない．

（4）"three E" アプローチ

　ジョンズホプキンス大学の公衆衛生学教授であったスーザン・ベイカーは，1973年に「3つのE（Education, Engineering, Enforcement）」を概念化し[5]，その後米国のNCIPC（National Committee for Injury Prevention and Control）が，このパラダイムを採用した[3]．

a　教育（Education）

　教育は，1970年代以前の事故予防対策の主役であった．ここで言う「教育」の範囲は極めて限定的で，主として広報やキャンペーンなどで意識を高めることが主であったが，交通安全教育などは意図的に精力的に行われた面もある．しかし，小児に対して歩行者安全教育を行って交通事故が減らせたという明確なデータは存在せず，一定の安全教育を行って，その前後で知識量を比較したという研究が多い[7]．しかし，知識量の増加，動機づけ，行動の変容，その維持というふうに効果はあきらかに薄められてゆく（影響力の希釈）[3]．知識量の増加でもって有効が証明されるわけではなく，評価はアウトカムで行う必要がある．しかし，交通安全教育に関しては，ほとんどが知識量で効果評価がなされており，数少ないアウトカム評価では，再現性がなく，効果は疑問視されている[7]．

　この時代の教育は，むしろ安全対策を個人責任として矮小化することで製品の製造責任を免罪し，有効な対策から目をそむけさせた意味で逆効果ですらあったし，最もコスト・ベネフィットの悪い対策であった．

b　技術（Engineering）

　技術は，agentや物理的環境を改変することで，危害を及ぼすエネルギーを変化させ，agentがhostに曝露する機会を減らしたりする対策であり，数多くの成功をおさめてきた[5][6]．米国では，給湯器の蛇口から出る温度の上限を規制することで，やけどする子どもの数が大幅に減少した．また，薬を誤って飲んで死亡する子どもの数も「中毒防止包装法（子どもには開けられない特殊なビンに薬を入れることを義務づけた）」の法制化（1970年）以来激減した．ニューヨークの高層ビルから転落して死亡する子どもの数は，Children Can't Fly Programという窓の安全ガード普及活動（1977年）によって激減したし，最近では煙感知器を一般家庭に装備させる運動によって火災で死亡する子どもの数を減らしている．チャイルドシート着用の法制化は完了し，現在は自転車ヘルメット着用の法制化が進行中である．

　わが国でも，風呂の給湯システムの進歩によって，子どもの全身重症熱傷が激減したことは明らかであるし，浴槽の残し湯が減ったことで子どもの溺死が減少している．また，電気ポットの電源

コードの接続が磁石式になってきたことは重症の熱湯熱傷を減らすことにつながっている.

このように，技術の進歩や製品の改良は傷害制御に大きな成果をもたらしてきたが，最新の技術進歩を安全対策に系統的かつ効果的に取り入れるためのシステムが出来ていないことが問題である.すなわち安全対策の立案段階でテクノロジーの専門家が参画できるようなシステム，あるいは学際的な研究体制が必要である. わが国では，産業総合研究所の西田らが中心となって，工学的デザインの基礎となる人体計測や行動特性に関するテクノロジーの応用，あるいは傷害サーベイランスへのテクノロジーの応用など学際的な研究が一部で始められている.[8]

c 法制化（Enforcement）

法制化は，法律や規制によって製品・環境・人々の行動をより安全なものになるように変化させることで，これまでに数多くの成功をおさめてきた. 例えばわが国では 2000 年に小児のチャルドシート（CRS）着用法が施行されたが，それによって小児 CRS 着用率は，前年の 15％から，実施年の 40％にまで急増し，小児の同乗者の自動車衝突事故の死傷率を約 70％以上減少させることができた.

法や規制にたいするコンプライアンスは，その法律の正当性に関する人々のコンセンサスや，違反した時の発見されやすさによって変化する. もし，違反しても他者にはわからない場合や，取り締まる人が近くにきた時だけ取り繕える場合は，効果が弱まる.[6]

違反した場合の罰則を強化すればコンプライアンスが上がると信じている人が多いが，実際にはこれを支持する証拠は非常に少なく，厳罰化によって傷害を減少できるという証拠もほとんどない.[6]

さらに，法制化のためには，法の制定者（当局者や議員など）がその必要性に気づくこと，先にも述べたとおりその正当性の証明（その対策が有効であるというエビデンスや，妥当なコスト・ベネフィットなど）が不可欠である. 例えば，傷害制御対策の種類によってそれぞれどの程度の費用削減効果が見込まれるのかという試算がある[9]（表1-2）.

表1-2 介入策の社会費用削減効果

支出 1米ドル（1US$）あたり	削減（US$）
煙感知器	65
チャイルドシート	29
自転車ヘルメット	29
予防のための小児科によるカウセリング	10
中毒コントロールセンター	7
交通安全の向上	3

出典：UNICEF. *World report on child injury prevention.* Geneva, WHO, 2008 より筆者和訳.

（5）ヒューマンエラーとシステムズ・アプローチ

旧来の事故予防対策は，その努力の多くを教育に向けてきた. ほとんどの事故の背景には人為的ミス（ヒューマンエラー）が背景にあるので，教育によって人々の行動を変容させることで事故を未然に防ぐことができるという仮説を信じていた. しかし，現実の人間の行動は罰と褒賞で制御できる（オペラント条件付けモデル）ほど単純なものではない.

その後，航空機事故，列車事故，原発事故，医療事故など，様々な分野で事故を軽減する研究が進展する中でこの考え方が大きく転換してゆくことになった.[10]

旧来の対策は，個人の過失に焦点をあてて，その過失の重大性にしたがって責任を按分し，それ

に応じた罰をあてるという persons approach が主流であった．しかし，1979 年の米国スリーマイル島原発事故，1984 年インドのボパール化学工場事故，1986 年のチェルノブイリ原発事故などの重大事故が続いたことにより，このような過酷事故は，個人や企業が責任を負いきれない影響を社会に与えるため，persons approach では限界があることが，主として行動心理学の分野から指摘されるようになった．[10]

表1-3　persons approach と systems approach の対比

persons approach	systems approach
悪いことは悪い人に起こる	過ちをおかすのがヒトのさが
不注意・違反・集中力低下・怠慢…	うっかりは誰にでもあること
ヒトを教育する	事故の防御システムを作る
脅かす・辱める・再教育する…	事故やニアミスを報告しやすい
誰がミスをおかしたか	防御策はなぜやぶられたのか
個人責任（管理者には有利）	理性的対応が求められる
類似の事故を繰り返す	同じ事故を繰り返しにくい

出典：今井博之．傷害制御の分野におけるヒューマンエラー．日本セーフティプロモーション学会誌7(1)：3-9, 2014 をもとに筆者作成．

　persons approach は，人間の行動の好ましくない変動の範囲を可能な限り減らすことを目的としているため，規律訓練や教育を行い，その効果を高めるためにしばしば失敗した時の恐怖心に訴えたり，脅したり，罰則を示唆したりする．しかし，ヒューマンエラーの研究によって2つの側面が明らかになっている．最悪の失敗をするのはしばしば最良の人であることと，事故は反復するパターンを持っており，誰が失敗をおかしたではなく，条件さえそろえば誰にでも起きえたという側面である．能動的失敗（うっかりミスなど）だけでは事故は起こらず，常に潜在的状況を伴っている．したがって能動的失敗に焦点を当てず，潜在的状況を分析することが重要である．そして，同じようなミスでも，責められるべき行動と，仕方が無かったミスとを区別することも重要である．

　「to err is human（過ちをおかすのが，人の性）」を前提とし，人間を変えるのは難しいが環境やシステムを変えることの方が容易であり，誰が失敗をしたかという個人責任の追及に焦点を当てるよりも，なぜ防御策が破られたのかを問題とする．このような手法は systems approach と呼ばれており，原発の過酷事故予防や航空機事故，列車事故などはもとより，今日では医療事故の分野にも適用されるようになっている．persons approach と systems approach の対比を**表1-3**に示した．

③　理論から実践へ

　これらの理論を実社会に導入し実施するには，さらに人間生態学的アプローチが必要である．**図1-5**に示したように，人々の行動決定要因には，目に見える（水面上の）個人レベルの要因の下に（水面下），より大きな要因があり，氷山の様相を呈している（injury iceberg）．これらを関連付けている物理的環境や社会的環境を一体として捉えるのがエコロジカル・モデルである．[11]

　傷害制御の実践は，このような様々なレベルが密接に関連し合って成果を上げてきた．例えば，米国で行われてきた火災予防を例にとると，個人のレベルとして禁煙プログラムを，コミュニティーのレベルでは，煙感知器の普及促進プログラム，コミュニティー・リスク軽減プログラムとして"Keeping Your Community Safe and Sound"，学校での防火教育プログラムなど．そして政策レベルでは，防火タバコの法制化，住宅基本法で難燃性建築素材を要求，煙感知器やスプリンクラー設

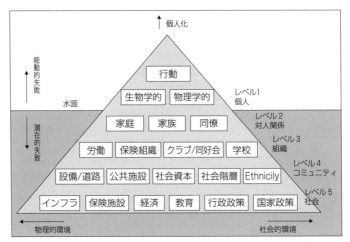

図 1-5　傷害氷山：エコロジカル・モデル

出典：Gielen AC, Sleet DA, DiClemente RJ. ed. *Injury and violence prevention: Behavioral science theories, methods, and applications.* San Francisco, Jossey-Bass, 2006 より筆者和訳.

置の義務化などを行ってきた[12]. かくして米国でも最も大きな成果を上げた傷害制御の一分野となったのである[12]. 詳しくは原著を読んで学んでほしい.

4　最後に

　安全対策を計画し立案するときに，これまでに得られている知見，すなわち基本的原理とエビデンスに基づくことが重要である. すでに歴史的に有効であることが証明されている対策が多数放置されている一方で，例えば幼い子どもたちを対象にした交通安全教育のように未だに効果があるかどうかわからないという対策に時間とコストを割くべきではない. 傷害防止の努力は製品の改変と環境の改変に向けられるべきであり，人々への教育は社会文化的環境の改変に主として向けられるべきである.

　そして何よりも，傷害を無くすあるいは軽減するという責任は，医療や保健の専門職だけではなく，警察官，消防士，保育士，教師，議員，行政職，マスコミ関係者，製品の設計者や製造者，ありとあらゆる分野の専門職がその一端を担っており，それぞれの専門的立場から貢献することができる. セーフティプロモーションは，このような部門横断的な協調を促進するものである[5].

参考文献・資料

[1] 厚生労働省大臣官房統計情報部. 人口動態統計（令和 2 年）.

[2] 今井博之. 日本の損失生存可能年数（YPLL）：10 年間の推移. 厚生の指標 55（1）：15-19，2008.

[3] 米国事故防止対策委員会編. 田中哲郎，杉山幹太訳. 事故防止対策の課題. 日本公衆衛生協会，1994.

[4] National Research Council. *Injury in America: a continuing public health problem.* Washington DC, National Academy Press, 1985.

[5] ウィルソン MH, ベイカー SP, ガルバリーノ J 他. 今井博之訳. 死ななくてもよい子どもたち. メディカ出版, 1998.

[6] Robertson LS, *Injury epidemiology.* New York, Oxford University Press, 1998.

[7] 今井博之. 歩行者事故への取り組み. 小児内科 39(7)：1107-1109, 2007.

[8] 西田佳史, 本村陽一, 山中龍宏. 子どもの傷害予防へのアプローチ：安全知識循環型社会の構築へむけて. 小児内科 39(7)：1016-1023, 2007.

[9] UNICEF. *World report on child injury prevention.* Geneva, WHO, 2008.

[10] 今井博之. 傷害制御の分野におけるヒューマンエラー. 日本セーフティプロモーション学会誌 7(1)：3-9, 2014.

[11] Gielen AC, Sleet DA, DiClemente RJ. ed. *Injury and violence prevention: Behavioral science theories, methods, and applications.* San Francisco, Jossey-Bass, 2006.

[12] Gielen AC, et al. How the science of injury prevention contributes to advancing home fire safety in the USA: successes and opportunities. *Inj Prev.* 24(suppl 1): i7-i13, 2017.

第 2 節

セーフティプロモーションとは？
その歴史と基本的な考え方

反町吉秀

要　約

　この節ではまず，地域におけるセーフティプロモーションの歴史を振り返るとともにそのエッセンスを解説する．次にセーフティプロモーションの概念や守備範囲，傷害予防との関係を説明する．最後に，国内外のセーフティプロモーションの経過と最近の動向について解説する．

キーワード

セーフティプロモーション，傷害予防，ヘルスプロモーション，ストックホルムマニフェスト

1　はじめに

　本章では，第2章以降で詳しく述べられるセーフティプロモーション（safety promotion）各論の理解を容易にすることをねらいとして，セーフティプロモーションの歴史とその基本的な考え方を解説する．まず，safety 並びにセーフティプロモーションの基本的な定義あるいはコンセプトについて押さえておく．

safety とは，身体的，心理的あるいは物理的危害へとつながるハザードや条件が，個人やコミュニティの健康やウェルビーイングを保持するために，一定のレベルに制御されている状態のことである．safety は基本的人権であり，どんな集団の健康と幸福の維持・改善にとっても前提条件となるものである[1][2]．したがって，safety とは，人間にとって基本的なニーズである．セーフティプロモーションとは，その safety を推進するものである．すなわち，セーフティプロモーションとは，safety を適切なレベルまで到達させ，維持するのに必要となる現実を確保し，条件を維持するためのプロセスと定義される．

　初学者にとって，セーフティプロモーションは耳慣れないので，この定義を読んだだけでは，その内実をイメージすることは難しいと思われる．また，実は，セーフティプロモーションについては，その概念が確立する前に，地域におけるセーフティプロモーションの実践があったという，少しややこしい事情もある．そこで，次項では，セーフティプロモーションの実践の源流とも言える取り組みを紹介しつつ，そこからそのエッセンスを抽出しつつ解説する．それにより，セーフティプロモーションの基本的な考え方についての読者の理解を促すこととする．その上で，セーフティプロモーションの守備範囲とアプローチ方法を示すとともに，その基本的な考え方について更に掘り下げた解説を試みる．次に，21 世紀に入ってからのセーフティプロモーションの国際並びに日本での展開について，スケッチを試みる．最後に，国内外における最近のセーフティプロモーションの現状と動向について，簡単に触れ，本節を閉じることとする．

② セーフティプロモーション活動の歴史
——その源流からストックホルムマニフェストまで——

（1）活動の源流から黎明期に至るスウェーデンにおける歴史

　セーフティプロモーション活動の源流は，1940 年代後半に，ウプサラ大学の小児科医ベルフェンスタム，R が主導した子どもの事故予防への疫学的研究にまで遡れるという．ベルフェンスタム，R のリーダーシップの下，スウェーデンは世界で初めて，傷害による死亡やけがに対して，組織的かつ科学的な方法で対処する国となった．そして，その取組みは，1960 年代-70 年代にかけてのルント大学の多職種協働グループ（建築家，解剖学者，生理学者，工学者で構成）による階段事故に対する分析への取組みにつながった，という．このグループの中には後に，国際的なセーフティプロモーション活動の中心となるスバンストローム，L が含まれていた[3]．

　1970 年代前半，スウェーデン南西部スカラボリ郡（人口 26 万人）の政治家が，ヘルスケアにかかる費用の抑制と公衆衛生を改善することを目的に，傷害予防を含む保健計画導入を進めた．そして，これが地域レベルでのセーフティプロモーションの幕開けとなった．スカラボリ郡の政治家は，スバンストローム，L らヘルスプロモーションユニットのスタッフとともに，介入地域としてのファルショッピング市において，セーフティプロモーションの取組みを 1975 年に開始した．この介入は，8 つのステップ（**表 1-4** に示す）を基本として，老若男女を問わず，あらゆる環境と状況における事

故による傷害予防のアプローチとして，取組まれた．最初のステップとして，事故による傷害のため病院を受診した外来・入院患者情報を用いた傷害サーベイランスシステムが立ち上げられた．それを用いた疫学的分析により，地域における傷害の見取り図が作られ，リスクの高いグループやリスクの高い環境が特定された．次に，保健医療従事者が主導しながら，職種や部門を越えた連携グループと作業グループが形成された．これらの人々が協働し，この地域における事故による傷害予防の優先順位付けが行われ，予防介入プログラムが作成され，実施された．

表1-4 ファルショッピング市における取り組みの8つのステップ

| 1．傷害の疫学的マッピング |
| 2．リスクグループとリスク環境の選択 |
| 3．部門・職種を超えた連携及び作業グループの形成 |
| 4．予防介入プログラムの作成 |
| 5．予防介入プログラムの管理 |
| 6．プログラムの評価 |
| 7．プログラムの修正 |
| 8．他の地域へのプログラムの適応 |

出典：反町吉秀，渡邊能行. safety promotion とは？ 小児内科 34(8)：1219-1222, 2002.

プログラムは，傷害サーベイランスシステムを用いて，そのアウトカムやインパクトについて，科学的に評価がなされた．それに基づいて，プログラムに対する見直しがなされた[3]．このプロセスは，昨今，行政活動や企業活動で一般的となってきた，PDCA（plan-do-check-action）サイクルに基づいた先進的なものであった．

　プログラムの実施内容の柱は次の4つである．① 啓発とアドバイス，② 教育，③ スーパービジョン，④ 物理的環境の改善である．具体的なプログラムをいくつか紹介する．小児保健センターにおいて，各発達段階での事故による傷害について，チェックリストや安全器具の展示をすることで啓発がなされた．また，親との面接により事故のリスクについて直接指導することも小児科医や保健師が積極的に参画して行われたという．また，注意の喚起がリスク提言のための最初のステップであるとの認識に基づき，「傷害は不運や偶然の結果ではなく，プログラムの作成と実施により予防可能である」との趣旨の啓発が，保護者に対してだけでなく，一般住民，保健医療従事者，行政関係者や政治家に対しても行われたという．交通事故が頻発することがデータによりわかっている交差点では，交通事故による傷害を減らすため，交差点の構造を変化させたり，信号機を設置されたりという対策が取られたという．子どもや高齢者など，事故による傷害のリスクが高いグループに対しては，チェックリストを用いた査察が行われた．高齢者の住まいには，保健師等が家庭訪問を行い，家庭内事故リスクとなる物理的環境について査察を行い，物理的環境の改善が行われた．例えば，一人暮らしの高齢者の家で，皿が高い位置に置かれていた場合には，低い位置に移動することにより転倒のリスクを下げることができることを高齢者に理解してもらい，皿の移動をしてもらい，転倒予防を図ったという[3]．

　その結果，ファルショッピング市では，傷害は3年間に，全体で23％減少，家庭内事故，労働災害，交通事故で 27-28％，それぞれ減少した．他方，介入が行われなかった他の傷害では，0.8％しか減少しなかった．コントロール地域では，変化が見られなかったという[3]．

　このファルショッピング市の取組みから，セーフティプロモーションのエッセンスとして抽出できることは，次のような点である．① 事故による傷害予防を効果的に行うために，保健医療セクターだけで取組むのではなく，職種や分野の垣根を越えた協働と住民が参画する地域の基盤を作って

取組んだこと，②地域診断と効果の判定のため，傷害サーベイランスシステムを構築したこと，③地域診断に基づき，様々な場と対象者におこる事故による傷害に優先順位付けた上で介入プログラムを作成したこと，④PDCAサイクルをまわしたこと等である．

このファルショッピング市での成功は，ファルショッピングモデルとして，後のセーフティプロモーションやセーフコミュニティ活動に大きな影響を及ぼし続けることとなる．

ファルショッピング市での取組み開始時にはコントロール地域となったリードショッピング市でも，1983年以降地域におけるセーフティプロモーションが進められ，子どもの事故傷害発生率は，1983年から1991年の間に，年平均で，男の子2.4％，女の子2.1％の率で減少を続けた．一方，同時期の比較地域では，1カ所で軽度の減少，他の地域では増加がみられたという．また，1987年から1992年の間に，高齢者の大腿骨骨折は，期間内に，年平均で，男性6.6％，女性5.4％の有意の減少を認めた．なお，同時期，スウェーデン全体では増加したという[3]．

スウェーデン南東部にあるモータラ市での取組みも事故による傷害全体の発生率を13％減少させた．子どもの傷害は2割以上減少した．傷害に関係する費用は17％減少したと見積もられた．傷害予防の取組みにかかった費用を差し引いても，費用の節約となったという．また，高齢者におけるやや重症の傷害は，年間人口1000人あたり，46から25となり，ほぼ半減した．交通事故による傷害も4割以上減少した[3]．

他方，スウェーデン政府は，1985年に保健福祉庁に傷害疫学・予防ユニットを設置し，全国レベルでのセーフティプロモーションプログラムが多部門協働の下に開始した．1992年設置された国立公衆衛生研究所がプログラムの運用にあたることとなり，ヘルスプロモーションとセーフティプロモーションに関する行政施策が強化された．なお，全国レベルのセーフティプロモーションプログラムは，設立時から，スバンストローム，Lが異動したカロリンスカ医科大学の強い科学的バックアップを受けていた．後に，リーンショッピング大学とウメオ大学もセーフティプロモーション活動に取り組む市町村への科学的サポートの列に加わった[3]．

なお，スウェーデン以外でも，後述のストックホルムマニフェストが採択される以前に，ノルウェー，オーストラリア，ニュージーランドなどで，地域におけるセーフティプロモーション活動が展開され，成果を挙げるようになった．そして，事故による傷害予防から始まった地域におけるセーフティプロモーションには，その後，1980年代終わり頃までには，暴力予防や自殺予防が追加されるようになっていった[3]．

（2）オタワ憲章とストックホルムマニフェストから始まる国際的展開
——20世紀末まで——

WHO（世界保健機関）は，1986年に新しい健康観に基づく世界戦略をオタワ憲章として採択し，ヘルスプロモーションの概念を提示し，「人々がみずからの健康を，コントロールし，改善することができるようにする」プロセスと定義した．そして，ヘルスプロモーションの戦略として，①健康的な政策づくり，②健康を支援する環境づくり，③地域活動の強化，④個人の技術の開発，⑤ヘルス・サービスの方向転換の5つを挙げた．また，ヘルスプロモーションのプロセスとして，①

唱道（advocate）：ヘルスプロモーションの意義や必要性について，理解を求めること，② 能力の付与（enabling）：すべての人が健康になれるために自らの潜在能力を引き出せるよう支援を行うこと，③ 調整（mediation）：多部門・多機関との調整を図ること，の３つが求められることも指摘した.

　セーフティプロモーションは，WHO のプライマリヘルスケアの理念である「すべての人々に健康」という理念に加えてオタワ憲章に謳われたヘルスプロモーション戦略の影響を受け，世界的な発展を見せた．1989 年に開かれた第１回世界事故・傷害予防学会において，「全ての人々は健康と安全・安心に対して平等な権利を有する．そのためには，社会的格差に左右されない形で事故や傷害を減少させるセーフティプロモーションを進める必要がある．セーフコミュニティプログラムがその鍵である．」とのストックホルムマニフェストが採択された[3]．このマニフェストの内に，セーフティプロモーションとセーフコミュニティの概念の確立をみることができる．また，同じ 1989 年にスウェーデンのカロリンスカ医科大学公衆衛生科学部に WHO コミュニティセーフティプロモーション協働センターが開設された．このセンターは，12 の指標（後に 6 指標，2011 年 11 月からは 7 指標）を基準として，認証活動を開始した．その後，この認証活動は，一つのムーブメントとして展開された[3]．その後の展開については，第３章を参照して欲しい.

3　セーフティプロモーションの基本的な考え方

（1）セーフティプロモーションとは？

　前項で述べたスウェーデンでの地域におけるセーフティプロモーションの実践とストックホルムマニフェストから，そのエッセンスを抽出し，セーフティプロモーションを少し踏み込んで定義すると，「住民が平穏に暮らせるようにするため，事故や暴力及びその結果としての傷害や死亡といった安全・安心を脅かす要因を，部門や職種の垣根を越えた協働により，科学的に評価可能な介入により予防しようとするプロセス」ということになる[4].

　また，ストックホルムとケベックに存在したセーフティプロモーション協働センターによるセーフティプロモーションの定義（1998 年）[5]は次の通りである．セーフティプロモーションとは，「個人，コミュニティ，政府，その他（企業，非政府組織を含む）等による safety を発展，持続するために，地域，国，国際的レベルにおいて適応されるプロセスである．このプロセスは，safety に関連する態度や行動だけでなく，

図 1-6　セーフティプロモーションモデル

出典：Welander G, Svanstrom L, Ekman R. *Safety Promotion-an Introduction.* Karolinska Institutet, Department of Public Health Sciences, Division of Social Medicine, Stockholm, Sweden, 2004.

表1-5 セーフティプロモーションの対象

大まかな分類	詳しい分類
事故による傷害	交通事故
	家庭内事故
	労災事故
	スポーツ中や遊戯中の事故
	医療事故
大規模災害	自然災害
	原子力災害など
暴力	対人間暴力（虐待，DV，性暴力）
	戦争による暴力
犯罪	
自傷行為・自殺	
依存症	物質依存（アルコール，薬物）
	行動依存（摂食障害，ギャンブル，インターネット，ゲーム，性行動，買い物，窃盗等）
その他	食中毒等

出典：筆者作成.

構造や環境（物理的，社会的，技術的，政治的，経済的かつ組織的）を修正するために同意されたあらゆる努力を含む」と定義されている．従来からなじみのある態度や行動の修正に加え，環境や構造の修正が強調されていることが，セーフティプロモーションの大きな特徴となっていることがわかる．この定義は，やや難解であるが，スバンストローム，Lによるセーフティプロモーションのマトリックス[2]（図1-6）を見ることにより，セーフティプロモーションが様々なレベルにおける異なる社会的セクターの協働によるsafetyの展開と維持のためのプロセスとして捉えることができることがわかる．

（2）セーフティプロモーションの守備範囲

　セーフティプロモーションは，人々の安全・安心を脅かすあらゆる有害事象が対象となる．すなわち，疾病以外のあらゆる傷害，暴力，自殺，犯罪等が対象となる．外因の種類とセッティング（場）の視点から，セーフティプロモーションの対象を分類したものが**表1-5**である．日常生活における事故による傷害はセーフティプロモーションの中核となる対象であるが，医療事故の予防もセーフティプロモーションの守備範囲に入る．自然災害に対する減災もセーフティプロモーションの対象に含まれている．原子力災害等の人為的要素の強い大規模災害による被害の軽減もセーフティプロモーションの対象として含められている．犯罪による被害は，必ずしも物理的な傷害を伴うわけではないが，セーフティプロモーションの対象となっている．アルコールや薬物等の物質による依存症，摂食障害，ギャンブル依存，インターネット依存，ゲーム依存等の行動に関する依存症は疾病でもあるが，外因が強く関与しているので，セーフティプロモーションの対象として含まれている．中華人民共和国のように食中毒もセーフティプロモーションの対象として捉えている国もある．その他，対象者の属性（例えば，性別，年代別）に，頻度の高い傷害やその特徴は異なる．例えば，乳幼児と高齢者では，事故による傷害の頻度や特徴は大きく異なっている．したがって，セーフティプロモーションに基づく対策を進めるには，外因の種類，セッティングそして，対象者の属性に合ったプログラムを検討する必要がある．

（3）セーフティプロモーションのアプローチ——能動予防と受動予防——

　様々な有害事象がおきることを防ぐアプローチとしては，個人の行動の変容を求める能動予防の

表 1-6　能動予防と受動予防

	基本的なあり方	必要条件	特徴	子どものやけど予防の例
能動予防	個人の意識，態度，行動の変容による	個人やケア提供者の持続的な参加が必要	持続可能性に問題あり 社会経済的格差が効果に悪影響	親が子どもから目を離さないように教育
受動予防	環境の改善による	そのような参加は不要	持続可能性が高い 社会経済的格差の影響を受けにくい	蛇口から出るお湯の設定温度を55度以下に下げる

出典：反町吉秀，渡邊能行. safety promotion とは？　小児内科 34(8)：1219-1222，2002.

アプローチと環境の改善を重視する受動予防のアプローチがある（**表1-6**）．セーフティプロモーションでは，受動予防を重視している[2]．例えば，子どものやけどの予防について，親に対して子どもから目を離さないように教育するのは能動予防であり，蛇口から出るお湯の温度を55℃以下に設定するのは受動予防の例である．能動予防は，継続的に本人もしくはケア提供者の努力が求められるため，持続可能性に問題が生じやすい．特に，社会経済的に余裕のない人たちでは，safety は後回しにされがちであり，能動予防は継続されにくい．それに対して，受動予防は，一旦環境改善されると本人もしくはケア提供者の積極的な関与が必要ないという利点がある．

（4）セーフティプロモーションと傷害予防の関係

ところで，safety とは，各個人やコミュニティの健康と福祉を保持するために，物理的な傷害や心理的，物理的危害につながる危険や条件がコントロールされているダイナミックな状態のことであり，単に傷害が存在しないことを意味するものではない．それは，健康が単に疾病が存在しないことでないのと同様である．例えば，ある国で，女性に対する暴力による傷害の頻度が他国と比較しても低くても，女性たちが暴力の被害にあうことを不安に感じて外出を控えるという事態を想像して欲しい．すると，safety は，安全についての客観的な指標が良好であるだけでは十分でなく，人々が安心して生活を送れると感じ取れる，主観的な要素，安心も重要な部分を占めていることがわかる．すなわち，safety と傷害（injury）の関係は，健康と疾病の関係と同様の構造を持っているのである．セーフティプロモーションは，客観的な傷害のデータ等で示される安全に加えて，人々の主観的な思いである安心の維持・向上をも追及する．したがって，この意味でセーフティプロモーションは，傷害予防（injury prevention）より幅広いコンセプトと考えることが出来る．傷害予防とセーフティプロモーションの関係は，疾病予防とヘルスプロモーションの関係と良く似ていることもわかる[4]．

また，セーフティプロモーションを展開する上での戦略やプロセスは，ヘルスプロモーショ

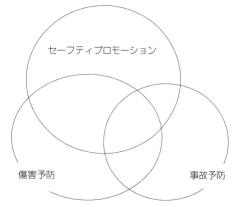

図 1-7　セーフティプロモーション，傷害予防，事故予防の関係

出典：反町吉秀，渡邊能行. safety promotion とは？　小児内科 34(8)：1219-1222，2002.

ンと共通する部分も多い．したがって，セーフティプロモーションは，傷害を対象とするヘルスプロモーションと一応考えることができる．また，セーフティプロモーションはヘルスプロモーションの妹分にあたると考えることもできる[4]．事故の予防は，必ずしも人的な傷害予防だけを目的としているわけではなく，物的な損害，例えば車の損害などの予防をも目的としていることがある．

　以上述べたこれら3者の関係については，やや概念の混乱がみられるが，読者の大まかな理解を容易にするため，図1-7に示す．しかしながら，実務的には傷害予防とセーフティプロモーションを分離することは困難であり，両者は，一体的に推進されていることが多い．

 ## 21世紀におけるセーフティプロモーションの展開

（1）21世紀におけるセーフティプロモーション活動の国際展開

　2000年，WHO（世界保健機関）本部は，「傷害（injury）は，公衆衛生の主要課題の一つであり予防可能である．」[6]と宣言した．暴力・傷害予防部門という独立した部門を創設し，傷害予防を21世紀における主要な公衆衛生課題の一つであると位置付けた．WHO暴力・傷害予防部門は，セーフティプロモーション政策に取り入れて精力的に事業展開し，世界各国に暴力や傷害予防への取り組みを働きかけてきた．世界の傷害と暴力に関するファクトシート，道路交通安全に関する報告書，子どもの事故による傷害に関する報告書，溺死に関する報告書，暴力と健康に関する報告書などを次々と出版してきた．その後WHOの組織改編により，暴力・傷害予防部門は独立した部門ではなくなったが，WHOは，継続的に世界傷害予防・セーフティプロモーション学会等の関連学会の共催者となり，この分野の研究及び実践を支援している[7]．

（2）日本での展開──黎明期から日本セーフティプロモーション学会設立まで──

　1998年スウェーデンカロリンスカ医科大学公衆保健科学部にて，第1回国際セーフティプロモーション研究国際コースが開催され，衛藤隆教授が日本人として初めて，セーフティプロモーションについて系統的に学ぶ機会を得た．その後，1999年から2001年にかけて，稲坂惠，反町吉秀，牧川方昭らが，スバンストローム，L教授の下，同大学公衆保健科学部にて相次いでセーフティプロモーションについて学んだ[8]．

　2002年春，スバンストローム，L教授が来日し，セーフティプロモーションに関する東京，横浜市，京都・滋賀，福岡での連続講演会と視察が開催された．カロリンスカ医科大学で学んだ上記の各氏に加え，渡邊能行ら京都事故・虐待予防医学研究会のメンバーが，スバンストローム，L教授の京都での講演及び視察の準備にあたった．日本におけるセーフティプロモーションの取り組みは，この連続講演会をもって幕を落とされ，地道な普及啓発が始まった[8]．

　2004年4月，全国各地の保健所長を中心とし，その他の保健所医師，県庁の行政医師，大学研究者が加わり，厚生労働省地域保健総合推進事業「市町村におけるセーフティプロモーションのモデル事業化」研究班（2004年度～2006年度）が発足した．この研究班は，事故，暴力・虐待，自殺等は，

住民の健康及び QOL の維持・向上のために取り組まれるべき重大課題であり，これらの問題の解決に，日本へのセーフティプロモーションやセーフコミュニティを導入することが有効との基本認識に立ち，① セーフティプロモーションやセーフコミュニティに関する普及啓発活動を行い，② 自治体におけるセーフティプロモーションに関する個別事業を支援し，③ セーフティプロモーションや保健所がプロモーターとなって，市町村におけるセーフティプロモーションのモデル事業化を進める活動を展開した．具体的には，青森県十和田市，京都府及び亀岡市，大分県中津市において取組みが行われた[8]．

　他方，京都においては，「医，社，工連携による京都の健康・安全を推進する社会システム重複の構築及び健康・安全を高める技術のあり方を研究する」ことを目的として，2004 年に京都セーフコミュニティ研究会が設立された．京都府立医科大学（大学院医学研究科，医学部看護学科），立命館大学（政策科学部，理工学部ロボディクス学科），株式会社マチュールライフ研究所，京都府保健福祉部等を構成メンバーとし，「文理融合・文系産学連携促進事業」からの助成金を受けたものであった．当初の主な研究課題は，「セーフコミュニティの概念，取り組み内容，認証」の研究，「京都府下のセーフコミュニティ導入に関する可能性に関する調査」，「転倒防止に関する技術，製品開発に関する研究」であった．同研究会による活動は，後に展開される京都府によるセーフコミュニティ活動の推進と亀岡市でのセーフコミュニティ活動への支援につながった[8]．

　2005 年 10 月に台北市で開催された第 3 回アジアセーフコミュニティ会議に参加した日本人参加者は，台湾におけるセーフコミュニティ活動の盛り上がりに強く刺激され，日本人参加者有志が現地でミーティングを持ち，日本におけるセーフティプロモーション推進のナショナル組織設立について協議を行い，設立にあたっての準備作業を開始することを取り決めた．約 2 年に及ぶ準備期間を経て，日本セーフティプロモーション学会が，「事故，暴力及び自殺等を予防するセーフティプロモーションに関する学術活動・活動支援を行い，市民の安全・安心に寄与する」ことを目的として，2007 年 9 月に設立された．セーフティプロモーションの各領域における学術研究とセーフコミュニティ活動の支援・ネットワーク形成という実践活動の両方を追及する組織として，活動を開始することとなった．なお，日本各地におけるセーフコミュニティ活動の経緯については，第 3 章を参照して欲しい[8][9][10]．

5　まとめに代えて

（1）日本におけるセーフティプロモーション実践の動向

　わが国においては，セーフティプロモーションの概念については，残念ながら一般に普及しているとは言いがたい状況にある．しかしながら，活動の実践にあたる人々がその活動をセーフティプロモーションと認識していなくとも，第三者からみれば，広い意味でセーフティプロモーションとして評価できる活動が各領域に存在する．そのような活動が，主として第 2 章で解説されることとなる．その代表例が，第 2 章第 8 節で詳しく解説される自殺総合対策である．また，製品が関連し

た事故を中心として消費者庁が主体となり，子どもの事故予防を推進していることもその例である．国民への啓発に加え，消費生活用製品安全法の規制強化や JIS 規格の制定等による製品の安全性の確保を行う，子どもの安全を守る取組みを進めている[11]．

　また，国際的認証活動を用いたセーフコミュニティ活動は現在もわが国で実践されている．しかし，この活動は国レベルでの政策的な位置づけがなされていない．また，国内でのこの活動を取りまとめている日本セーフコミュニティ認証支援機構は，セーフコミュニティ活動を，地域におけるセーフティプロモーションとして位置づけていない．日本においてセーフコミュニティ活動を実践している人たちは，自分たちの活動がセーフティプロモーションの実践でもあると認識していないことが多いと思われる．

　ところで，例外的に，セーフティプロモーションの基本的な考え方が国レベルでの政策に反映され，かつそのことが明らかにされている領域がある．それは，学校安全の推進に関する領域である．2008 年中央教育審議会青少年分科会学校安全部会（衞藤隆部会長）は，セーフティプロモーションの考え方を，日本における学校安全の推進に関する計画に取り入れるように答申を出した[12]．この答申の内容は，旧学校保健法を改正されて作られた学校保健安全法に反映された．すなわち，学校保健安全法には，セーフティプロモーションの考え方が取り入れられたのである[13]．また，2012 年に閣議決定された「学校安全の推進に関する計画」にも取り入れられている．また，大阪教育大学学校危機メンタルサポートセンターが中心となっているセーフティプロモーションスクールは，2016 年に文部科学省初等中等局が発出した「学校健康教育の推進」の中に記載され，国の取組みとして位置づけられている．

（2）世界におけるセーフティプロモーションの動向

　ところで，セーフティプロモーションの必要性を多くの住民や利害関係者に理解してもらい，政治的な関与を得て，人的及び財政的資源を獲得して，セーフティプロモーションの政策，施策，事業を導入，推進することは容易なことではない．それを実現するためのアプローチとして，注目できる取り組みを 2 つほど紹介して，本節を閉じることとする．

　国際 safety メディア賞活動は，傷害の予防やセーフティプロモーションに関するメディアプログラムを作成し，政策提言（advocacy）を行う世界各地での活動について，評価と表彰を行っている．その目的は，そのような活動を世界中で共有するとともに活動に関わる人々をエンパワーしようとする活動である．2 年に 1 回開催される傷害予防・セーフティプロモーション世界学会等にジョイントして，世界各地で作られた safety メディアプログラムの紹介と表彰を行っている．日本からの応募が未だ見られないのは残念なところであるが，ソーシャルマーケティングの手法を活用した safety メディア活動は，日本におけるセーフティプロモーションを発展させる上で，学ぶところが多い．

　ところで，国連は 2015 年，2030 年までの達成目標を示す「持続可能な開発目標（Sustainable Development Goals, SDGs)」を，世界 193 カ国の参加を得て採択した．SDGs では，持続可能な開発のためには，経済，社会，環境の 3 つのバランスを取り，それらが統合された形で目標が達成される

必要性を説いている．2018年11月にタイの首都バンコクで開催されたWHOが共催する国際会議 Safety 2018（第13回傷害予防・セーフティプロモーション世界学会）では，大会テーマとして，「SDGsを達成するための傷害並びに暴力予防の進展」が採用された．この大会では，傷害予防やセーフティプロモーションの政策を，SDGsの中に位置づける必要性やその方法に焦点を充てた議論がなされた．そして，'Safety promotion in all policies' について語られることになった．すなわち，傷害予防やセーフティプロモーションが様々な領域の関係者の様々な分野の政策の中に取り入れられ，位置づけられるべきことが示された．わが国において，セーフティプロモーションの国レベルの政策に位置づけていくための政策提言をするにあたり，示唆に富む議論でもあったと言えよう．

　コロナ渦にみまわれた2020年からは，セーフティプロモーションやセーフコミュニティ活動の国際的な展開は困難を極めた．しかしながら，2022年11月には，第14回世界傷害予防・セーフティプロモーション学会がオーストラリアアデレード市で開催され，その場で世界の傷害と暴力及びその予防に関するレポートが発表されている[7]．また，2022年10月には韓国世宗市で，第25回国際・第10回アジアセーフコミュニティ学会が，Cho JoonPil 教授（アジョー医科大学）を大会長として開催された．日本のセーフコミュニティ認証自治体からも多数の発表がなされた．主催者によるとアジアを中心とする海外（日本を含む）からの総参加者数1871人（ほぼすべてオンライン参加），韓国国内からは現地で823人，オンライン2960人の多数の人々が参集したとのことであった．セーフティプロモーションやセーフコミュニティ活動の国際的展開は，どうやらコロナ渦をしぶとく生き延びているようである．

引用文献・資料

[1] Laflamme L, Svanstrom L, Schelp L（eds）. *Safety Promotion Research*. Karolinska Institutet, Department of Public Health Sciences, Division of Social Medicine, Stockholm, Sweden, 1999.

[2] Welander G, Svanstrom L, Ekman R. *Safety Promotion-an Introduction*. Karolinska Institutet, Department of Public Health Sciences, Division of Social Medicine, Stockholm, Sweden, 2004.

[3] 反町吉秀. WHO推奨セーフコミュニティ活動の国際展開，評価と今後―効果的かつ持続可能な発展のために―. 日本セーフティプロモーション学会誌10(1)：11-19，2015.

[4] 反町吉秀，渡邊能行. safety promotion とは？　小児内科34(8)：1219-1222，2002.

[5] World Health Organization. Safety and Safety Promotion: Conceptual and operational aspects. WHO Collaboration Centres on Safety Promotion's and Injury Prevention's Quebec and Community Safety Promotion, Karolinska Institutet, Stockholm and Quebec, Canada, 1998.

[6] Krug EG, Sharma GK, Lazono R. The global burden of injuries. Am J Public Health 90: 523-526, 2000.

[7] World Health Organization. Violence and Injury Prevention: Overview 28 November 2022〈https://www.who.int/publications/i/item/9789240047136〉（2023年2月23日アクセス）.

[8] 反町吉秀. 日本におけるセーフコミュニティの展開. 日本健康教育学会誌18(1)：51-62，2010.

[9] 日本セーフティプロモーション学会〈http://plaza.umin.ac.jp/~safeprom/〉（2023年2月23日アクセス）.

[10] 衛藤隆. 学会設立から10年目を迎えて―これからの日本におけるセーフティプロモーションを考える―. 日本セーフティプロモーション学会誌10(1)：1-5，2017.

[11] 消費者庁. 子どもを事故から守る！　事故防止ポータル〈https://www.caa.go.jp/policies/policy/consumer_safety/child/〉（2023年2月23日アクセス）.

[12] 中央教育審議会.「子どもの心身の健康を守り，安全・安心を確保するために学校全体としての取組を進める

ための方針について」（答申）〈http://www.mext.go.jp/b_menu/shingi/chukyo/chukyo5/08012506/001.pdf〉（2023 年 2 月 23 日アクセス）.

[13] 衛藤隆. 連載第 1 回セーフティプロモーションと私. 日本セーフティプロモーション学会誌 14(1)：3-7, 2021.

Column *1*

セーフティプロモーションと保健師活動

桝本妙子

　筆者がはじめてセーフティプロモーションの考え方に触れたのは 2002 年のことである．セーフティプロモーションは公衆衛生そのもの，したがって保健師の活動にぴったりの考え方だと感銘を受けた．中でも，「部門横断的取り組み」というところに魅力を感じた．

　保健師は，乳幼児から高齢者まで，健康な人から健康でない人まで，地域に生活するすべての人々の健康と福祉の向上を目指して活動する看護専門職者である．保健師の教育は公衆衛生看護学によって行われ，その基盤は，公衆衛生学と看護学にある．

　1986 年にヘルスプロモーションに関するオタワ憲章が採択されて以降，ヘルスプロモーションは公衆衛生推進の重要な柱となっている．その後 1989 年に，ストックホルムで第 1 回事故・損傷予防制御学会が開催され，WHO コミュニティセーフティプロモーション協働センターが設立されると，セーフティプロモーションは，ヘルスプロモーションとともに，公衆衛生推進のもう一つの重要な考え方として位置づけられるようになった[1]．ヘルスプロモーションとセーフティプロモーションの共通点と相違点について衛藤は，「それぞれ障害予防，疾病予防からより包括的な概念に発展してきたものである．目標設定がセーフティプロモーションとセーフティプロモーションでは異なるものの，組織の壁を越えた横断的な連携に基礎を置いた取り組みを重視することや，個人だけでなく環境や社会の関与や支援の必要性を説いている共通点がある」と述べている[2]．ヘルスプロモーションが，人々の健康を改善しコントロールするプロセスであるのに対し，セーフティプロモーションは，事故や外傷の予防のための環境づくりと考えることができる．

　さて，WHO コミュニティセーフティプロモーション協働センターでは，一定の基準を作ってセーフコミュニティの認証活動を行った．セーフコミュニティとは，セーフティプロモーションの考え方に基づいて行われる「町づくり」と言える．このセーフコミュニティ認証基準は，次の 7 つの指標を満たしていることが条件とされている[3]．① コミュニティ内部に分野横断的な組織によって運営される協働と連携に基づいた安全向上のしくみを持つこと，② 両性，全年齢・環境・状況をカバーし長期的・持続的なプログラムを持つこと，③ ハイリスクの集団や環境を対象とするとともに，弱者の安全向上のためのプログラムを持つこと，④ あらゆる入手可能な「根拠（エビデンス）」に基づいたプログラムを持つこと，⑤ 傷害の頻度と原因を記録するプログラムを持つこと，⑥ プログラムの内容・過程および変化によってもたらされた効果を評価する手法を持つこと，⑦ 国内外のセーフコミュニティネットワークへの継続的な参加，である．

　これらの指標には，保健師が活動する際に重視している，部門横断的組織体制や PDCA サイクルなどが含まれている．具体的には，①の部門横断的な協働という意味では，保健師も，多職種，多機関と連携して課題の解決を図っている．また②の男女すべての年齢層へのプログラムでは，保健師も健康レベルにかかわらず地域に生活するすべての人々を活動の対象としている．③のハイリスクグループに対するプログラムにおいては，公衆衛生看護におけるハイリスクアプローチとポピュレーションアプローチの両側面からの対応に該当するかと思う．④⑤⑥の内容は，いわゆる PDCA サイクルを意味

し，公衆衛生看護では，地域診断に基づく計画策定（Plan），計画策定に基づく実施（Do）と評価（See），評価に基づく改善（Action）の一連のプロセスを展開している．

さらに，上記の要素を地域における保健師の活動と関連してみてみると，保健師がすすめてきた母子保健活動や結核への対応，さらに近年の地域包括支援システムなどが当てはまるのではないだろうか．

わが国の高い母子保健水準の達成の背景には，医療技術の進歩とともに，母子健康手帳の交付や新生児訪問，乳幼児健康診査などの一貫した母子保健体系の推進によるところが大きいと言われている[4]．保健師は，新生児訪問や乳幼児健康診査，保健指導などに力を注いできた．近年は子育て支援や児童虐待予防のために，部門を越えた組織，機関，多職種の連携が重要視されている．また，かつては国民病と言われた結核への対策では，旧結核予防法に基づいて登録制度を活用し，結核患者の療養支援と保健指導に努めてきた．さらに近年，介護予防を効果的にすすめるためには，保健部門だけでなく，福祉，医療，教育など，部門を越えた組織間の連携が不可欠である．例えば，保健部門では転倒予防などの普及啓発を行い，福祉部門では介護予防に視点を入れた住宅改善や介護福祉士に対する教育の実施，教育部門では学校教育や社会教育を通して地域の高齢者が安心して暮らせる町づくりの普及啓発，さらに土木建築部門では危険箇所の点検と整備などが可能であろう．これらをシステムとして構築し，科学的な評価機能をもつことによって，地域に住むすべての人が安心して暮らせる町を目指すことが可能になると考える．実際に，高齢者の地域包括支援システムにおいては，保健，医療，福祉等の幅広い多職種，多機関との連携による協働活動が行われている．

このように，保健師の活動は多機関，多職種との連携なくしては成り立たない仕事と言える．そういう意味で，セーフティプロモーションの理念から学び，保健・医療・福祉・教育など地域の人々の健康と福祉に関わるすべての関係者と手を携えて，組織的，横断的な取り組みを大切にしていきたいと思っている．

参考文献・資料
[1] 反町吉秀・渡邊能行．事故，自殺，暴力による外傷（injury）の現状，広がれ！ セーフティプロモーション第1回．公衆衛生情報 5：21-23，2004.
[2] 衞藤隆．セーフティプロモーション：ヘルスプロモーションとの共通点，相違点．日本健康教育学会誌 18(1)：26-31，2010.
[3] 倉持隆雄．市民協働による生活安全活力の再生と魅力あるまちづくり〜"セーフコミュニティ"で「安心」「安全」「元気」なまちを！〜．日本セーフティプロモーション学会誌 10(1)：27-34，2017.
[4] 三沢あき子．母子保健の現状と課題．京都府立医科大学雑誌 122(10)：686-695，2013.

第 3 節

サーベイランスと評価

市川政雄

要　約

　サーベイランスは様々な事象の発生動向を把握し，対策の立案・実施・評価をするのに必要なデータを収集する仕組みである．一方，評価とは対策の効果を検証するもので，それには適切な評価指標と研究デザインを用いる必要がある．いずれもセーフティプロモーションを推進するうえで不可欠な取り組みである．

キーワード

情報源，アウトプット，アウトカム，研究デザイン，因果推論

1　はじめに

　セーフティプロモーションの目的は，端的にいえば事故を防ぐことである．できれば効果的かつ効率よく事故を防ぎたい．そのためには，何が必要か．

　まずは手がかりがほしい．つまり，いつ，どこで，だれが，どのように，どんな事故に遭い，どの程度のどんな傷害を負ったのか．こうした事故の発生状況や動向を把握することで，事故対策の対象や優先順位を検討することができる．例えば，ある地域において転倒が他の事故と比べ発生率も重傷度も高く，それが高齢者に突出しているということであれば，その地域で高齢者の転倒対策に重きを置くのは理にかなっている．これは地域診断の基本である．

　次に，対策を考える．対策は必ずしも一つではない．高齢者の転倒対策でいえば，転倒は筋力の低下や薬の副作用などの内的要因だけでなく，つまずきやすい段差やすべりやすいフローリングなどの外的要因でも発生する．したがって，筋力や柔軟性を高めるような運動プログラムのほか，段差を解消したり手すりをつけたりする環境調整なども対策として考えられる．

　これら対策を立案する際には，対策にあたる人材や財源など，実施体制もあわせて検討する必要がある．これをストラクチャー評価といい，これによって対策の内容や対象者・対象地域，目標値などが決まってくる．例えば，転倒対策のため運動プログラムを実施しようとしても，適切な指導者がいなければ実施できない．当たり前のことかもしれないが，実施体制を整理することで，できること・できないことが明確になる．

　対策を講じて気になることは，その対策が計画通りに進んだか，そして効果があったかどうかということである．すでに効果が認められた対策を講じれば，そのような懸念はないかもしれないが，

対策が計画通りに進まなければ，期待した効果が表れるとも限らない．また，広く採用されている対策のなかには，効果があるのかどうかわからない対策もある．そのような対策ほど，効果検証の必要がある．

　効果検証にはストラクチャー評価と並んで，対策の過程を評価するプロセス評価，対策の事業実施量を評価するアウトプット評価，対策の達成度を評価するアウトカム評価がある．これら評価の結果，目標が達成されていなければ，対策の過程や事業実施量を見直し改善策を講じ，目標が達成されていれば，次の目標へ向かうことになる．

　こうした一連の対策の流れはPDCAサイクルと呼ばれる．PDCAサイクルとは，Plan（計画）→ Do（実行）→ Check（評価）→ Action（改善）を繰り返し，事業を改善していくものである．このサイクルにおいて，事故の発生動向を把握するサーベイランスと，事故対策の効果を検証する評価は不可欠である．本章では，PDCAの基礎となるサーベイランスと，評価に関してはアウトプット評価とアウトカム評価について解説する．

② 　サーベイランス

（1）　サーベイランスとは

　サーベイランスとは，様々な事象に関するデータを系統的かつ継続的に収集する仕組みで，事象の発生動向を把握し，対策を立案・実施・評価するために行われている．系統的かつ継続的なデータ収集とは，収集するデータの定義を明確にして，それに従ってデータを取り続けるということである．例えば，転倒の定義には意識の消失による転倒を含める場合と含めない場合があり，これらが混在すると転倒の発生率を正確に把握することはできない．どちらの定義を用いるかは調査の目的によるが，転倒の長期的な発生動向を把握するためには同じ定義を使い続ける必要がある．

　サーベイランスはもともと感染症を対象に行われてきたが，今では様々な疾患やそのリスク要因の監視にも応用されている．感染症サーベイランスにおいては，おもに医療機関から寄せられた情報をもとに感染症の流行をいち早く検知し，症例の属性や発症場所・時間などを記述するとともに発生要因を同定することで，効果的でタイムリーな対策を可能としてきた．一方，外傷は感染症のように急速に流行することはないため，一刻を争うような迅速な対応が求められることはない．しかし，その発生要因は複雑で，事故によって異なるため，外傷サーベイランスが収集すべき情報は多岐にわたる．

（2）　サーベイランスの情報源

　わが国には感染症サーベイランスのように法令に基づく外傷サーベイランスはないが，**表1-7**に示す通り，関係機関が事故に関するデータを収集している．こうしたデータ収集には相当の労力がかけられているため，外傷サーベイランスを行う際には，資源の有効活用のためにも，まずはこれら既存の情報源を生かしたい．ただし，情報源の特性を理解しないと実態を見誤りかねない．

表1-7　わが国で収集されている主要な傷害データ

データ源	実施機関	内　容
人口動態統計	厚生労働省	死亡統計 市区町村への死亡届けに基づく統計で，すべての原因による死亡が含まれる．傷害の性状の分類コードに加えて，外因（受傷機転）コードが含まれる．
交通事故統合データベース	警察庁 交通事故総合分析センター	死亡，負傷，事故件数 警察への届け出による．受傷後24時間以内の死亡を死亡の定義としているが，30日以内死亡の集計も含まれる．道路情報，車両情報を統合したデータベースとして，交通事故総合分析センターが管理している．
日本外傷データバンク	日本外傷学会 日本救急医学会 日本外傷診療機構	外傷登録 参加病院における外傷患者データに基づく．転帰（死亡／生存），重症度，損傷性状，治療などの情報が含まれる．
「石川県子ども事故予防通信」（医療機関におけるサーベイランス）	石川県医師会	救急室におけるインジャリー・サーベイランス 定点医療機関の救急室を受診した未就学幼児の傷害情報を収集している．
学校管理下の災害統計 学校事故事例検索データベース	日本スポーツ振興センター	災害共済給付統計 死亡，障害，負傷（疾病も含む）データを含む．事例データには受傷時の状況記述が含まれる．
消費者安全法に基づく事故情報収集 医療機関ネットワーク 事故情報データバンク	消費者庁 国民生活センター	関係機関，製造業者などから重大事故に関する情報を収集している．医療機関ネットワークでは，参加病院を受診した症例のうち，医療機関が重大と考えたものを報告している．
労働災害統計	厚生労働省	労災保険給付データ及び労働者死傷病報告に基づいている．死亡，負傷（休業4日以上）データを含む．
救急搬送患者 「救急・救助の現況」	総務省消防庁	救急隊の業務統計 救急車による搬送患者数，搬送理由などのデータを含む．
損害保険データ 「自動車保険データにみる交通事故の実態」	日本損害保険協会	損害保険支払いデータ統計 死亡数，後遺障害数，負傷数，事故件数，損失額などを含む．
自殺の統計	内閣府	警察庁の自殺統計原票を集計した結果と人口動態統計の2つを掲載している．
犯罪統計	警察庁	殺人，暴行の被害件数を集計している．
レセプト情報，特定健診情報	厚生労働省 保険者中央団体保険者	傷害により医療機関を受診した場合の，診断名，診療内容情報が含まれる．データ利用には有識者会議の審査が必要．受傷機転についての情報は含まれない．
DPCデータ	厚生労働省	診断と処置の分類を組み合わせた標準化された患者分類を用いている．DPCを用いた包括払いシステムに参加している急性期病院のみが含まれる．診断分類はICDの19章を用いており，副次的診断名がつくこともあるが，基本的に単一のコードで分類する．受傷機転についての情報は含まれない．

出典：中原慎二．インジャリー・サーベイランスとは何か．日本セーフティプロモーション学会誌7：21-32，2014．

　例えば，人口動態統計では死亡に至らない事故は見落すことになる．また，事故の発生状況に関する情報は乏しい．一方，警察庁の交通事故データや消防庁の救急搬送データは事故の発生状況に関する情報を多く含む．しかし，警察に届出のなかった事故や救急搬送に至らなかった事故は含まれない．また，治療や予後については，それらのデータと医療機関のデータの連結ができない限りわからない．逆に，医療機関のデータにおいては治療や予後に関する情報は多く含まれるが，事故の発生状況に関する情報は限られている．

どの情報源にも一長一短がある．複数の情報源のデータを連結することができれば，各情報源の短所は補い合えるかもしれない．しかし，連結のために必要な個人情報がデータに含まれていなかったり，含まれていても開示されなかったりするので，データの連結は今のところあまり望めない．現時点では複数の情報源から事故の発生状況や動向を把握するのが現実的である．

（3）サーベイランスの種類

外傷サーベイランスのデータをもとに事故の発生状況や動向を把握し，事故対策の対象や優先順位を決めることができるかもしれないが，事故の発生要因を特定するまでには至らないかもしれない．その結果，具体的にどのような対策を講じるべきかわからないかもしれない．その場合は必要に応じて，欠如した情報を一定期間，住民や関係機関から収集し，ヒントを得ることになる．これは積極的に情報を収集するという意味で，能動的サーベイランスという．一方，先の情報源（交通事故や救急搬送のデータなど）は，業務で収集された情報に基づくサーベイランスなので，受動的サーベイランスという．一般的に，受動的サーベイランスを補完する形で能動的サーベイランスが行われる．詳しくは，**表1-7** の出典を参照されたい（当学会ウェブサイトにて無料で閲覧可能）．

なお，外傷サーベイランスでわからないことでも，これまでの知見でどのような対策を講じるべきかわかっていることもある．例えば，世界的に交通事故の発生率は高く，多くの命が奪われているが，交通事故による死傷を防ぐのにシートベルトやヘルメットの着用が有効であることはすでに知られている．

3　評　価

（1）評価の本質

事故対策を講じるからには，その効果に期待を寄せる．しかし，期待ばかりしていても検証してみなければわからない．そこで，評価すなわち効果の検証が求められる．

効果検証は事故対策の要である．その最たる理由は，事故対策への投資にリターン（効果）がなければ，いくら対策を講じても無意味だからである．例えば，これは事実に反するが，シートベルトを着用しても，事故時に死傷リスクが下がらないのであれば，シートベルトの着用は無意味であり，シートベルトの着用を求められる側としてはまったく理不尽である．いうまでもなく，事故対策には効果がなければならない．効果の有無がわからないのであれば，まずはその検証に取り組む必要がある．

事故対策がすでに講じられている場合，その効果検証には消極的になりがちである．効果がなければ，だれがその責任を取るのか．そのような責任感が裏目に出るのかもしれない．しかし，最初から効果がない対策を講じようとしたのでなければ，それはだれの責任でもない．むしろ対策を改善するきっかけと捉えるべきである．また，対策の効果検証は，対策に効果があってもなくても，対策の透明性を保つために重要である．

（2）評価の対象

　事故対策の効果検証で大切なことは，何を評価の対象とするのかを明らかにすることである．といっても，難しいことはない．対策の目的が評価の対象となる．例えば，子どもに対して自転車ヘルメットの着用が各自治体で進められている．具体的には街頭キャンペーンが行われたり，ヘルメットの購入に際して補助金が支給されたりしている．その目的は何かといえば，子どもにヘルメットを着用してもらうことである．さらに，その先には事故時に頭部を守るという目的がある．したがって，評価の対象は自転車ヘルメットの着用率や頭部外傷の発生率となる．これらをアウトカムと称する．一方，ヘルメット着用推進のため実施される街頭キャンペーンや補助金の支給も評価の対象となり，キャンペーンの回数や補助金の支給金額，その対象者数などが評価の対象となる．これらをアウトプットと称する．なお，ここで言う「率」は厳密には「割合」であるが，率が割合という意味で使われることが多いため，これ以降も率と言う．

　効果検証ではアウトプットだけでなく，アウトカムを評価することが大切である．いうまでもなく，アウトプットだけでは真の効果はわからない．つまり，街頭キャンペーンをいくらやっても，ヘルメットの着用率が上がったかどうか，頭部外傷の発生率が下がったかどうかは調べてみないとわからない．

　さて，この事例のアウトカムにはヘルメットの着用率と頭部外傷の発生率の2つがある．どちらで効果検証すべきだろうか．どちらかといえば，頭部外傷の発生率である．なぜなら，ヘルメット着用推進の最終的な目的は頭部外傷の予防であり，もしかしたらヘルメットの着用率が上がっても，頭部外傷の発生率は下がらないということがあるかもしれないからである．それは例えば，ヘルメットのあごひもを留めないなど不適切な着用が多い場合である．

　一方，頭部外傷の発生頻度が少ないと，頭部外傷の発生率で効果検証はできない．例えば，ある学校の生徒1000人を対象に自転車ヘルメットの着用を推進するキャンペーンを行ったとしても，自転車事故が1件も起きなければ，ヘルメットの着用によって頭部外傷が減ったかどうかは評価できない．

　自転車ヘルメットは適切に着用すれば頭部外傷を防ぐ効果があると実証されている．したがって，ヘルメットの着用が広く普及すれば，頭部外傷の発生率は低下すると考えられる．この場合，頭部外傷の発生率の代わりにヘルメットの着用率でヘルメットの着用推進の効果を検証してもよいかもしれない．もし自転車ヘルメットに頭部外傷を防ぐ効果があるかどうかわからないとしたら，まずはその効果を検証したい．

（3）評価は因果推論

　事故対策の評価には，自転車ヘルメットを例にとると，自転車ヘルメットの着用を推進し，その結果，ヘルメットの着用率がどれだけ増えて，頭部外傷の発生率がどれだけ減ったかを検証する場合と，自転車ヘルメットそのものに頭部外傷を防ぐ効果があるかどうかを検証する場合がある．一般的に事故対策の評価といえば前者を指すことが多いかもしれないが，因果関係を推し測る（因果推論）という点で両者は同じ目的を有する．

a　因果推論の考え方　その1

まず，自転車ヘルメットそのものに頭部外傷を防ぐ効果があるかどうか検証する場合を考えたい．この場合，交通事故に遭った人のうち，ヘルメット着用者と非着用者に生じた頭部外傷の発生率を比べる．そして，着用者の発生率が非着用者より低ければ，ヘルメットに効果があると考える．しかし，着用者と非着用者で性・年齢・性格などの個人の特性や事故時の速度や場所，衝突相手など事故の発生状況に違いがあれば，そうともいえない．

例えば，非着用者は安全に対する意識が低く，乱暴な運転をして，しばしば対自動車事故を起こしているとすれば，非着用者と比べ着用者において頭部外傷の発生率が低いのは，ヘルメットのおかげというよりも，事故の程度が軽いからかもしれない．もちろん，逆の可能性もある．例えば，着用者のほうがヘルメットをかぶって安心し，運転が乱暴になり，せっかくヘルメットをかぶっているのに，その効果が見られないということもあるかもしれない．ほかにも，小さな子どものほうがヘルメットをかぶっていたり，かぶっていてもあごひもをとめていなかったりすれば，それらも頭部外傷の発生に影響する．したがって，ヘルメットに頭部外傷を防ぐ効果があるかどうかを調べる際には，頭部外傷の発生に影響する様々な要因を考慮しなくてはならない．

考慮の方法はいくつかあるが，もっともわかりやすいのが層別分析である．例えば，着用者と非着用者における頭部外傷の発生率を年齢層ごとに比較すれば，着用者が子どもに偏っていたとしても，年齢層ごとの分析であれば，非着用者も子どもになるので，年齢に関しては着用者と非着用者は似た者同士になる．また，事故類型（対自動車事故，単独事故など）ごとに分析するのも一案である．ただし，考慮すべき要因がいくつもある場合，層別には限界がある．そこで，統計学的に考慮する方法を用いたり，研究デザインを工夫したりする．

b　因果推論の考え方　その2

次に，自転車ヘルメットの着用を推進し，その結果，ヘルメットの着用率がどれだけ増えて，頭部外傷の発生率がどれだけ減ったか検証する場合を考えたい．事故対策を講じる際には，例えばA市の全児童を対象に自転車ヘルメットの着用を推進し，着用率60％を達成するというように，対策の対象者や対象地域，目標値を設定する．そして，着用推進前後の着用率を比較して，例えば25％から70％に増えたというように評価することが多い．このような前後比較は一般的に行われているが，着用率の増加は必ずしも着用推進の結果とはいえないので，注意が必要である．

先ほど，頭部外傷の発生に影響する様々な要因を考慮しなくてはならないと指摘したが，今回も同じような配慮が必要となる．すなわち，ヘルメットの着用推進をはじめてから，着用率に影響する要因がほかになかったかということである．例えば，着用推進後に自転車を巻き込む重大事故が起きて，それによりヘルメット着用の重要性が広く認識され，それが社会規範となったとしたら，着用率の増加は必ずしも着用推進の結果とはいえなくなる．また，着用推進後にヘルメットの価格が安くなったり，入手しやすくなったりした場合も同様である．もちろん，着用率が伸びるのであれば，それに越したことはないが，検証したいのは着用推進そのものの効果であるので，その区別は必要である．

これらの要因を考慮するためには，ヘルメットの着用を推進する地域（介入地域）と，介入地域と地域の特性は類似するがヘルメットの着用は推進しない地域（対照地域）を設け，着用率の変化を比較するとよい．これにより，着用推進の正味の効果を見ることができる．

例えば，介入地域でヘルメットの着用推進をはじめたところ，両地域でヘルメットの価格が安くなり，その結果，両地域で着用推進の有無にかかわらず，ヘルメットの着用率が向上したとする．しかし，介入地域ではヘルメットの価格が安くなっただけでなく，着用を推進する取り組みがなされている．したがって，着用推進に効果があるとすれば，介入地域における着用率のほうが大きく向上していると考えられ，その差が着用推進の効果ということになる．つまり，着用率が介入地域で25％から70％，対照地域で25％から50％に増加したとしたら，その差（20ポイント）が着用推進の効果ということになる．

ただし，これには仮定がある．効果検証のため，介入地域と対照地域を設けたが，介入地域で介入しなかったとしたら，介入地域のヘルメット着用率は対照地域と同様の経過をたどっていたと仮定できなければならない．つまり，介入地域と対照地域は似通った地域でなければならないということである．もちろん，介入してしまったら，そのようなことはわからないので，例えば介入前にヘルメットの着用率を何度か測定して，介入地域と対照地域で同じような動向を示していれば，仮定は満たされたと考える．

もう一つ重要な仮定がある．それは先ほど，ヘルメットの着用推進をはじめてから，着用率に影響するような要因がほかになかったかと指摘したが，あったとしたら，これが介入地域と対照地域の双方に同等に影響していなければならないということである．もし介入地域だけでヘルメットの価格が安くなり，入手しやすくなっていたとしたら，介入地域でヘルメットの着用率が大きく向上したのは，着用推進のおかげか，それともヘルメットの価格や入手しやすさのおかげかがわからなくなってしまう．

こうした仮定が満たされれば，介入地域と対照地域におけるヘルメット着用率の変化（差分）の違い（差分）が介入の効果といえる．これを差分の差分分析という．図1-8がそのイメージである．

（4）評価のデザイン

介入の効果を検証するデザインはいくつかあり，もっとも優れたデザインはランダム化比較試験とされている．ランダム化比較試験では対象者をランダムに介入を受ける群（介入群）と受けない群（対照群）に群分けする．これは対象者に介入をランダムに割り付けるということで，ランダム割付という．これにより，介入群と対照群の特性は対象者数が多くなるにつれて理論的に未知の特性もすべて群間で均一になる．ランダム割付は個人レベルだけでなく，地域や学校，職域などの集団（クラスター）レベルでも行われる．この場合も集団の特性は均一になる．したがって，群間にみられる差が介入の真の効果といえる．

ランダム化比較試験はいわば実験（介入研究）である．これに対して，差分の差分分析は擬似的な実験（観察研究）といえる．擬似的な実験はほかにも，操作変数法，回帰不連続デザイン，分割時系列デザイン，傾向スコア分析，合成統制法（synthetic control method）などがある．これらはいずれも

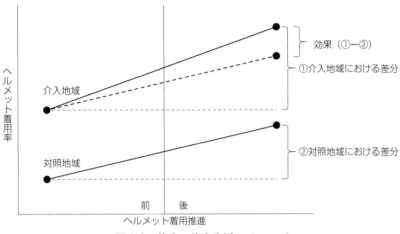

図1-8 差分の差分分析のイメージ

出典：筆者作成.

介入の効果をランダム化比較試験に近い形で（介入群と対照群の特性を均一にして）確かめる工夫が凝らしてあり，ランダム化比較試験に準じて優れているといえる．また，ランダム化比較試験にはない利点として，すでに実施されている対策を評価できることがあげられる．評価したい対策がすでに行われている場合，実はそのようなことが多いが，これら研究デザインの利用価値は高い．ただし，その利用には一定の条件を満たす必要がある．

（5） 評価の指標

ここまで評価の指標として，ヘルメットの着用率や頭部外傷の発生率という語句を何気なく使ってきた．着用率や発生率といった評価の指標は分母と分子で構成され，分子について配慮すべきこと（その定義や情報源のよしあしについて）はサーベイランスの項で指摘した．同じような配慮は分母にも求められる．

ここで，ある地域で自転車事故の発生率を調べることにしよう．発生率の分子は言わずもがな自転車事故件数であるが，分母はその地域の人口と自転車利用者のどちらにすればよいだろうか．直感的には，人口より自転車利用者のほうがよいと思うかもしれない．しかし，その地域で人口あたりどれくらい自転車事故が発生しているのかを知りたければ，分母は人口でよい．一方，自転車利用者がどれだけ事故に遭っているのか，そのリスクを知りたければ，自転車利用者を分母にする必要がある．ただし，この場合，その地域に自転車で来訪する人や通過する人も分母に含めるべきかどうかを考える必要がある．また，その地域の自転車利用者がその地域以外で遭った事故や，その地域以外の自転車利用者がその地域で遭った事故も分子に含めるべきかどうかも考える必要がある．これらは何を知りたいかによって決まる．例えば，その地域で自転車に乗った場合に直面する事故のリスクを知りたければ，自転車事故（分子）はその地域で起きた事故に限定するが，自転車利用者（分母）にはその地域に自転車で来訪・通過する人を含めたほうが現実に即しているだろう．

次に，その地域で自転車の通行方法を厳しく取り締まる対策を講じて，対策の事故削減効果を検

証するとしよう．その場合，自転車利用者を分母にした自転車事故の発生率を用いればよいだろうか．もちろん，それでもよい．しかし，対策の前後で自転車利用者数（分母）に変化がないと考えられるのであれば，自転車事故件数（分子）の変化を見るだけでも効果の検証はできる．一方，取締りが厳しく，自転車に乗る機会が減り，対策の前後で自転車による走行距離が減ったとしたら，どうだろうか．自転車利用者を分母にしたとしても，事故に遭う機会（走行距離）は対策後のほうが減っているので，対策後に事故件数が減ったのは対策の効果というよりも，走行距離が減ったからかもしれない．この場合，自転車利用者を分母にすることで，対策の効果を過大評価することになる．

　これらのデータは入手できないことが多い．しかし，たとえデータが入手できなくても，このような思索は対策の効果を正当に評価するうえで欠かせない．

（6）　統計解析はどうするか

　今日，統計解析ソフトで高度な解析も簡単に行えるようになった．しかし，理解の不足が誤用を招く．解析の際にはその手順を複数の人でチェックしながら行うとよい．とはいえ，そもそも統計解析はなぜ必要なのか．

　例えば，ヘルメットの着用推進の効果を検証する際，介入地域と対照地域でヘルメットの着用率やその変化量を計算する．具体的には，自転車利用者がヘルメットを着用しているかどうかを路上で観察したり，自転車利用者にヘルメット着用の有無を質問紙で尋ねたりして，ヘルメットの着用率を推定する．ここで留意すべきことは，推定には必ず誤差があるということである．先ほど，介入地域と対照地域でヘルメットの着用率を推定し，その差が20ポイントあったという仮定の話をしたが，この推定値には誤差がある．そこで，推定値の誤差範囲（誤差の上限と下限）を計算する．その上限は20ポイントより高く，その下限は20ポイントより低い．そして，誤差範囲に0が含まれなければ差があると結論付け，0が含まれれば差がないかもしれないということになる．なお，差があっても，誤差範囲が広い場合，例えば下限が2ポイント，上限が38ポイントだとしたら，0が含まれないので差があるとはいえ，推定値はかなり不安定といえる．

　このような推定は統計学の原理に基づくものである．ちなみに，介入地域と対照地域の特性に違いがあれば，そのことも加味する必要があり，そこでも統計的な手法が用いられる．

　統計解析ができると何かと便利であることに違いない．しかし，統計解析ができてもできなくても大切なことは，介入地域と対照地域の特性にどのような違いがあって，それが結果にどのような影響を及ぼしうるのかを考え抜くことである．それがなければ，統計解析は無意味となる．逆に，それができれば，統計解析ができなかったとしても，よりよい評価に結び付くといえる．

第 2 章
様々な領域における
セーフティプロモーション

第 1 節

子どもの事故予防

今井博之

要 約

　15 歳未満の子どもの不慮の事故の実態と対策について，窒息，交通事故，溺死，転倒・転落と，死者数の多い順に概説した．子どもの生物学的・発達的特徴と限界をふまえたうえで，各対策を考案し，理解することが肝要である.[1]

キーワード

不慮の事故，子どもの傷害，窒息，溺死，交通事故

1 子どもの傷害の概要

　感染症やガンなどで死亡する子どもの数の減少にしたがって相対的に傷害死が占める割合が増加し，1960 年以来，傷害は小児の死亡原因の第 1 位を占めてきた．しかし，過去 20 年間に傷害死もかなり減少し，そのプロフィールも大きく変化してきた.

　2020 年に傷害で死亡した子ども（15 歳未満）は 436 人であり，2000 年の 1178 人の約 2 分の 1 以下にまで減少した（**図 2-1**）．さらに，傷害死の原因別（**図 2-2**）でみると，2000 年には不慮の傷害の 3 大死因は，① 交通事故，② 窒息，③ 溺死の順で，特に交通事故死が長らく第 1 位を占めていたが，

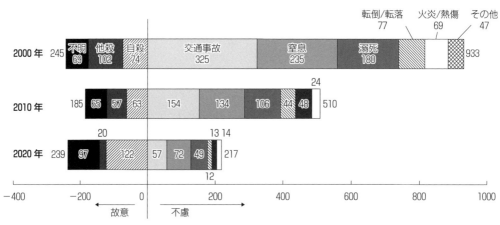

図 2-1　子ども（15 歳未満）の傷害死の推移

出典：人口動態統計より筆者作成.

2015 年に初めて窒息死が交通事故を上回って第 1 位となった.[2]

　このように不慮の傷害死が着実に減少を続けている一方で，自殺や他殺などの故意の傷害の占める割合は 15%（2000 年）から 33%（2020 年）にまで増加し，不慮か故意かを決定できない例も増えている.

　さらに重要なことに，死亡に至らない大小の傷害はおびただしい数であり，傷害はしばしば生涯にわたる後遺症の原因にもなっているにもかかわらず，こうした死に至らない傷害の実数は正確には把握されていない. 例えば，転倒や転落で死亡する子どもの数は不慮の傷害の 3% に過ぎないが，死にはいたらない負傷で通院したり入院したりしている数は交通事故を凌駕し，おそらく最多であろう. 一方，窒息や溺水は，死亡数としては多いが，通院している例はほとんどない.

2　窒　息

　窒息は 2000 年の子どもの不慮の傷害死の 25% を占めていたが，2020 年には 33% にまで増えている. この間，交通事故死の減少が著しく，窒息は 2015 年以後子どもの不慮の傷害による死亡原因の第 1 位となった.[2]

　窒息は，溺死とよく似ている. すなわち，入院して無事に元気に退院するという例がほとんどないことが大きな特徴の一つである. のど詰め（choking）は，その場で解除できれば何事もなかったとして笑い話で済まされるが，適切に解除できない場合の多くは致死的となる. 一刻一秒をあらそう緊急事態に対して，その場に居合わせた者が適切に対処できるか否かが生死を分ける.

　窒息死は予期できない稀なものではなく，毎年のように繰り返し起こっているパターンなのだということ，そして，そのパターンを知っていて予防策を立てること，誰もが窒息を認識し解除でき

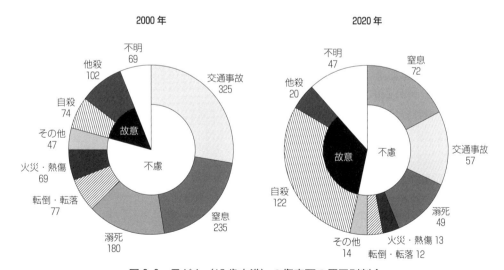

図 2-2　子ども（15 歳未満）の傷害死の原因別割合

出典：人口動態統計より筆者作成.

る知識と技術（ハイムリック法など）を身につけることが重要である[3].

（1） ベッドでの窒息

　0歳児が死亡例の9割を占める．窒息には呼気と吸気のタイミングが関わっている．すなわち，吸気—呼気—そして次の吸気の瞬間にビニール袋などが鼻と口を塞いだら，吸気の陰圧で張り付いてしまって取れなくなる．

　窒息の原因物質で多いのは，ベビーベッドの柵内のビニール袋や紙オムツ，風船などだが，実際には，ほとんどの親はこのような物が窒息の原因になることを想定すらしていない．ベッドと布団のわずかな隙間でも，そこに新生児や乳児が滑り込んでしまえば，呼吸が制限されてしまい，窒息死することがある（捕捉）．これも以前からよくみられるパターンの一つに過ぎない[3]．上述したような事実は，母親教室などの出産前教育や新生児訪問，あるいは乳児健診などの機会に親に知識を与えることで防止効果が期待できるかもしれない．

（2） 食べ物や異物による気道閉塞

　のど詰めは，家庭や保育園でも最も注意すべき事故の一つである[4]．のど詰めを起こしやすいのは，プチトマトくらいのサイズとその滑らかな表面性状が関与している．フランクフルトも子どもがかじればこのサイズになるし，マスカットや巨峰，スーパーボールもちょうどこのサイズである．

　こんにゃくゼリーによる窒息事故は過去に54件発生しており，1995年から2007年までの13年間だけでも13件の死亡事故が報告されていた．それを受けてわが国の消費者庁は危険性について警告を発したが，規制にまで踏み込むことは無かった．一方，それとは対称的に，欧米では早くからコンニャクゼリーの危険性を把握しており，2004年には米国および欧州連合でのコンニャクゼリーの輸入および販売を全面禁止する法的措置が取られた．

　のど詰めや誤嚥のリスクを回避するための食品や製品の改良に関する研究はまだまだ不十分だと言わざるをえない．特に食の安全は添加物など化学面からの規制は厳しいにも関わらず，物理的特性からの規制は全くと言ってよいほど検討されてこなかった．

（3） 首が絞められる窒息

　乳幼児では，首に結んでいたものが何かに引っかかることによる絞首型の窒息事故は稀ではない．絞首事故でよくみられるパターンは，パーカーや通園カバンの紐などが遊具の金具にひっかかったとか，首に巻いていたスカーフが回転遊具に巻き込まれた，などである．他にもエスカレーターに巻き込まれたとか，カーテンやブラインドの開閉用ループ紐で首つり状態になったとか，チャイルドシートに拘束したまましばらく目を離したらベルトで首を絞められて窒息した，などもよく知られたシナリオである．

　首回りに紐やスカーフをまとうことは危険であること，カバンを背負ったまま遊ぶことを禁じること，ひっかかりを防止するために遊具の安全設計を義務化すること，カーテンの紐をループ状にしないことなどで予防できる．

③ 　誤飲・誤嚥

　誤って口に入れ，飲み込んで消化器系に入ってしまった場合を「誤飲」，気道系に入ってしまった場合を「誤嚥」という．誤飲と誤嚥はしばしば同列に扱われるが，誤飲の結果は飲み込んだ物質の中毒作用でその傷害が決定され，一方，誤嚥は呼吸困難や誤嚥性肺炎がその後の傷害を決定する．

（1）誤　飲
　気づかれていないだけで実際には乳児期から誤飲は日常茶飯事に発生しており，赤ちゃんの便の中からは紙の断片やいろいろなものが出てくる．
　しかし，誤飲が事故として問題になるのは，実際には乳児ではなく，1歳から3歳がピークとなる．移動能力が増し，何ごとをも恐れぬ探求心がさらにリスクを高めている．
　報告されている誤飲の約半数はタバコであったが，過去10年間にタバコの誤飲は半減し，2013年以降は第1位医薬品，第2位タバコ，第3位プラスチック製品となった．膨大な数の誤飲に対して，死亡例は非常に少なく，2015年の死亡統計でも中毒による死亡は3例に過ぎないが，入院例や後遺症を残した例などの実態はわかっていない．近年の調査でもボタン型電池の誤飲は過去5年間に少なくとも939件発生しており，うち15件が消化管穿孔などの重症例であった[5]．

（2）誤　嚥
　誤飲が日常茶飯事に起こっているのに対し，気道系に異物を吸い込んでしまう誤嚥はそれほど多くはない．誤嚥事故の約7割は1～2歳で占められており，0歳児がそれに次ぐ．幼小児の誤嚥の原因物質は，ほとんどが食べ物で，年齢が長じるにつれ食べ物以外の誤嚥，例えば歯のかぶせ物とか小さなプラスチックのおもちゃ，鉛筆のキャップなどが増えてゆく[4][6]．
　誤嚥の原因食品の種類で見ると，第1位のピーナッツが誤嚥の約6割も占めている．ピーナッツは，通常の吸気時の気流程度で吸い込まれる軽さと，気管に入り込みやすいサイズと流線型，これらの誤嚥に「最適」な特性を備えているからである．パチンコ玉は重いので吸い込まれずに飲み込んでしまって誤飲となるし，枝豆はつぶしてから食べればリスクは無い．
　「3歳未満の子どもにはピーナッツを食べさせない」という極めてシンプルな対策だけで，わが国の誤嚥事故の6割を減らせる可能性がある．

④ 　交通事故

　交通事故は，子ども（15歳未満）の不慮の事故死の第2位を占めている．2020年の統計では不慮の事故死の26％，年間57人の子どもが交通事故で亡くなっており，そのうちの約6割は歩行者としての事故死である．他の先進国と比較して，日本は交通事故死亡数の中で歩行者の占める割合が

大きいことが特徴である.

　子どもの交通事故を防ぐ方策として一般的に最も強調されてきた「交通安全教育」と「危険個所の改善」の2つはほとんど効果が無い. 10歳未満の子どもは近代の交通環境に対処できるだけの生物学的発達段階に達していないことは発達心理学で証明済みであり, この年齢の子どもをいくら教育しても事故を減らすことは期待できない[7][8].

（1）自動車事故

　わが国では2000年から, 6歳未満の小児の自動車同乗者にはチャイルドシート（CRS）の着用が義務化された. CRSを着用していれば衝突時の負傷率を67％減少させ, 同死亡率を71％減少できる. そのためにはCRSを適切に装着すること（強固に座席に取り付ける）と, 着用率を上げてゆく努力が必要である. 子どもが1歳を超えると急に着用率が下がってゆく. 座席に装着するのが面倒, 子どもに着用させるのが面倒, 子どもが嫌がる, など様々な言い訳が考えられるが, 実際の事故では着用の有無が生死を分けるので, 非着用に弁解の余地はない.

　時速20kmで衝突した時の衝撃を落下に例えると, 自動車に乗っていて1.6mの高さからの垂直落下に相当する. 時速40kmになると, 高さ6.3m相当なのでほとんどビルの2階からの転落と同じである.

　高速道路では当然CRSを着用しているが, すぐ近くの買い物などの時は面倒なので着けないことがある. しかし, いくら住宅街で時速30km以内であったとしても, 正面衝突は双方の合算となるので時速50kmを超えることは稀ではない. この時に生じる力は3800ニュートンと計算され, 隣に座っていた体重8kgの乳児が進行方向に加えられる加速度は, 重力換算で350kgに相当する. いくら強靭な男でも350kgを腕で支えることは不可能なので, CRSの着用が生死を分ける[9].

（2）自転車事故

　6歳未満の子どもを自転車に同乗させる場合, 子どもに自転車ヘルメットを着用させることを義務付けるという条例を京都府は全国に先駆けて2008年に制定した.

　自転車ヘルメットをしていれば交通事故や転倒事故の場合の頭部外傷や脳外傷を10分の1にまで減らすことができる. 1990年の7月, オーストラリアのビクトリア州で, 世界で初めて自転車ヘルメット着用が義務化された. 同年10月に, 米国メリーランド州ホワード郡でも着用法が成立し, その後次々と各州に広がり, ヘルメット購入の便宜や助成など様々な奨励策が取り組まれてきた[10].

　自転車事故そのものは, 幼児よりも小・中学生に多い. 乳幼児で問題になるのは前や後ろの座席に同乗させていて, 衝突し転倒する事故である. このような事故では子どもは前方に放出されるので頭部外傷のリスクが非常に高い. また, 小児を乗せたまま自転車を止めて自転車から離れ, 自転車ごと転倒することによる頭部外傷も, 重症の頭部外傷の原因の一つになっている.

（3）歩行者事故

　歩行者事故は自動車事故と違って, 同じ個所で再び事故が発生する確率は数％未満であり, 通学

路や居住地の道路でヒヤリハット式に危険個所を洗い出して改善するという対策（ブラックスポットアプローチ）は，ほとんど効果がない[8].

　自動車事故全体での負傷者無しの確率は 94％であるのに対し，歩行者対クルマの衝突での負傷者無しはわずか 1％という圧倒的なリスクの差を看過してきたのが近代の交通政策の根本的な問題である．歩行者対クルマの衝突事故の場合，歩行者が死亡ないし重傷を負う確率は主にクルマの速度によって決定される．衝突時の時速が 30 km の場合の歩行者死亡率は 5％であるのに対し，時速 50 km では 45％にまで急増する．これが「ゾーン 30」の根拠であり，居住地域内や通園・通学路で容認しえる最高速度は時速 30 km 未満である．

　したがって，根本的には道路環境をより安全なものに作り変えてゆく対策が重要である．特に，子どもの歩行者事故の約 7 割は，自宅から 500 メートル以内の近隣で起こっているという事実を踏まえると，居住地域や通園・通学路の交通環境の整備が重要である．これまでに，歩行者事故を減らせることが実証されている方策は，「クルマの速度の抑制」と「通過交通を減らすこと」の 2 つである[7][8].

5　溺　死

　溺れそうになった経験は誰にでもある．1 歳半までに約 1 割の子どもが溺れそうになった経験があるというデータもある．こうしたインシデントの圧倒的多数はアクシデントに至らず，溺れてしまったけど救急医療によって救命されるという例も稀である．溺れは，何事もなかったかのように済まされるか，死亡するかのどちらかである[11].

　わが国の子どもの溺死数は過去 10 年間で約半減し，今日では年間 50 人前後となっている．溺死はもともと子どもの不慮の事故死の原因の第 2 位だったが，1996 年以降，窒息死が上回って溺死が第 3 位となった．また，国際比較でみると浴槽での溺死が多いことが，かつての日本の特徴であったが，1998 年以後は海や河川などの自然の水域での溺死のほうが多くなった[2].

　親と一緒に入浴中に溺れた乳幼児の溺死に関する米国での研究によると，親がうっかり目をはなしたのは平均わずか 6 分で，中には，わずか 1 分という例すらあったという．兄や姉などの他の兄弟は一緒に風呂に残っていても監視能力はない．しかも，救急隊が到着するまで蘇生術が行なわれていなかった例が約 2 割もあったという[11].

　子どもは，風呂の残し湯でも溺れることがあるので，少なくとも 6 歳未満の子どもがいる家庭では残し湯をしない方が良い．

　また，わが国でも最近お風呂の乳児用浮輪で溺れて死亡した例の報告があった．このような死亡例は他の国でも発生しており，この種の製品は一律に製造・販売を禁止すべきである．

　屋外の川や池，海などの自然の水域での溺死も減少傾向にあるが，浴槽での溺死が大幅に減少したので，溺死に占める割合は相対的に増加している．水辺でのレジャーにはライフジャケット（PFD）の着用を奨励すべきである．特に，観光船・観光ボートなどでは客員全員に着用させること

を義務化すべきである[1].

　また，これまでにほとんど指摘されてこなかったが，津波の防災対策としても PFD が有効ではないだろうか．保育園・幼稚園・小学校で，人数分の PFD を常備し，着用訓練をしておくことで，いざ津波に飲み込まれても救命率を大幅に改善できる可能性がある．

6 転倒・転落

　英語の「fall」は，「転倒」と「転落」の両方を含んでいるので，ここでは「転倒・転落」と表記する．転倒・転落は，死亡例としては多くないが，それに起因する骨折や頭部外傷などで入院したり通院したりする例は非常に多いし，重度の傷害や後遺症例などの詳細はよくわかっていない．

　転落の様態は，子どもの年齢や発達段階に大きく左右される[3]．乳児期にはベビーベッドやおむつ交換台からの転落が多いので，つかまり立ちができるようになったらベビーベッドのマットレスの位置を下げ，柵を乗り越えられるまで成長する前にマットレスはフロアーの高さに下ろすよう指導する．

　幼児期にはイスやソファー，階段からの転落が増え，さらに年齢が進むにつれて，遊具からの転落など屋外での事故が増えてゆく．乳幼児は「貪欲なクライマー」とも呼ばれるごとく，なんにでもすぐに登りたがる．体を固定するベルト付きのイスを選ぶか，すぐそばに大人がいて監視する必要がある．そもそも，食卓のテーブルは大人にとって都合がよい高さに設計したものであって，子どもの安全を考慮したものではない[1]．

　階段の転落事故を防ぐには踊り場にゲートをつけるのが一番良い．踊り場に危険物を置かないとか，角張った場所にはパッドを貼るとか，衝撃を吸収できるような絨毯を敷くなどの工夫も一助となる．

　わが国では転落によって死亡する子どもの数は年間 12〜20 人である．その多くは家屋または遊具からの転落である．ベランダやテラスには柵があるが，その近くに物を置いていたり，柵に取り付けたフラワーポットなどを足がかりによじ登って，柵を越えて転落するというシナリオが最も多い．また，高層階の窓は 11 cm 以上開かないようなストッパーを取り付けるなどして予防すべきである（窓ガード）[1]．

　こうした転落防止策がもっとも遅れている場所の一つが学校である．転落事故が発生した際，事故を実証し，窓や天蓋に再発防止の安全策を講じていれば，類似の事故が繰り返されることは無かったはずであり，日本スポーツ振興センターの学校災害共済給付制度は，その責任を経済的救済だけに終わらせるのではなく，本来担うべき傷害制御にも役割を果たすべきである．

7　安全な遊び場

　遊び場でのケガは，ある意味では避けがたい側面をもっている．「遊び」という要素の中には，リスクが内在する．リスクがまったくない遊びはつまらないものになってしまう[12].

　2歳以下の子どもたちはまだまだ目が離せないので大人が近くに付き添っているし，危険な遊びを未然に制止することができるが，3〜5歳になると，子どもたちの運動量は飛躍的に増し，動作も速くなってきて，自律的な遊びを終始監視することができなくなる．未熟であるにもかかわらず，これまでできなかった技量をためしてみたいという挑戦心が彼らの発達の原動力であり，そのことがよけいに傷害のリスクを高めている[1].

　誰かがブランコをこいでいる前を走っていったらどうなるか，シーソーから急に離れると一緒に乗っていた友だちがどうなるか，すべり台の階段を登っている友だちの足をつかむとどうなるか，いくら叱っても，いくら教えても，安全行動を達成することは不可能である．それがこの年齢の発達特徴なのであるから．したがって，傷害を減らすためには，子どもを教育し規制するのではなく安全な遊び場環境に改変してゆくことが重要である[1].

　外傷をゼロにすることを目標にしないで，外傷が重大な結果を招かないようにすることに主眼を置く．つまり，命に関わるようなケガや，後遺症になるようなケガ，長期間の生活制限を余儀なくされるようなケガをゼロに近づけなくてはならない[1][12].

　重大な事故として，① 遊具からの転落による頭部外傷や骨折，② 遊具のロープや鉄パイプなどの構造物，あるいは着衣の一部などによる絞扼（首絞め状態）による窒息などがある．

　遊び場で発生する重症外傷（頭部外傷や骨折など）の90％は転落が原因であり，遊具の高さと落下地点の地表面の硬さがその重症度を規定している[1].

　米国および欧州連合は遊具に関する厳しい設計基準を法制化しており，すべての遊具に衝撃吸収地表面を敷設することを義務付けている．遊具から落下する可能性のある範囲（ユースゾーン）が規定されており，遊具の高さに応じて，このユースゾーンの衝撃吸収性能（素材と深さ）が決められている．すべり台などのより高い遊具の周辺は，より衝撃吸収性の高い人工地表面を敷設する．そうすることで転落時の重症頭部外傷や骨折を減少させることができる．この方法は，欧米では30年以上前から常識として行われてきた対策であるが，わが国ではまだほとんど普及していない．

　転落以外で重篤な傷害に結びつくのが，絞扼（窒息の一形態）や捕捉である．かばん，マフラー，スカーフ，ひも付きのフードなどを身に着けたまま遊ぶと危険だということはあまり知られていないが，命に関わる危険をはらんでいるので避けるべきであり，少なくとも幼児教育や小学校の教師は熟知しておくべきである．

　しかし，実際の絞扼の危険は，子どもたち自身の行動ではなく，遊具の構造上の欠陥に起因する場合の方が多い．欧米の遊具の安全基準によると，「ボルトの出っ張りはどこまでが許容範囲か」「構造物の鉄パイプが形成する閉じた空間の大きさは？」「パイプが成す角度は30度以上になっているか？」などなど，非常に細かな設計基準が規定されているが，これらの多くは絞扼を防止する

ための安全基準なのであり，素人にとっては，おのおのの遊具が持つ潜在的危険性を認識できないので，遊具の製造側及び管理側が負う責任は重い．

8 火災／熱傷

（1）火　災

　近年の年間死者数は約10人余にまで減少した．そして，その大多数は家屋火災によるもので，煙にまかれての逃げ遅れが主な原因となっている．

　まず，火事を発生させないこと．発火源としては，放火が最も多く，次いで，タバコの不始末，暖房器具，調理関連，子どもの火遊び，と続く．

　紙巻タバコが問題なのは，吸い続けなくても燃え続けるという特性であり，それが引火性を高めている．2004年7月にニューヨーク州で，防火タバコ（低引火性タバコ）が義務化され，今日では米国全土に広がっている．[13] 日本でも，近年の喫煙者数の減少と電子タバコの出現によって紙巻きたばこの販売量自体が激減している．国内の販売量は2005年が1995年比で85％であったのに対し，その後の10年で減少が加速し，2015年は1995年比で55％と半減したことも火災予防に寄与している．

　3番目の対策は，火事の広がりを防ぐ方策である．もっとも効果的なのはスプリンクラーである．老人介護施設や障害者施設・保育施設などに限らず，米国のように一般家庭へのスプリンクラーの導入にもインセンティブを付けるべきである．

　4番目は，火災現場からの脱出である．火災による死亡原因の7割以上は熱傷ではなく煙による窒息死だという．火に気づいた時にはすでに手遅れで逃げられない例が多い．煙は上へ上へと登るので，煙を吸わないようにするためにはできるだけ身をかがめて低い姿勢で逃げることを子どもたちに教える必要がある．また，煙で充満すると真っ白で何も見えなくなる（ホワイトアウト）ので，家庭では，寝室から目隠しをした状態で脱出口に到達できるようにする訓練をしておくことが役立つであろう．

　やけどは「すぐに流水で冷やす」，衣服への着火は「ストップ・ドロップ and ロール（後述）」，そして，「火災からの脱出は身を低くして」，この3つは子どもに教えておく火災・熱傷予防の重要項目である．

　わが国では住宅防火基本方針（2001年）に基づいて新しく建設する住宅の寝室には火災警報器を設置することが義務付けられた．ここで注意しなければいけないのは火災警報器には温熱感知式と煙感知式の2種類あって，このうち温熱式では警報が鳴っても既に火が回っており脱出できない例が多いことがわかっている．命を守るためには fire alarm ではなく smoke detector でなければならない．[13]

　わが国でも煙感知器を既存の住宅に普及させることが急務である．安価な警報器の開発，購入や設置の費用を助成するなどの行政からの奨励策，警報器を設置している住宅では火災保険料を減額

するなどの企業の協力が求められている.

　5番目に，たとえ熱傷を負ってしまっても命だけは助ける，あるいは後遺症を最小限にするという方策である．重症熱傷の治療やリハビリは高度の専門性が求められるので，熱傷センターなどの高度専門施設の必要性が指摘されてきた．不採算部門ではあっても必要な医療であるということを理解し，公的扶助による適切かつ十分な医療が受けられるよう，支援が必要である.

（2）熱　傷

　熱傷（やけど）は，子どもが医療機関を受診するケガの中では最もありふれたものの一つである．まして，病院受診に至らない程度の熱傷はさらに膨大な数であると推計されており，その形態も多種多様である．したがって，すべての熱傷を完全に予防することは不可能であるということを前提にして，重症熱傷（死に至る，あるいは醜貌や機能障害を残すような熱傷）を防止することに焦点を当てることが重要である.

　子どものいる家庭ではテーブルクロスは使用しないこと．乳幼児を抱いた状態で熱い飲み物や食べ物を摂らないこと．電気ポットはコードを引っ張ると容易にコンセントから外れるタイプの製品や倒れてもお湯があふれ出ないタイプの製品を選択すること.

　さらに注意すべきは，電気炊飯器の蒸気吹き出し口で手をやけどする高温スチーム熱傷と，花火による熱傷である．これらの熱傷は深達度が大きく，壊死が真皮まで達すると皮膚移植以外に再生の方法がない．最近の炊飯器には蒸気の吹き出しを緩衝する製品もあるし，幼い子どもを抱える家庭では夜中や明け方に炊飯を終了するようにすべきである．また，花火をする時には花火の火を消すための水以外に，やけどした手などをすぐに漬けることができる水を近くに用意しておく必要がある.

　衣服への着火はしばしば広範囲の重症熱傷の原因となる．もしキャンプファイヤーなど水が近くにない場所で衣服に着火した場合は，「ストップ・ドロップ and ロール」が重要である．その場に止まって（stop），大人の上着やビニールシートなどで火を包み込んで酸素を遮断するか，その場で寝転んでゴロゴロと横転しながら火を地面にこすり付けて消す方法（drop and roll）が有効である．消火の要点は酸素の遮断なので，走り回ったり，扇いだりするのは，逆効果となる.[1]

　米国で現在発売されている家庭用の給湯器はすべて54℃以上のお湯が出ない仕組みになっている．ことの発端は米国の小児科医マリ・カッチャーが始めた運動であった．給湯器の蛇口から出る熱湯でやけどして受診する子どもがあまりにも多いことに着目し，数秒くらいなら子どもの皮膚でもやけどしないお湯の温度を調べて，54℃という数字を見出だした．それを給湯器の温度上限にプリセットすることを地域の電気会社やガス会社に働きかけて，地域ぐるみの設定変更に成功し，それ以来，その地域での熱湯熱傷が大幅に減少したのである．この対策は今や全米に広がり，米国内で販売できる給湯器の上限温度は54℃に法制化されたのである.[1]

9 まとめ

　子どもの傷害制御で最も重要なことは，子どもの生物学的・発達的特徴と限界を知ったうえで対策を考案する必要があるということにつきる．幼い子どもを教育して危険を予知させる能力を高めることを目指している国は他のどこにもない．子どもに安全な製品や環境を提供することは，全面的に大人や社会の責務である．

参考文献・資料

[1] ウィルソン MH，ベイカー SP，ガルバリーノ J 他．今井博之訳．死ななくてもよい子どもたち．メディカ出版，1998.

[2] 厚生労働省大臣官房統計情報部．人口動態統計（平成 28 年）.

[3] 反町吉秀，稲坂恵．なぜ起こる乳幼児の致命的な事故．学建書院，2013.

[4] 今井博之．乳幼児の誤嚥予防のための保健指導とアドボカシー．チャイルドヘルス 10(3)：174-176，2007.

[5] ボタン型電池誤飲 5 年間で千件：初の実態調査．産業経済新聞 2017 年 12 月 17 日記事〈https://www.nikkei.com/article/DGXMZO24743850X11C17A2CR8000/〉（2019 年 1 月 3 日アクセス）.

[6] 市丸智浩 他．小児における気管・気管支異物の全国調査結果．日小呼吸器誌 19(1)：85-89，2008.

[7] 今井博之．歩行者事故への取り組み．小児内科 39(7)：1107-1109，2007.

[8] 今井博之．小児の交通外傷の防止〜予防医学の観点からのレビュー〜．日本医事新報 3757：21-26，1996.

[9] 今井博之．Child Restraint Devices（いわゆるチャイルド・シート等）による小児自動車乗員外傷の防止．小児科臨床 50(1)：113-119，1997.

[10] 今井博之．小児の自転車ヘルメット着用：小児の事故防止戦略のプロトタイプ．小児科 37(4)：349-354，1996.

[11] 今井博之．浴槽での溺死事故の予防．日本医事新報 4305：65-70，2006.

[12] ロビン・ムーア 他．吉田鐵也，中瀬薫共訳．子どものための遊び環境：計画・デザイン・運営管理のための全ガイドライン．鹿島出版会，1995.

[13] 今井博之．子どもの事故予防：火災による傷害予防を例として．日本セーフティプロモーション学会誌 1(1)：25-29，2008.

Column *2*

日本に特徴的な子どもの傷害（事故）

稲坂　恵

　一瞬で命を奪う子どもの傷害は，交通事故・転落・溺れ・窒息などである．その中で日本に特徴的な傷害は「浴槽溺れ」と「食物窒息」と言える．浴槽に浸かる入浴文化と箸や木製椀で啜る食べ方文化の日本は，これらの死亡率が，子どもと高齢者で高く，特に意識して予防していかねばならない．

浴槽溺れ

　日本人の入浴は，体の清潔のみならず浴槽内でリラックスする目的もあり，浴槽に浸かるのが一般的で日常である．大人に抱かれて浴槽に入る乳児では，大人の意識消失（持病やヒートショック）で一緒に溺れる．浴槽に一人で居られる子どもでは，親が洗髪している間や他の子どもに洋服を着せている間など僅かな時間に溺死しており，瞬時に発生する致命的事態である．聞き取り事例の若い母親は，浴槽の縁に頭をぶつけて気づくと，赤ちゃんが浴槽にうつ伏せに浮いており，急ぎ抱き上げて命拾いしたと語った．この女性は，湯船から立ち上って意識が薄くなる経験があり，上のバーに摑まって凌いだとの話から，急に立ち上がる動作による起立性低血圧が推測され，立ち上がる際はゆっくりすることが推奨される．

　子どもの溺れについてはアメリカで "Quickly and Quietly"（瞬時に静かに）と注意喚起している[1]．日本では漸く長野県佐久医師会がツイッターへ投稿した「子どもは静かに溺れます！」の注意喚起イラストに社会の関心が集まった[2]．裸の子どもが目を開けたまま沈むイラストや浮き輪を過信するなとの記載がある．日本では浮き輪が浴槽で使われることがあり，足穴シート付浮き輪での転覆や首巻き浮き輪での顔沈みによる死亡事例が発生している[3]．過去にフランスの水辺で足穴シート付浮き輪による溺れが 10 件起きた際，政府は浮き輪を販売禁止とし，当時の EU 諸国へ警告した[4]．これを受けてスウェーデンが，子どもの足が届く浅い場所での転覆は自力では戻れないという実態を明らかにした[5]．浅いところとは日本では浴槽になる．日本での浴槽内検証実験でも浮き輪に入ったダミー人形が一瞬で転覆し，頭が水中，脚が上となる動画が公開されているが[3]，商品は溺れリスクの警告表示付きで現在も販売されている．

　浴槽に浸かることを好む日本人は浴槽内溺れのリスクを正しく認識し，入浴時は外から声かけをし，浮き輪は使用せず，子どもから目を離さないことである．なお残し湯はおもちゃを取ろうと身を乗り出して頭から墜落して溺れる危険があり，風呂場へ子どもが独りで入れない高い位置での鍵が安全対策となる．

食物窒息

　日本人の食べ方は独特であり，口を付けても熱くない木製椀で啜り，麺類を箸で啜って食べるのが一般的で日常である．啜る食べ方では空気と一緒に食べ物を口の中に引き込むので，勢い余れば気道に入る誤嚥や喉に詰める窒息が発生する．子どもは喉の調整能力が不十分なため特にリスクが高くなる．窒息頻度の高い食物は，餅・ご飯・肉・野菜・飴など身近なものであり，丸い形状やつるりとした質・粘り質はリスクが高い．過去に子どもの窒息で社会問題となったこんにゃくゼリーの分析では[6]，弾力性・一口サイズ・吸引する容器が問題視された．すなわち吸い込むリスクを明らかにしている．団子や白玉での窒息事例でも団子汁や白玉入りフルーツポンチが多く，汁と一緒に啜った結果の窒息と推察でき，窒息し易い食べ物に加え啜る食べ方が誘因になっている．なお，後年，こんにゃくゼリーの窒息率は丸い飴と同じという結果が食品安全委員会から報告された[7]．

　特に子どもに特徴的な危険には，口の中に食物を入れたままの大笑いや大泣きがあり，直後の急激な息の吸い込みで食物を喉に詰める．また子どもは驚き易いので，車の急ブレーキや歩行中の躓き，

あるいは大人のダメ！との叱責声でハッと驚いて息を吸い込み飴玉などを喉に詰める．車の運転中は飲食を禁止とし，食事の時はきちんと座ってよく噛んで食べ，大人は子どもがハッと驚く事態を意識的に避けることが予防対策になる．もしも喉詰まりが発生してしまったら，的確な異物排出法で対処することが肝心である．

異物排出法に関しては，救急法の実習でも教えられることが少ない日本に対し，アメリカでは赤十字のベビーシッター教本[8]や全米防火協会の子ども向け教材（リスクウォッチ）[9]で，前者は11歳以上，後者は10歳以上で異物排出法を実践教育している．その教育が生かされた事例が2021年12月21日のCNNニュース[10]で紹介された．前者教育を11歳で受けた経験を持つ15歳少女が喉詰りの客を異物排出用で救命した内容である．日本でも異物排出法の実践教育を大人のみならず子どもにも積極的に実施されることが望まれる．

啜る食べ方を自然にしている日本では誤嚥や窒息が発生し易く，この日本特有の食べ方を危険因子と認識した上での予防対策が必要である．

その他：転倒

日本に特徴的か否かは不明だが，子どもが転んで顔をケガする事例が増えている．手を出して顔を守る防衛反応（保護伸展）は既に赤ちゃんのお座り時期に獲得しているから，手を出せても支え切れていない状況が想定できる．実際，四つ這い姿勢で肘を伸ばせない事例や究極つぶれて自分の歯を折る事例があり，子どもの腕の筋力不足は否めない．ボール遊び禁止の公園など，体を動かす遊びの機会が奪われている環境の悪さがケガを助長している．

対策としては腕を使う鉄棒・上り棒・雲梯や自然の中での冒険遊びが推奨される．子どもは相対的に頭が大きく重心が高いのでバランスを崩してよく転ぶ．転びが日常的であるから，手を出して顔を守る転び方の再習得が必要になる．

日本の課題と今後

足穴シート付浮き輪や首巻き浮き輪は販売されており，買う・浴槽で使うという選択は個人の責任に委ねられている．浮き輪を安全と信じていれば浴槽で使うし，足穴シート付浮き輪の転覆動画を検索しない．浮き輪の安全性に疑問を持ち，危険性を納得できる意識変革が必要だ．それには個人の責任で済ませず，社会問題にしなければならない．また死亡報告書の中に，「いつになく厳しい口調で叱ったためか，ムキになった児は頑なに口を閉じて誤嚥に至った」[11]とあるが，叱られた声に驚いての窒息と想定できる．子どもに責任があるような記載は人権侵害として再考されねばならない．

日本社会は，ケガをし易い子どもに対して危ないからと遊びを制限する傾向にあるが，危ないけどやってみたいという子どものチャレンジ精神を高める方向に進むのが理想である．なぜなら子どもはその体験によって危険回避方法を自ら身に着け，最終的に自分自身の命を守ることになるからである．

参考文献・資料

[1] Cape Gazette. Drowning happens quickly and quietly: Learn how to keep children safe. 2015. 〈https://www.capegazette.com/node/86866〉（2023年4月27日アクセス）.

[2] 佐久医師会. 教えてドクター　おぼえておいて!!　子どもは静かに溺れます. 2018年. 〈https://oshiete-dr.net/pdf/2018dekisui.pdf〉（2023年4月27日アクセス）.

[3] 絶対に目を離さないで!! 浴槽用浮き輪で乳幼児の溺死も！〈https://www.meti.go.jp/product_safety/event/070710/070710041.pdf〉（2023年4月27日アクセス）.

[4] Vol. 497　首掛け式乳幼児用浮き輪は気をつけて使用しましょう！｜消費者庁〈https://www.caa.go.jp/policies/policy/consumer_safety/child/project_001/mail/20200402/〉（2023年4月27日アクセス）.

[5] Can bathing rings cause drowning accidents?〈https://www.konsumentverket.se/globalassets/publikationer/produkter-och-tjanster/barnprodukter-och-leksaker/report-2000-22-can-bathing-rings-cause-drowning-accidents-konsumentverket.pdf〉（2023年4月27日アクセス）.

[6] 消費者庁．こんにゃく入りゼリー等による窒息事故の再発防止に係る周知徹底及び改善要請について．
2010 年．〈http://www.pref.osaka.lg.jp/attach/10031/00000000/konnyakuzeri-tyuikanki.pdf〉（2023 年
4 月 27 日アクセス）．

[7] こんにゃくゼリーの窒息リスク「あめ類と同程度」食品安全委 – news archives〈https://blog.goo.ne.jp/
think_pod/e/fd508ffc4285afa764a09e8cffa66496〉（2023 年 4 月 27 日アクセス）．

[8] Babysitters-Training-Handbook.pdf〈https://www.redcross.org/content/dam/redcross/training-
services/no-index/Babysitters-Training-Handbook.pdf〉（2023 年 4 月 27 日アクセス）．

[9] リスクウォッチ傷害予防 – シャンペーンスクール〈https://champaignschools.ss19.sharpschool.com/
resources/risk_watch_injury_prevention〉（2023 年 4 月 27 日アクセス）．

[10] 15 歳のマクドナルド店員が窓からジャンプ，ナゲット詰まらせた客を救命　米ミネソタ州 –〈https://
www.cnn.co.jp/fringe/35181168.html〉（2023 年 4 月 27 日アクセス）．

[11] https://www.jpeds.or.jp/uploads/files/injuryalert/0047.pdf（2023 年 4 月 27 日アクセス）．

第 2 節

高齢者の事故予防

鈴木隆雄

要　約

　わが国は少子高齢化の進行によって，急速な高齢社会あるいはすでに超高齢社会といっても過言ではない社会構造の変容を遂げている．令和 4（2022）年における平均寿命は男性81.47 歳，女性 87.57 歳となり，過去最高の平均寿命の延びを示している．また全人口における高齢者の割合（高齢化率）もほぼ 30％となっており，世界で最も進行した超高齢社会となっている．

　このような人口構造の著しい変化を受けて，高齢者の事故に関する関心も高くなっている．

　本節では，高齢者の事故の実態やその対策（予防方法）につき述べることにするが，中でも（1）不慮の事故による死亡の状況，（2）高齢期における転倒と骨折の状況，（3）認知症高齢者における徘徊・行方不明と死亡，さらに（4）認知症高齢者における公共交通機関等でのトラブル等，について最新のデータを基に概説することにする．

キーワード
高齢者の不慮の事故，転倒・転落，骨粗鬆症・骨折，認知症，徘徊・死亡，公共交通機関，トラブル

1 はじめに

　広く知られているように，今後の超高齢社会の進展のなかで，一つの特徴は75歳以上の後期高齢者が著しく増加することである．具体的な数値で概観してみると，2022（令和4）年のわが国の65歳以上の高齢者人口はおよそ3627万人（総人口に対する割合は29.1%）である．また75歳以上の後期高齢者は1937万人で総人口の15.5%となっており，従って前期高齢者と後期高齢者の比はおよそ1：1となっている．しかし，20年後の2040年には各々の推計人口は1681万人：2239万人（1：1.3）となり，さらに2065年には1133万人：2248万人（1：2.0）と前期高齢者数の減少に対し，後期高齢者数は急増し，その比率はおよそ1：1から1：2へと変容することが推定されている．このように今後のわが国の超高齢社会の中核を構成する集団が後期高齢者ということになる．しかし一方で，この後期高齢者の健康特性（心身の機能と生活機能の特徴，社会参加の実態，QOL等々）についての疫学研究を中心とする十分なデータの蓄積がなく，現在の大きな，そして喫緊の課題と言っても過言ではない．

　一方，現代日本の高齢者，特に前期高齢者においては，かつての高齢者集団とは異なり健康水準は高く，身体能力は明らかに若返っていることも，老化に関する長期縦断研究から知ることが出来る[1]．前期高齢者はもう高齢者と呼べない集団とも考えてよい．しかし今後益々増加する後期高齢者にあっては加齢に伴う心身の機能の減衰は顕在化し，疾病のみならず生活機能を失わせるフレイルが確実に発生し，要介護状態への移行リスクが高くなることから，対策と介護状態への予防（介護予防），そして様々な高齢者特有の事故予防対策が必要となる．

2 高齢期の不慮の事故

　世界的にも最も長寿の国であるわが国における高齢者の不慮の事故（による死亡事故）はきわめて特徴的である．平成26（2014）年度の厚生労働省「人口動態統計」によれば，わが国の65歳以上の高齢者における「不慮の事故による死亡状況」によれば，最も死亡率（人口10万対）の高い3大事故は「転倒・転落・墜落」，「溺死および溺水」，そして「窒息」となっている（表2-1）[2]．実際の死亡者数は「転倒・転落・墜落」8774名，「溺死および溺水」6901名，「窒息」7219名となっており，「交通事故」による死亡者総数（3713名）よりもはるかに大きな死亡者数となっている．このようなわが国の高齢者の不慮の事故による死亡構造は国際的に見るときわめて特徴的である．すなわち，

表2-1　高齢者における主な不慮の事故による死亡割合（%）

	全年齢総数	65～74歳	75歳以上
総数	100.0	100.0	100.0
交通事故	14.6	17.9	8.1
転倒・転落	20.4	16.9	23.3
溺死・溺水	19.2	23.4	19.7
窒息	25.1	21.9	29.1
炎・火事	2.8	3.3	2.4
中毒	1.7	1.3	0.5

出典：厚生労働統計協会「国民衛生の動向」2016/2017：58-82より筆者作成．

わが国高齢者の不慮の事故死では，例えば「溺死および溺水」は他の国に比べて突出して死亡数・率ともに高いことが知られている（表 2-2）．この理由として，わが国では，（1）家屋構造上の問題；脱衣場は寒く，特に冬場などでは脱衣後に急速に体温が低下すること，（2）特有の入浴習慣；脱衣直後に熱い湯のある「お風呂」に一気に入浴する習慣のあること，などが考えられる．このような環境下では高齢者の場合，急激な体温変化に対応する血圧変動が心機能に過剰な負担を及

表 2-2　高齢者における「溺死・溺水」の死亡率（人口 10 万対）の国際比較

	全年齢総数	65〜74 歳	75 歳以上
日本	5.6	6.3	28.0
米国	0.5	0.7	0.9
フランス	0.8	2.2	2.2
ドイツ	0.3	0.7	1.0
イギリス	0.2	0.3	0.5

出典：厚生労働統計協会「国民衛生の動向」2016/2017：58-82 より筆者作成.

ぼすことから，入浴後の心不全を引き起こし，時に致命的変化をもたらすことが重要な要因と考えられている．またわが国の高齢者の不慮の事故のトップにある「窒息」についてもその一因として，お正月などで食べる餅が喉に詰まることが考えられる．このような高齢期の窒息は，いわゆる「オーラルフレイル」の状態であり，口腔機能の減弱（特に咀嚼機能や嚥下機能の低下）が誤飲・誤嚥をもたらすことが最も重要な原因と考えられている．

3　転倒と骨折

　高齢者においては，加齢に伴う心身の機能低下，特に身体的（運動）能力の低下により，転倒が発生しやすくなる．転倒の発生に関する疫学的研究も数多く行なわれており，それらをまとめると 65 歳以上の地域在宅高齢者ではその 1/3〜1/4 が 1 年間に 1 度以上転倒すると報告されている．わが国においては 1980 年以降特に高齢者の転倒の発生とその予防についての関心が高まり，欧米同様，転倒発生に関連する多くの報告がなされている．1995 年に行なわれた，全国の代表サンプルによる転倒の発生頻度調査では調査方法が標準化され，比較的高い精度を保って行なわれている．この調査からは，おおよそ 1 年間での転倒の発生率は 20 ％程度と報告されている[3]．

　一方，施設における転倒の発生頻度に関する調査，特に（地域高齢者に行なわれるような）大規模疫学調査は多くはない．しかし，施設高齢者では地域高齢者に比べて転倒発生率は明らかに高く，地域高齢者のほぼ 2 倍の約 40 ％の年間転倒率にのぼると考えられている．地域高齢者同様，施設においても男性より女性での転倒発生の多いことが明らかである．発生頻度の違いには，施設の種類や，施設の入所条件などにより入居している高齢者の健康度が著しく異なっていることによる可能性が考えられる．また，環境が影響している可能性は大きく，手すりの設置や滑りにくい床面の採用など，転倒事故防止のための種々な対策が十分でない施設で頻度が高くなる可能性が大きい．さらに，地域高齢者と比較して，施設高齢者では，転倒によって骨折や活動性の低下をきたしやすく，歩行困難や寝たきりになる危険性の高いことも知られている．

　転倒の危険因子は様々である．転倒は女性に多く，また，一般的に加齢とともに発生頻度が高くなることから，加齢（年齢）と性は主要な危険因子と考えられるが，しかし，この両因子は介入によ

って変えることができない不可変的危険因子であり，論じてもあまり意味がない．これまでの数多くの転倒の危険因子の探策的研究から50項目以上の危険因子が抽出されている．これらの危険因子のなかで，数多くの研究で最大公約数的に得られている因子として，① 転倒の既往，② 歩行能力（あるいは脚運動能力）の低下，③ 服用薬剤の有無などをあげることができる．これらは転倒予防の対策に際し，可変的な要因として考慮することができることから重要である[4]．

とくに，「過去1年間での転倒経験」はその後の転倒に対するきわめて強い予知因子であるが，わが国でも地域在宅高齢者を対象とするコホート研究による転倒発生要因の研究の結果からは，「過去1年間の転倒経験」が，ほかの様々な要因の影響を調整しても，複数回転倒に対するオッズ比が高く，すべての要因のなかで最も強い値を示しており，在宅高齢者での転倒発生（ひいては骨折の発生）の重要な予知因子であることが示されている．転倒経験はきわめて簡単な質問によって得られる情報であり，容易に転倒・骨折ハイリスク者を把握できる可能性が大きい．歩行能力の低下についても，ロコモティブシンドロームの最も重要な因子の一つであり，転倒予知能力が高い．

高齢者，特に女性高齢者では骨粗鬆症の有病率が高く，転倒を起こすと骨粗鬆症性骨折が発生することが少なくない．このような骨粗鬆症性骨折は，下部胸椎〜腰椎，前腕骨（遠位端），上腕骨（近位部），そして大腿骨（頸部）などに発生する．中でも大腿骨頸部骨折はわが国の高齢社会の進展とともに患者数が著しく増加している．本骨折に関する2007年の全国調査では男性約3万1300人，女性約11万6800人と推計され，全体では年間約15万件の発生が推定されている[5]．年齢別の人口10万人あたりの発生率で見ると60歳代では男性4.81，女性8.11，70歳代ではそれぞれ18.12および39.71となり，80歳代では61.03，および157.14，さらに90歳代となると男性146.62，および女性313.58と各年齢群ともに女性に圧倒的に多く，高齢になるほど発生率は著しく増加している（図2-3）．このような大腿骨頸部骨折では入院—手術—リハビリテーション—退院となるが，受傷後12カ月でも自立していたのは約半数（48.0%）と報告され，要介護状態となる高齢者も少なくない．また死亡率も増加することが知られている．

転倒骨折予防のためには，下肢の筋力を鍛えることや，バランス能力を向上させることなど，運動機能を維持しておくことが重要となる．特に高齢者で転倒を経験したものでは各市町村などで取り組まれている転倒予防教室などの利用が薦められる．わが国における転倒予防の運動介入によるランダム化研究からも，転倒予防教室等での下肢筋力

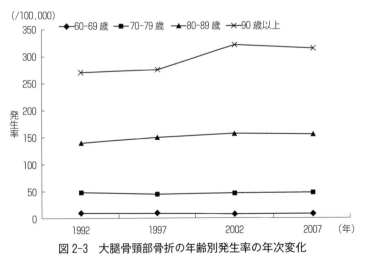

図2-3　大腿骨頸部骨折の年齢別発生率の年次変化

出典：Orimo H, Yaegashi Y, Onoda T, et al. Hip fracture incidence in Japan: estimates of new patients in 2007 and 20-year trends. Arch Osteoporos 4: 71-77, 2009 より筆者作成．

や歩行能力の強化によって，1〜2年間の転倒予防のリスクが軽減されることが明らかとなっている[6].

④　認知症高齢者の徘徊・行方不明・死亡について

　加齢とともに増加する認知症は，患者本人や家族の生活に大きな影響を与えるとともに多額の医療や介護費用を要することから，予防や治療方法の確立は急務の課題である．最近の厚生労働省の発表によれば，平成 25（2013）年時点で 65 歳以上の高齢者のうち認知症は推計 15%，実数で 462 万人と報告されている．さらに認知症への高い転向率を示す軽度認知障害（Mild Cognitive Impairment; MCI）は推計で 13%，約 400 万人とされ，今後もその数は増加することが予想され，今後の認知症に対する医学的，社会的，経済的といった多岐にわたる問題は今後ますます重要な課題となる．

　認知症高齢者においては，記憶障害，実行機能障害，失行・失認・失語といった中核症状が存在するが，実行機能障害あるいは遂行機能障害では，合目的的な行為の障害のため転倒などの危険性に無頓着となるために，転倒をはじめとする自損事故のリスクは高くなる[7].　また高次脳機能障害においては空間的位置関係の認識が不明確となるために，危険物に気付かない，あるいは自宅の階段昇降などでの注意深い行動ができなくなる，あるいは衣服や履物を正しく着用ができなくなるなどの様々な障害のためにやはり転倒・骨折などの自損事故リスクは非常に高くなると考えられる．さらに中核症状のほかに，様々な周辺症状（Behavioral and Psychological Symptoms of Dementia: BPSD）が知られ，それらの症状の中で，睡眠障害（昼夜逆転），抑うつ，焦燥，暴力・抵抗，そして徘徊など事故と結びつきやすい症状も少なくない．しかしこれらのリスクの高まりはあっても，認知症高齢者の事故は高齢者自身に記憶や判断力などに障害があることから，正確な原因を特定することは容易ではなく，またその対応方法についても不確実・不十分なのが現状と言える．

　本節では特に認知症高齢者の徘徊・行方不明・死亡に関する実態と対策について紹介する[8][9][10][11].

　警察庁によれば，令和 2（2020）年度では日本全体で 1 万 7565 人の認知症高齢者が行方不明となっており，そのなかで 527 名（約 3%）の方が亡くなられていたことが報告された．セーフコミュニティを構築する観点からも，そしてセーフティプロモーションを進める観点からも，今後認知症高齢者の徘徊・行方不明・死亡対策は極めて重要と思われる．本論では，警察庁の全国データや愛知県の市町村及び愛知県警察の収集したデータから，認知症高齢者が外出したまま帰宅困難あるいは行方不明という，いわゆる「徘徊」の調査結果を中心に実態を紹介し，今後の予防対策や安心して暮らせる地域づくりや街づくりを目的として概説する．

　警察庁が「行方不明者届受理時に届け出人から，認知症または認知症の疑いにより行方不明になった旨の申し出があった者」を集計・公表し，平成 25（2013）年中の認知症が疑われる行方不明高齢者数は 1 万 322 名であり，そのうち死亡して発見されたものは 388 名と報告された．筆者らは（厚生労働科学研究費による）研究班を組織し，死亡発見例 388 名と生存発見例 388 名の 1：1 の症例対

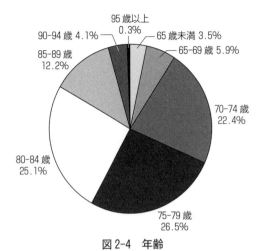

図 2-4　年齢

出典：鈴木隆雄．認知症高齢者の徘徊・行方不明・死亡に関する研究．
日本セーフティプロモーション学会誌 10(1)：6-13, 2017 より筆者作成．

照研究を企画した．本研究では，厚生労働省を通じて，警察庁に当該行方不明者の家族に調査票および調査協力依頼文書等の配布を依頼し，調査協力の同意の得られたケースについて，調査票記入の上，厚生労働省に返却してもらうプロセスによって，郵送調査を行なった．なお生存者 388 名のサンプリングについては警察庁に一任した．

　その結果，最終的に厚生労働省から提供されたデータは調査対象者（776 名）のうち，212 名分となった．さらにそれらのデータから，性別，年齢，発見時の状態などの調査項目に欠損の無い最終有効データとして分析対象としたのは 204 名分（26.3%）であった．この内訳は生存者 117 名および死亡発見例 87 名である．以下この 204 名分に関する分析を中心として述べる．

　また，愛知県でも平成 24 年度，25 年度に渡る 2 年間の全県下での認知症高齢者の徘徊・行方不明・死亡例のデータを収集しており，それらも一部紹介する．

（1）行方不明高齢者の性別と年齢

　徘徊高齢者の性別では，男性が 54.6% とやや多い．年齢分布については，75 歳以上の後期高齢者が約 70%，なかでも 75-84 歳が半数以上を占めていた（図 2-4）．

（2）世帯構成別

　徘徊高齢者の世帯で最も多かったのは「高齢者のみの世帯」で約 42% を占め，次いで「高齢者以外の同居者のいる世帯」が 37% となっていた．

　独居世帯も約 15% であるが，徘徊の対策としては早期通報・早期捜索が重要であるが，独居高齢者の場合はその点が困難となる可能性が大きく，今後の課題でもある．

（3）認知症との関連について

　徘徊高齢者での認知症との関連については，原因としてはやはりアルツハイマー型認知症が約 26% と多くを占めていたが，原因疾患不明が約 70% を占めており，診断のなされていないケースも多かった．認知症高齢者の日常生活自立度では IIIa が多かったが，これも不明が約 6 割を占めており，正確な割合は不明である．

（4）行方不明になった時点でいた場所と気付いた人

行方不明になった場所では自宅が半数以上であったが，それ以外にも，デイケアサービス事業所や病院，あるいはそれらへの移動中に行方不明になるなど，様々な場所から行方不明になっていることが明らかとなった．また，行方不明に気付いた人は圧倒的に家族（特に同居家族）であった（図2-5）.

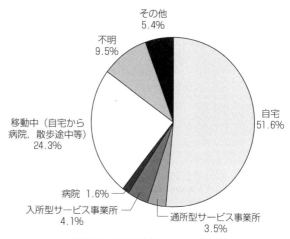

図2-5　行方不明時にいた場所

出典：鈴木隆雄. 認知症高齢者の徘徊・行方不明・死亡に関する研究. 日本セーフティプロモーション学会誌10(1)：6-13, 2017より筆者作成.

（5）行方不明に気付いてからの対応

行方不明に気付いてからの対応として最も多かったのは警察への連絡・届け出であった（約44%）. さらに，警察に通報してからケアマネージャーや市町村の窓口に連絡・相談したケースが21%. また，最初に「見守りネットワーク」などの地域活動に連絡してから警察に届けた例も約10%に見られている.

いずれにしても警察への届け出や連絡・通報は合計で75%に達していた.

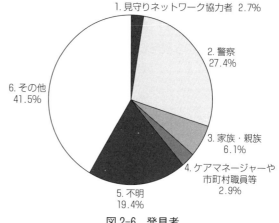

図2-6　発見者

出典：鈴木隆雄. 認知症高齢者の徘徊・行方不明・死亡に関する研究. 日本セーフティプロモーション学会誌10(1)：6-13, 2017より筆者作成.

（6）徘徊高齢者の発見者と発見場所

徘徊高齢者の発見者で最も多いのが「その他」（約42%）となっていた. これはおそらく「一般の方々」と思われる（図2-6）. 警察による発見例は約27%であったが，家族による発見例は約6%と多くはない. 愛知県警のデータでもほぼ同じ傾向.

また，発見場所については様々であるが，普段移動できる範囲内はおよそ40%，かなり遠くでの発見例もおよそ45%に上っていた.

（7）徘徊高齢者の発見までにかかった時間（愛知県警データ）

徘徊高齢者の発見までにかかった時間で，最も多かったのは「3-6時間未満」（約25%），次いで「6-9時間未満」（約15%）であった. 発見までにかかった時間の累積で見ると「9時間未満」でおよそ半数が発見されていた.

また年齢が若いほど発見までに時間は長い傾向が見られた. 行方不明から9時間以上を経過する

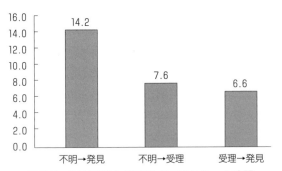

図 2-7　行方不明から発見までにかかった時間

出典：鈴木隆雄. 認知症高齢者の徘徊・行方不明・死亡に関する研究.
日本セーフティプロモーション学会誌 10(1)：6-13，2017 より筆者作成.

と，発見率は確実に下がり，徘徊による行方不明が発生した場合いかに早く気付き・通報し・捜査を開始するかが，非常に重要なポイントとなる.

また，徘徊認知症者行方不明の発見までの時間を年齢区分別での分析では，年齢区分が低くなるにつれて長くなる傾向がみられた. すなわち，行方不明になってから発見までの時間をみると，85 歳以上は 12.0 時間（中央値 9.3 時間）であったが，75-84 歳は 13.3 時間（中央値 9.8 時間），65-74 歳は 16.5 時間（中央値 12.4 時間），64 歳以下は 18.3 時間（中央値 17.5 時間）となっていた. この結果から，年齢が若いほど徘徊していても周囲から気付かれないか，あるいは，身体機能が高いため，遠方まで行ってしまい，発見までの時間がかかっている可能性などが示唆された.

外出・行方不明では，多くの場合まず警察に届けが出されるが，愛知県警察のとりまとめで，行方不明になってから警察に届け出された時間（不明 → 受理；平均 7.6 時間），警察が届け出を受理してから発見されるまでの時間（受理 → 発見；平均 6.6 時間），そしてその合計時間（不明 → 発見；平均 14.2 時間）を示している. 受理 → 発見より不明 → 受理までのほうが時間がかかっていることがわかる（図 2-7）.

（8）行方不明者の死亡状況

行方不明になった認知症者が死亡状態で発見された 87 名の死因については，回答のあった 61 ケースについて，溺死（17 名；27.8%），凍死（13 名；21.3%），事故（9 名；14.8%），低体温症（8 名；13.1%），水死（7 名；11.5%），病気（5 名；8.2%），その他（2 名；3.3%）となっていた. 特に溺死および水死をあわせるとおよそ 40% となり，認知症高齢者の徘徊による死亡の対策を考える上で，重要な知見と思われる.

（9）愛知県警察データによる死亡発見例の特徴

愛知県警の協力によって，平成 26（2014）年および 27 年の 2 年間の調査を通じて，死亡発見例は合計 34 例が報告されている. これらの死亡例の分析の結果，死亡例は 70 歳代に多かったこと，また死亡発見場所として約半数が（警察庁による全国データとほぼ同じ傾向として）「水場」（海辺，河川，用水路等）で発見されることが明らかにされた. これら死亡発見例のなかからいくつか特徴的と考えられ死亡例の類型化は以下のようにまとめられた.

（a）周囲に危機意識はあったようだが避けられなかった死亡例

寝間着に記名など徘徊を想定した対処が取られたり，夜間も当事者の在宅を確認するなど，

周囲の危機意識がうかがわれるなかで避けられなかった死亡例が7例みられた.

（b）危機意識が薄かったと考えられる死亡例

　毎日の散歩を日課としているケースで帰ってこられずに死亡した例, 通院のため一人で車で出かけて帰ってこられずに死亡した例など, 当事者は認知症ではあるが, 周囲が「一人で出かけても帰ってこられる」と想定していたところに生じた死亡例と考えられる例が8例.

（c）介護力不足が考えられる場合の死亡例

　独居で週に1回の見守りだった例, 介護者の出張中に起こった例, 施設入居者で見守りが1日1回だった例, 日中独居の間に生じた例, いわゆる「認認介護」で別居の家族が1日1度見守りを行なうも, たまたま見守りをしなかった日に生じた例など, 介護力が十分でないと考えられる状況において発生した死亡例が9例みられた.

（d）認知症とうつ等の他精神疾患併発による「自殺企図」が疑われる死亡例

　死亡発見例のうち5例は当事者に自殺企図があった可能性が考えられた. 前日に海に飛び込むことを仄めかし, 翌日に行方不明になった例（河口近くで死亡が確認された）や過去に入水自殺を試み未遂に終わった例（河川にて水死）などもみられた.

（e）重篤な疾患を併発する場合の死亡例

　糖尿病を併発しており, インシュリン注射が不可欠な者が行方不明となり, 死亡した例が1例確認されている.

（10）見守りネットワークの利用と発見時間

　見守りネットワーク利用群は15.8時間, 未利用群は43.0時間と大きな開きがあり, 見守りネットワークを利用している方が早期発見の可能性が高い（図2-8）.

（11）自治体での対応状況

　見守りの必要性と「見守りネットワーク」への登録状況について分析した. その結果, 自治体として認知症高齢者で徘徊の恐れのあるケースについて, 事前に「ケア会議」等で検討されたことのあるのは約10％にとどまっていることが明らかとなった. また, 徘徊の可能性のある高齢者を中心として「見守りネットワーク」に登録されている方は約24％と決して十分とは言えない状況であった.

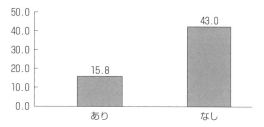

図2-8　見守りネットワークの利用別の行方不明から発見までの平均時間

出典：鈴木隆雄. 認知症高齢者の徘徊・行方不明・死亡に関する研究. 日本セーフティプロモーション学会誌 10(1)：6-13, 2017 より筆者作成.

認知症高齢者の徘徊・行方不明・死亡に関するまとめ

わが国での認知症高齢者に関する徘徊やそれによる行方不明の原因や予防対策についてはようやくその研究が始まったばかりで，必ずしも十分なデータがあるわけではない．しかしセーフティプロモーション活動やセーフコミュニティづくりには認知症高齢者の徘徊・行方不明予防対策は極めて重要である．平成 25（2013）年度の全国データや平成 26 年度の愛知県全県下での市町村の徘徊事例の分析及び論文化された結論として，徘徊による死亡を防ぐために最も重要な対策は，「早期届け出・早期捜索による早期発見」ということにつきる[11][12]．認知症高齢者での徘徊は高齢者本人の認知症の原因や程度と言った個人の特性により発生しているのみならず，本人以外の要因，特に家庭的要因や地域や自治体の徘徊に対するネットワークの準備状況など社会的要因などの，いわば環境要因も大きい可能性は十分ある．

5　認知症高齢者の公共交通機関等でのトラブル

認知症高齢者の増加するわが国にあって，地域や社会で認知症高齢者とどのように向き合ってゆくのかがセーフコミュニティやセーフプロモーションの視点からも重要な課題となっている．平成 28（2016）年度老人保健事業推進費等補助金（老人保健健康増進等事業分）の一つの調査研究事業「認知症の人の責任能力を踏まえた支援のあり方に関する調査研究」が実施されたが，本調査は特に公共交通機関における認知症高齢者のトラブルについての調査である．その結果，以下のようなことが明らかとなった．

（1）認知症等の高齢者の外出と公共交通機関利用について

認知症の高齢者等の約 4 割は一人で外出することがあり，外出をしない人を除くと，最もよく利用する交通手段が鉄道・地下鉄・バスの方が 4 割弱，タクシーの方が 1 割程度，3 人に 2 人が，週 1 回以上公共交通機関を利用している．

（2）困りごと・トラブル等の内容

公共交通機関の職員の 3 人に 2 人は，高齢者への手助け・トラブル対応等を経験している．公共交通機関の職員が経験している困りごと・トラブル等の内容では，「行き先がわからなくなる（言えない）」(37%)，「会話が通じない」(33%)，「ずっと座り込んで動かない」(25%) 等が上位を占めた．一方，認知症高齢者を介護している家族では，公共交通機関等での困りごと・トラブルの経験がない割合が 6 割を占めた．一方，家族介護者が経験している困りごと・トラブル等の内容については，「転倒・つまづき」(37%)，「歩き回ったり，いなくなったりした」(33%)，「降りる駅やバス停，行き先等がわからなくなった」(27%) が上位を占めていた．出来事・トラブル等の内容を，（A）高齢者側に損害が生じる「自損的トラブル」，（B）高齢者が他者に損害を与える「加害的トラブル」，（C）それ単体では損害が生じにくいコミュニケーション等に関わるトラブルに分けて考えると，職

員・家族いずれの場合も，多くの人に経験されている出来事は（C）のコミュニケーションに関連するものが最も多く，（B）「加害的トラブル」よりは（A）「自損的トラブル」の方が相対的に多く生じている傾向が見られた．事故等につながる恐れのある「入ってはいけないところ，危険なところに入り込む（入ろうとする）」を経験している人は職員の場合で12%，家族介護者で6%であった．

（3）困りごと・トラブル等に伴う損害

　公共交通機関職員や家族介護者が経験した困りごと・トラブル等のうち，「最も記憶に残っている出来事（職員）／最も困った出来事（家族）」においても，職員調査の4割，家族調査の6割では損害等は生じていないとの回答であった．生じた損害の中で最も多かったのは，職員調査では「運行遅延」(28%)，家族調査では「高齢者自身のけが」(17%) であった．ただし，「運行遅延」は，鉄道・地下鉄やバスでは約4割が生じたとしているが，タクシーでは2割程度と少なく，その分，損害等が生じなかったという回答が多くなっている．このようなことから，日常的な困りごと等への対応は頻繁にあっても，認知症の高齢者が大きな損害を伴うトラブル等に関わるケースはさほど多くなく，多くは「会話が通じない」，「行き先がわからなくなる（言えない）」等コミュニケーション上の問題であり，認知症の特性等を踏まえておくことで上手く対応できると思われる内容が中心であった．

（4）事態の収束のための対応・仕組み

　「転倒・つまずき」が公共交通機関で発生率上位のトラブルであることから，利用者の安全確保の観点から，認知症高齢者だけを対象とするのではなく，広くバリアフリー化・ユニバーサル化のための取り組みとして，ホームドアの設置やノンステップバスの導入，発車時の着席状況確認の徹底などの取り組みが進められていることが明らかになった．一方，高齢者や認知症に関する企業内研修を実施していると回答した職員の割合が6割，実際に研修を受けた職員も約6割であったが，認知症サポーター養成講座等の外部研修を受講したと回答した者は2割程度であった．今後公共交通機関に従事する関係者は可能な限り，認知症サポーター養成講座等の外部研修の受講が望まれる．

　付　記

　本節は，日本セーフティプロモーション学会誌第11巻2号に論壇「高齢者の事故予防」として掲載いたしました．

参考文献・資料

[1] 鈴木隆雄，権珍嬉．日本人高齢者における身体機能の縦断的・横断的変化に関する研究―高齢者は若返っているか？　厚生の指標 53：1-10，2006.

[2] 厚生労働統計協会．「国民衛生の動向」2016/2017：58-82，2017.

[3] 長谷川美規他．日本人高齢者の転倒頻度と転倒により引き起こされる骨折・外傷．骨粗鬆症治療 7：180-185，2008.

[4] 鈴木隆雄．転倒リスクの評価．Clinical Calcium 24: 661-667, 2013.

[5] Orimo H, Yaegashi Y, Onoda T, et al. Hip fracture incidence in Japan: estimates of new patients in 2007 and 20-year trends. Arch Osteoporos 4: 71-77, 2009.

[6] Suzuki T, Kim H, Yoshida Y, et al. Randomized controlled trial of exercise intervention for the prevention of falls in community-dwelling elderly Japanese women. J Bone Min Metab 22: 602-611, 2004.

[7] 鈴木隆雄. 認知症と転倒骨折. 骨粗鬆症治療 16：63-68, 2017.

[8] 愛知県・国立長寿医療研究センター. 認知症高齢者の徘徊対応マニュアル（平成27年度愛知県委託事業「徘徊高齢者の効果的な捜索に関する研究事業」）：65, 2016.

[9] 愛知県・国立長寿医療研究センター. 高齢者の効果的な捜索に関する研究等事業報告書（平成28年度愛知県委託事業）平成29年3月：93, 2017.

[10] 鈴木隆雄. 認知症高齢者の徘徊・行方不明・死亡に関する研究. 日本セーフティプロモーション学会誌 10(1)：6-13, 2017.

[11] Saito T, Murata C, Suzuki T et al. Prevention of accidental deaths among people with dementia missing in the community in Japan. Geriat Gerontol Int. 18: 1301-1302, 2018.

[12] Kikuchi K, Ijyuin M, Suzuki T, et al. Exploratory research on outcomes for individuals missing through dementia wandering in Japan. Geriat Gerontol Int. 19: 902-906, 2019.

[13] 厚生労働省. 平成28年度老人保健事業推進費等補助金（老人保健健康増進等事業分）「認知症の人の責任能力を踏まえた支援のあり方に関する調査研究」報告書. 野村総合研究所, 2017.

Column *3*

高齢者の熱中症予防について

岡山寧子

「現代の災害」といわれる熱中症

　近年，夏の声を聞く頃から熱中症情報がマスコミに流れるようになってきた．熱中症は「現代の災害」ともよばれ，気象庁は「高温に関する異常天候早期警戒情報」などで注意を呼びかけ，環境省や厚生労働省なども熱中症への警戒を促している．また，国立環境研究所は，2040年頃には夏はほぼ毎日真夏日と予想しており，熱中症に立ち向かえる，個々に応じた予防対策がますます必要となっている．今や，人々が安全・安心にくらし続けるためにも熱中症の予防は，セーフティプロモーションの中でも重要な課題である．

　熱中症の発症は，特に高齢者に多い．高齢者は普通に生活していても熱中症の危険があるといわれるように，自ら飲水行動のしにくい要介護高齢者ばかりでなく，健康で自立した高齢者にも多く発症しており，戸外での活動や室内での作業中など，あらゆる場で発症している．高齢者に熱中症が多い背景には，まず生理的な老化があげられる．加齢に伴う体内総水分量の減少，口渇感低下による水分補給量の減少などがあげられる．中でも，老化による活動性の低下により，水分を多く含む筋肉の量が減少するために熱中症の発症リスクを高くするといわれている．また，水分を含む経口摂取量の減少，利尿作用のある薬剤の服用，頻尿や尿失禁を苦にするための意図的な飲水制限，水の探索行動や飲水の判断，飲水動作がうまくできないなど生活機能や行動上の要因も大きい．さらに，熱中症により救急搬送された高齢者の特徴として，前期高齢者より後期高齢者，家族と同居より独居の者，生活・運動機能や口腔機能が低い者，閉じこもりやもの忘れリスクが高い者，あるいは社会参加の低い者に多いことが指摘されている[1]．このように，高齢者における熱中症の予防は，身体的な老化だけでなく，それに伴う生活行動，精神的・社会的側面など包括的にアセスメントしていきながら，高齢者個々に対応したケアが必要である．

高齢者における熱中症予防のコツ[2]

1．意図的でこまめな飲水

　高齢者の熱中症を予防するためには，日常生活の中に，いかにして意図的かつこまめな飲水を組み込むかということが重要である．こまめな飲水のためには，まず，飲水の必要性を熱中症の発症と関連させながら，自分自身のこととして捉え，1日に必要な飲水量を見積もることである．1日に必要な飲水量は，個人差があるが，経験的には，夏期では1日約1リットルの飲水を目安にするとよいと考えている．それをどの時間帯に摂取するのか，運動や外出後など活動後，入浴後や睡眠前後など，できるだけ意識的にこまめに飲水することが必要である．特に夏期は，身近に飲み物を置いて，口渇感の有無にかかわらず水分補給を心がけること，特に運動前後や入浴後や睡眠前後には必ず飲水するように心がける．要介護高齢者など自ら飲水が十分できない時は，介護者が適切な飲水量の確保，飲水しやすい飲料の工夫，飲みやすい容器の選択などが必要となる．

2．フレイル予防が熱中症予防となる

　フレイルは，「元気で自立」から「介護が必要」な段階へ移行していく状態のことであり，身体的な老化だけでなく，それに伴う生活行動，精神的・社会的な状況により生じるといった多面的な側面をもっている．フレイルの予防には，少しでも健康を維持し，運動機能・認知機能の低下を防ぎ，社会的な関わりを持ちながらくらし続けることが必要である．中でも，老化により全身の筋肉量が減少するということは，日々の活動や生活機能が低下してしまうばかりでなく，体内総水分量の低下を招き，脱水や熱中症になりやすい状況につながる．それらを予防するためにも，筋肉量を減少させないような積極的な生活を送ること，すなわち，普段から体調を整え，無理しないこと，意図的でこまめな飲水はもとよりバランスのよい食生活により，栄養状態を保つこと，適度な運動を毎日実践すること，睡眠を十分にとり，人とのつきあいを大切に，ストレスをためないなどが必要となる．要するに，フレイル予防が熱中症予防につながっているといえる．

3．快適に過ごすために暑熱環境を整える

　日本気象協会では，比較的早い時期から熱中症情報を発信する．その情報を確認しながら，暑さに備える．例えば，屋内の場合は，日差しを遮ったり，風通しを良くする．扇風機やエアコンも積極的に利用する．外出の場合は，衣服は通気性のよいデザインや吸水性や速乾性のある素材を選び，帽子や日傘を用いて直射日光を避ける．また，外出時には必ず飲み物を持ち歩き，飲水や休憩はこまめにとるように心がける．最近は，多くの冷却グッズが販売されているが，自分にあったものを活用する．無理せず暑さから身を守ることが重要である．

　高齢者の場合，本人が気づかないうちに熱中症を発症していることがある．できるだけ早く対処できるよう，周囲の者が日頃から気をつけることも大切である．

　今後，地球規模での温暖化がますます進展し，さらに暑い夏の到来が予測される．個人だけではなく，行政や地域で暮らす人々など多くが協働して，熱中症発症に立ち向かい，予防できるようなまちづくりを進めていきたいものである．

参考文献・資料

[1] 岡山寧子．地域在住高齢者における熱中症による救急搬送の状況と関連要員．日本セーフティプロモーション学会第7回学術集会（筑波），2013．
[2] 岡山寧子他．高齢者の脱水症・熱中症を防ぐケア．臨床老年看護 23(3)：52-59，2016．

第 3 節

運動・スポーツの安全と外傷予防

木村みさか

要　約

　ここでは，先ず，運動・スポーツの必要性について概説し，次に，スポーツ外傷予防に必要な外傷サーベイランスの内外の動向を整理し，全国規模の調査によるわが国における運動・スポーツ活動中の主な外傷の実態を取り上げ，まとめとして運動・スポーツを安全に実施し外傷を予防するための視点について考えてみたい．

キーワード

スポーツ選手の病気とケガ予防，スポーツ活動中の傷害調査，学校管理下の災害，熱中症予防

1　はじめに

　新型コロナ感染症拡大の影響で，大会の延期や，無観客，バブル方式（選手の移動は会場と選手村のみ）など，今までと異なる状況の中ではあったが，オリンピック・パラリンピックの夏期大会（東京2020）と冬期大会（北京 2022）が開催された．また，サッカーワールドカップカタール大会での日本選手の活躍で，スポーツへの国民の関心は近年になく高まっている．スポーツ選手であれば誰でも憧れるオリンピックやワールドカップである．優れた選手を育成し，良い競技成績を得るためには，科学的なトレーニングが必須となる．最近は，その中に，運動による外傷予防プログラムが含まれるようになった．

　一方，「食事」「運動」「休養」は，健康づくりの 3 要素であるが，少し前までは，「運動」は「食事」に比べ優先順位が低く，「休養」は更に低かった．1961 年に「Hypokinetic Disease（運動不足病[1]）」という単行本がアメリカで出版されてから約 60 年になろうとしている．この間，散歩などの日常の生活行動を含む，定期的な身体活動が，心臓病，脳卒中，糖尿病，乳がん，大腸がんなどの非感染性疾患（NCD）の予防と治療に有効で，高血圧や肥満を防ぐことに加え，精神的健康や生活の質，幸福感を改善し，要介護を先送りし，健康寿命延伸に働くことが，様々な疫学研究により次々と証明されるようになってきた．当然，子どもの健やかな発育・発達のためにもスポーツや運動は必要不可欠である．心身の健康維持には適切な身体活動が必要とされるこの時代だからこそ，運動・スポーツ活動中のケガは絶対にしない，させない，ことが重要である．

　今から 150 年前，ドイツの生物学者ウイルヘルム・ルー（Wilhelm Roux）は，生物の 3 原則を唱えた．"使わなければ退化する"，"使いすぎたら破壊する"，"適度に使えば発達する"の 3 つである．

この考え方は，ルーの法則として現代のスポーツや体育トレーニングにおいて用いられている．スポーツ外傷は“使いすぎたら破壊する”のみで生じるわけではない．

② スポーツ外傷予防のための調査

（1）世界の競技スポーツの外傷調査

　競技スポーツの外傷・障害については，欧米では，これを分析し原因を確定することにより外傷・傷害予防につなげる疫学的研究が活発である[2][3]．国際サッカー協会 FIFA では，Medical Assessment and Research Centre（F-MARC）を 1993 年に創設し，ワールドカップをはじめ全世界的なサッカーの試合での外傷統計を集積し，その分析を積極的に行っている[4]．

　また，国際オリンピック委員会 IOC においても，Medical and Scientific Department が中心になって，ドーピングコントロールや出場選手のケガの予防と健康維持に重点を置いた活動が続けられている[5]．スポーツ選手のケガ予防についての最初の国際会議 “World Congress on Sports Injury Prevention” は，2005 年，オスロ外傷研究センターが主催するかたちで開催された[6]．2008 年にも同センターが主催するかたちで第 2 回会議を持ち，56 カ国から 700 名の参加があった．この成功を受けて，IOC が会議の開催責任を引き継ぎ，2011 年には，IOC Medical and Scientific Department が国際会議 “World Conference on Prevention of Injury and Illness in Sport” をモナコで開催した[7]．会議名に反映されているように，この国際会議は，ケガばかりでなくスポーツ参加に伴う健康問題全般をテーマとしていた．2011 年の会議で共通理念とされたのは，予防のための情報を学術的なエビデンスに基づいて提供することで，特にオリンピック選手の外傷・疾病予防に力を入れていくことが宣言された．この国際会議は，2018 年に第 5 回の会議がモナコにて開催され，2020 年には第 6 回大会が，これもモナコで開催される[8]．なお，北京オリンピック（2008 年）以降，冬期オリンピックも含め，全ての競技種目の外傷統計調査が世界統一基準で実施されるようになった[9]．このように同一コンセンサスのもとに，外傷の発生要因と発生頻度を明らかにしていくことは，スポーツ外傷予防のためにはきわめて意義深いことである．

（2）わが国におけるスポーツ活動中の外傷調査

　日本では，スポーツ活動中の事故防止を目的に，昭和 45（1970）年にスポーツ安全協会が文部省（現文部科学省）や日本体育協会（現日本スポーツ協会）の尽力によって設立された．また，世界的なスポーツ外傷予防の流れを受けて，2011 年から 3 年間，日本体育協会スポーツ医・科学専門委員会が「日本におけるスポーツ外傷サーベイランスシステムの構築」を目的とした調査研究を実施している[10][11][12]．しかしながら，わが国においては，IOC が提唱する同一コンセンサスのもとに，スポーツ外傷の発生要因と発生頻度を明らかにしていく仕組みはまだない．

　なお，わが国には，年度毎の運動・スポーツ活動中の外傷データを収集している 2 つの調査がある．これらの結果は，「スポーツ活動中の傷害調査」[13]と「学校管理下の災害」[14]として報告されている．

前者は，全国で872万人（2017年度）が加盟するスポーツ安全保険の調査を基にしたスポーツ安全協会からの報告書である．後者は，保育園・幼稚園から高等学校までの約1754万人（2017年度）が加盟している学校や正規授業，部活などのケガ（負傷）や病気（疾病）についての災害共済給付請求書システムをまとめたものである．両者ともに，医師，特に整形外科医が統計集計に関与していないため，医学的資料としては，欧米先進国の統計資料と比較し遅れているとの指摘がある．前述の日本体育協会スポーツ医・科学専門委員会の調査研究では，全国的なスポーツ外傷統計として，平成21-23年度の学校管理下およびスポーツ安全保険における外傷発生調査データを専門家の視点で再分析している[15][16]．しかしながら，「スポーツ活動中の傷害調査」「学校管理下の災害」とも保険支払いの実績に基づくものであることより，このような保険に加入していない状況で発生した外傷や，保険支払いに至らなかった外傷は含まれていない．

3 わが国におけるスポーツ傷害の実態

　ここでは，前述の「スポーツ活動中の傷害調査」「学校管理下の災害」において入手できる最新の傷害発生概況を示す．両者とも，最近数年間の傾向に大きな変化はない．

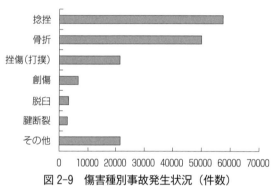

図 2-9　傷害種別事故発生状況（件数）

出典：スポーツ安全協会要覧 2018-2019.

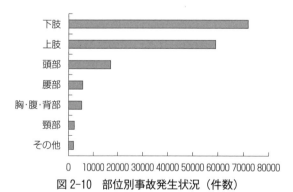

図 2-10　部位別事故発生状況（件数）

出典：スポーツ安全協会要覧 2018-2019.

（1）「スポーツ活動中の傷害調査」[13]

　わが国のスポーツ傷害データとして，全年齢における様々な活動をカバーしているのは，スポーツ安全協会の傷害統計である．これは，スポーツ安全保険加入者で，保険支払いに至った外傷が対象となっている．2017年度の保険加入者は872万人，所属団体別加入者数は，地域スポーツクラブ23.8％が最も多く，以下，少年スポーツクラブ19.1％，スポーツ少年団11.0％，児童育成クラブ8.7％と続く．保険支払い件数は16万3074件で，通院のみの傷害は92.1％，入院を伴うのは7.9％であり，死亡保険金は22名（0.01％）に，後遺障害保険金は426名（0.26％）に支払われている．傷害種別に見ると（**図2-9**），捻挫35.2％が最も多く，以下，骨折30.7％，挫傷（打撲）13.2％，創傷4.0％，脱臼2.0％，腱断裂1.6％である．

　傷害部位別に見ると（**図2-10**），下肢44.0％

が最も多く，次が上肢36.0%で，他は，頭部4.0%，腰部3.5%，胸・腹・背部3.4%，頸部1.5%である．8割は手足の怪我であるが，これを細かく見ると，手指17.7%，足関節14.9%，膝10.6%となっている．種目（全74種目中の上位40位を図示）別に加入者数に対する保険支払者数の割合で見ると（**図2-11**），上位4種目は，アメリカンフットボール6.91%，ドッジボール6.49%，ラグビー5.79%，柔道4.73%であり，この4種目については，最近数年間の順位も割合も大きく変化がないのが特徴である．次は，ホッケー3.98%，ボクシング3.73%，バスケットボール3.70%，バレーボール3.48%，硬式野球3.38%，サッカー2.97%，相撲2.92%である．このグループは，経年的に見ると種目順位は異なるものの傷害発生率は約3%〜4%の範囲にある．同様に経年的種目順位は異なるものの，例年，傷害発生率が約2%〜3%の範囲のグループとしては，ハンドボール，テニス，自転車競技，レスリング，バドミントン，インディカ，馬術，アイスホッケーなどがある．

スポーツ安全保険では，団体の活動中および往復中に発生した加入者の突然死に対し，葬祭費用（180万円を限度）を補償している．2017年度突然死葬祭費保険金対象は50件，突然死の死亡原因は，心疾患（急性心筋梗塞，急性心不全）46.0%と脳疾患（くも膜下出血，脳内出血）24.0%で7割を占める．突然死は，高齢者が全体の約7割（60歳代32.0%，70歳代26.0%，80歳代10.0%，）を占め，性別で見ると，男性が全体の2/3（64.0%）である．

図2-11　障害発生率（上位40位）
出典：スポーツ安全協会要覧 2018-2019.

表 2-3　学校種別にみた給付率

区　分	総件数%	負傷%	疾病%
小学校	5.42	5.11	0.31
中学校	10.13	9.25	0.88
高等学校等	7.59	6.78	0.81
高等専門学校	4.21	3.82	0.39
幼稚園	1.78	1.64	0.14
幼保連携型認定こども園	2.14	1.94	0.20
保育所等	2.19	1.99	0.20
全　　体	6.16	5.66	0.51

出典：日本スポーツ振興センター，学校管理下の災害（平成30年版）より筆者作成.

（2）　「学校管理下の災害」[14]

　独立行政法人日本スポーツ振興センターでは，学校の管理下における児童生徒等の災害（負傷・疾病，障害又は死亡）に対して災害共済給付（医療費，障害見舞金又は死亡見舞金の支給）を行っている．2017年度の災害共済給付への加入者は1672万人，小学校，中学校はほぼ全員（99.9％）が，最も低い幼稚園でも80.1％が加入している．そのため，「学校管理下の災害」統計からは，全国の学校・園（小学校・中学校・高等学校・高等専門学校・幼稚園・幼稚園連携型認定こども園・保育所等）で発生している傷害の概要を知ることができる．

　2017年度の給付総件数は103万件で，男子60.5％が女子39.5％より多く，疾病8.2％は少なく，殆どが負傷（ケガ）91.8％である．学校種別の給付割合（給付件数/加入者数）（**表2-3**）は，中学校10.1％が最も高く，以下，高等学校7.6％，小学校5.4％，高等専門学校4.2％，幼稚園・保育園等6.1％の順となっている．すなわち，中学生では10名に一人が，小学生では20名に一人が，ケガで給付を受けていることになる．

　学校管理下の災害では，事例ごとに，発生した負傷の場合，場所，体育用具・遊具，負傷部位，運動種目，発生時間帯，等が記録されている．以下は，このような項目による負傷の概要を学校種別にまとめたものである．

①　小学校
（場合別）「休憩時間」に最も多く発生し，全体の約半数を占めている．
（場所別）「運動場・校庭」が最も多く，次いで「体育館・屋内運動場」「教室」に多い．
（体育用具・遊具別）「鉄棒」が最も多く，遊具を使用中も多い．
（部位別）「手・手指部」が最も多く，次いで「足関節」「眼部」「頭部」に多い．
（運動指導内容（実施種目）別）「跳箱」と「バスケットボール」が他の種目より格段に多い．次いで「マット運動」，「サッカー・フットサル」となっている．
（時間帯別）「13-14時」「10-11時」に多く発生している．

②　中学校
（場合別）「課外指導」中に最も多く発生している．「課外指導」のほとんどは「体育的部活動」によるものである．
（場所別）「体育館・屋内運動場」，「運動場・校庭」に多く発生している．次いで「運動場・競技場（学校外）」，「教室」が多いが，小学校に比べ「教室」の割合がかなり少なくなっている．
（部位別）「手・手指部」が最も多く，次いで「足関節」，そのあとに「膝部」「眼部」「足・足指部」

が多くなっている.

（運動指導内容（実施種目）別）球技中のけがが全体の7割以上を占めている. 内訳は「バスケットボール」,「サッカー・フットサル」「バレーボール」「野球（含軟式）」の順で多い.

（時間帯別）「11-12時」「10-11時」に多く発生している. 次いで,「16-17時」「17-18時」の発生が多い.

③ 高等学校等・高等専門学校

（場合別）「課外指導」中に最も多く発生している.「課外指導」のほとんどが「体育的部活動」によるものである.

（場所別）「体育館・屋内運動場」と「運動場・校庭」で, 全体の約7割を占めている.

（部位別）「足関節」と「手・手指部」の発生が多い. 部位のうち大項目でみると「下肢部」が全体の4割を超え, 最も多い.

（運動指導内容（実施種目）別）球技中のけがが全体の8割以上を占めている. 内訳は,「バスケットボール」に最も多く発生している. 次いで「サッカー・フットサル」,「野球（含軟式）」の順である.

（時間帯別）「11-12時」に多く, 次いで「10-11時」「17-18時」に多く発生している.

④ 幼稚園・幼保連携型認定こども園・保育所等

（場合・場所別）幼稚園・幼保連携型認定こども園・保育所等ともに「保育中」における「園舎内」と「園舎外」でほとんどが発生している. 幼稚園では「運動場・園庭」で, 幼保連携型認定こども園・保育所等では「保育室」で最も多く発生している.

（体育用具・遊具別）幼稚園・保育所等ともに「すべり台」が多く, 幼保連携型認定こども園では,「総合遊具・アスレチック」で多くなっている.

（部位別）幼稚園では,「眼部」,「歯部」,「手・手指部」に続いて,「頭部」が多く, 幼保連携型認定こども園では,「眼部」,「肘部」,「歯部」に続いて,「手・手指部」が多く, 保育所等では,「眼部」,「肘部」,「歯部」に続いて,「頭部」が多くなっている. 部位のうち大項目でみると幼稚園・幼保連携型認定こども園・保育所等ともに「頭部」及び「顔部」で全体の約6割を占めている.

（時間帯別）幼稚園では「10-11時」「13-14時」に発生が多く見られる. 幼保連携型認定こども園・保育所等では,「10-11時」とその前後に最も多く発生し,「16-17時」でも発生が多く見られる.

　また,「学校管理下の災害」では,「死亡見舞金」「障害見舞金」「供花料」（学校管理下における死亡で第三者から損害賠償が支払われたケース）を支給した全事例479件の発生状況が報告されている. 2017年度に支給された事例は, それぞれ57件, 398件, 24件, 合計479件である. 事例からみると,「供花料」のケースは殆どが対自動車事故である.「死亡見舞金」は, 心臓系・中枢神経系・大動脈系の突然死25件が多く, 体育授業や体育的部活動の発生は20件で, この中には, 部活中の熱中症2件や落雷による電撃死1件, 登山部活動で春山安全登山講習会中に発生した雪崩による窒息死7

件が含まれている．一方，「障害見舞金」は，体育的な部活を含む課外活動 159 件が最も多く，次は体育授業 75 件である．これに運動会や球技大会などの学校行事 6 件を加えると，障害見舞金の約 6 割はスポーツ・運動中に生じたケガということになる．

④ スポーツ外傷予防

　国際サッカー連盟（FIFA）や IOC では，injury surveillance study を積極的に行い，分析結果に基づく予防策を提示し，その効果を明らかにしている．わが国においても，スポーツ競技力が国際的レベルに近づくに従い，スポーツでの外傷予防が注目されるようになってきた．最近，スポーツ安全保険支払実績データである「スポーツ活動中の傷害調査」の統計結果や事例に基づき「スポーツ外傷・障害予防ガイドブック」[17] や「救急ハンドブック」[18] が発刊され，日本スポーツ安全協会のホームページでも公開されている．また，各競技団体においても，その競技に典型的に発生する傷害に対する予防プログラムが公開されている．効果検証のデータを公表しているものは少ないが，必要であれば関係する競技団体の公開情報を参照されたい．

　ここでは，先ず，スポーツ全般において応用できる FIFA のスポーツ外傷調査からの外傷予防の視点を，次に，暑熱環境下では避けて通れない熱中症予防について紹介し，最後に，事故予防という観点で，「学校管理下の災害」の統計や事例からみられる留意点をまとめてみた．

（1）FIFA の外傷調査からの外傷予防の視点「FIFA11＋」[19]

　FIFA Medical Assessment and Research Centre（F-Marc）では，ドイツ，フランス，チェコの選手 588 名に 1 年間週 1 回の追跡調査を行い，選手に対しては 1 年後に後ろ向き調査を行った．その結果，全負傷件数の半数以上が失念または無視され，スポーツ外傷を後ろ向きに評価する価値が少ないことを示した．

　週 1 回の追跡調査では，全傷害件数の 27％は反則で，対象となった 92％の選手は，必要があれば意図的な「プロフェッショナル」ファウルを犯す意思を持っていることより，外傷予防にはフェアプレーの精神が重要であることを示した．次に多かったのは全傷害件数の 23％をしめたオーバーユースで，傷害発生率は技術レベルの低い選手・チームが技術レベルの高い選手・チームの約 2 倍になることを明らかにした．この点については，トレーニングの質や時間より怪我に耐えうる体づくりの不足に起因すると結論づけた．また，サッカーの 1000 活動時間あたり外傷リスクは，産業界や商業界における外傷リスクより遙かに高いレベルであることを明らかにした．

　その後，FIFA は，多様なレベルで行われる年間試合数の増加にともない，傷害発生率や各種の身体症状発現率が上昇することを示した．この上昇し続ける傷害発生率を低下させること，一次的な傷害および二次的な変性変化を予防することを目標にした様々な取り組み（予防プログラム：ウォーミングアップの改善や，クーリングダウンの励行，不安定な足関節のテーピング，リハビリテーション，フェアプレー精神の普及など）に着手した．そのような取り組みで生まれたのが「FIFA11＋」である．このプ

ログラムは，足・膝関節の安定性，体幹・股・下肢の柔軟性と筋力の向上，協調性，反応時間，持久力の向上による外傷予防を目的としたものである．グラウンドで何の用具も使用せず，グループ単位で行えることにその特長がある．日本サッカー協会でもその有用性を認め，コーチ研修会等で積極的に取り入れ，パンフレット，DVD等も頒付されている．特に技術レベルの低いチームでその効果が顕著であることが報告されている．

　これ以外にも，FIFAは，スポーツにおける外傷予防は様々な視点（立場）から取り組まねばならないとし，以下のような視点をあげている．これらは，スポーツ全般の外傷予防において参考になるものである．

> トレーナーの視点から：体系化されたトレーニング，適切なウォーミングアップ，試合とトレーニングの適切な関係，プレー時間の削減．

> 医学的視点から：十分なリハビリテーション，十分な回復時間，あらゆる身体的な愁訴への注意，足関節のテーピング．

> 選手の視点から：パフォーマンス（柔軟性，スキル，持久力）の向上，反応時間の短縮，良好な生活習慣（栄養のバランス，禁酒・禁煙）のほか，当然のことながら，フェアプレーへの正しい態度．

> 審判員の視点から：既存のルールの適切な解釈・実施によるファウルプレーの減少．

（2）熱中症予防 [20][21]

　熱中症とは暑熱環境で発生する障害の総称で，熱失神，熱けいれん，熱疲労（熱疲憊），熱射病などに分類され，最も重症なのが熱射病で死亡事故につながる．かつては熱射病による死亡事故は軍隊や炭鉱，製鉄所などの労働現場で問題になったが，これらは活動基準や労働基準が策定されることによって，現在ではほとんどなくなり，代わって，スポーツによるものが問題になっている．

　スポーツによる熱中症事故は無知と無理によって健康な人に生じるものであり，適切な予防措置さえ講ずれば防げるものである．ひとたび事故がおきると人命が失われるだけでなく，指導者はその責任を問われ訴訟になる例もある．このような事故を防ぐために，日本体育協会は平成3（1991）年に「スポーツ活動における熱中症事故予防に関する研究班」が設置され，スポーツ活動による熱中症事故の実態，スポーツ現場での測定，運動時の体温調節に関する基礎的研究などの幅広い研究成果に基づき，平成6（1994）年に「熱中症予防8ヶ条」，「熱中症予防のための運動指針」を発表した．平成18（2006）年には，熱中症予防8ヶ条が5ヶ条に集約された．

　以下が熱中症予防5ヶ条である．

1．暑いとき，無理な運動は事故のもと．
　　気温が高いときほど，また同じ気温でも湿度が高いときほど，熱中症の危険性は高くなります．また，運動強度が高いほど熱の産生が多くなり，やはり熱中症の危険性も高くなります．暑いときに無理な運動をしても効果はあがりません．環境条件に応じて運動強度を調節し，適宜休息をとり，適切な水分補給を心掛けましょう．

2．急な暑さに要注意

熱中症事故は，急に暑くなったときに多く発生しています．夏の初めや合宿の初日，あるいは夏以外でも急に気温が高くなったような場合に熱中症が起こりやすくなります．急に暑くなったら，軽い運動にとどめ，暑さになれるまでの数日間は軽い短時間の運動から徐々に運動強度や運動量を増やしていくようにしましょう．

3．失われる水と水分を取り戻そう

暑いときには，こまめに水分を補給しましょう．汗からは水分と同時に塩分も失われます．スポーツドリンクなどを利用して，0.1〜0.2％程度の塩分も補給するとよいでしょう．水分補給量の目安として，運動による体重減少が2％をこえないように補給します．運動前後に体重をはかることで，失われた水分量を知ることができます．運動の前後に，また毎朝起床時に体重をはかる習慣を身につけ，体調管理に役立てることがすすめられます．

4．薄着スタイルでさわやかに

皮膚からの熱の出入りには衣服が関係します．暑いときには軽装にし，素材も吸湿性や通気性のよいものにしましょう．屋外で，直射日光がある場合には帽子を着用するとよいでしょう．防具をつけるスポーツでは，休憩中に衣服をゆるめ，できるだけ熱を逃がしましょう．

5．体調不良は事故のもと

体調が悪いと体温調節能力も低下し，熱中症につながります．疲労，睡眠不足，発熱，かぜ，下痢など，体調の悪いときには無理に運動をしないことです．また，体力の低い人，肥満の人，暑さになれていない人，熱中症を起こしたことがある人などは暑さに弱いので注意が必要です．学校で起きた熱中症死亡事故の7割は肥満の人に起きており，肥満の人は特に注意しなければなりません．

a　熱中症予防運動指針

熱中症予防運動指針は，熱中症予防5ヶ条のポイントを理解したうえで，環境温度に応じてどのように運動したらよいかの目安を示したものである．環境温度の基準は湿球黒球温度（WBGT）に基づいている．しかし，現場でWBGTが測定できない場合には，WBGTにおよそ対応する湿球温度，乾球温度も示し，実状に合わせて使用できるよう工夫されている．図2-12が，熱中症予防運動指針である．

b　マラソンレースの場合

マラソンは熱負荷が大きく，一般のスポーツ活動より熱中症のリスクが高く，異なる基準が必要である．表2-4は，アメリカスポーツ医学会（ACSM：1996年）の指針を参考に作成された市民マラソンのための運動指針である．マラソンレースでは多量の汗によって体内水分量が失われるが，水の飲み過ぎは，胃の具合が悪くなるだけでなく，思わぬ事故（低ナトリウム血症）を起こすこともあり，注意が必要である．

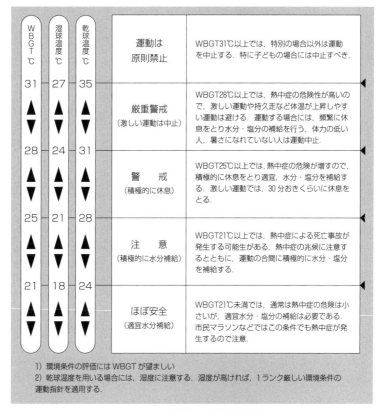

図 2-12　熱中症予防運動指針

出典：日本スポーツ協会〝スポーツ活動中の熱中症予防ガイドブック〟より.

表 2-4　市民マラソンの熱中症予防運動指針

WBGT	熱中症の危険度	警　告
28℃〜	極めて高い	熱中症の危険性が極めて高い. 出場取消.
23〜28℃	高い	熱中症の危険性が高く, 厳重注意. トレーニング不足のものは出場取消.
18〜23℃	中等度	レース途中で気温や湿度が上昇すると危険性が増すので, 注意. 熱中症の兆候に注意し, 必要ならばペースダウンする.
10〜18℃	低い	熱中症の危険性は低い. ただし熱中症が起こる可能性もあり注意が必要.
〜10℃	低い	低体温症の危険性がある. 雨天, 風の強い日には注意が必要.

(ACSM, 1996)

出典：日本スポーツ協会〝スポーツ活動中の熱中症予防ガイドブック〟より.

（3）一般的な事故予防の留意点（「学校管理下の災害」[14] から）

　「学校管理下の災害」報告書では，学校生活における事故防止の留意点が，該当年度の「死亡見舞金」「障害見舞金」「供花料」の事例にもとづいて，学校種別に報告されている．そのような中から，

注意力がなく危機意識の乏しい年代（学童期：小学校）における一般的な事故予防の留意点をあげてみた．このような留意点は，学校保健という範疇に留まらず，状況設定を変えれば，年代を超えたスポーツ活動の様々な場面に応用できる内容となっている．

1．事故はなくすことはできないが減らすことはできる．

　近年は，学校管理下の事故件数が減少傾向にあるが，これは少子化によるものであって，事故の発生率が減少しているわけではない．実に様々な事故が学校で発生している．統計では，教育活動におけるケガがいかに多いかを示す．まだ体も心も発展途上にある子どもたちが集まる学校で起こる事故の中には，防ぐことが難しいものもある．しかし多くの場合は，教師の危機意識がもう少し高ければ，あるいは子どもたちの危険回避能力がもう少し身についていれば，防ぐことができたと思われる事例が多い．事故を完全になくすことはできないが，減らすことは確実にできる．そのためには，教師自身が「事故防止」についてもっと学ばなければならない．

2．教師一人一人の危機意識を高める

　地震で学校のブロック塀が倒れ，小学校4年生がその下敷きになって死亡するという痛ましい事故が起きた．このブロック塀は，以前から危険性が指摘されていたが，点検の結果，問題はないということで放置されたままであった．また，高温注意情報が出されていた暑い日に校外学習に出掛け，小学校1年生が熱中症で死亡した．これらの事故は，教師を含む大人の危機管理意識に課題がある．地震や暑さは自然現象なので防ぐことはできない．しかし，予防対策によって子どもの命も救えたはずである．

　子どもは大人に比べて経験が少なく，危険に対する判断力も弱い．その反面，好奇心は旺盛で，理屈よりも行動が先走る．後先のことはあまり考えず，体の芯から湧き上がる「やってみたい」という気持ちが優先する．大人であればまずやらないような危険な行動に走ってしまうこともある．教師は，子どもの行動特性を十分に認識し，安全対策を練っておくこと，危険を察知する感覚を磨くことが必要である．これは「いじめ」の兆候をキャッチする感覚と似ている．

3．児童の危険回避能力を育成する

　子どもは校庭で鬼ごっこをしていて他の子どもと衝突することがある．教師が事前指導をしていても，夢中で走り回っている子どもには「危ない」という意識は薄い．遊びの種類で場所を分けたり，学年ごとに遊ぶ時間や場所を決めたりすることによって安全性は高まるが，それでも事故の可能性はなくならない．教師の力だけでは事故防止は不十分なのである．

　事故を防ぐためには子ども自身が危険を予測し，その危険から身を守る力を育てていくことが必要になってくる．地震をはじめとする自然災害はいつ起こるか分からない．学童保育や塾などで，夕方遅く一人で道を歩くこともある．車の多い交差点を自転車で横断することもある．安全指導や安全教育では，自分の命は自分で守るという意識を子どもたちにしっかりともたせることが大切である．学校安全は，教師と子ども，さらには家庭や地域が一緒になって考えていくことで効果が倍

増する.

４．事例から学ぶ

　負傷事故には原因があり，中には防ぐのは難しい事例もある．しかし，事前に危険を予測していたら，誰かが危険に気付いていたら，子どもに一声かけていたら，その事故は防げたかもしれない．事故が起きてから後悔しても遅い．事故予防や対策にかけるエネルギーに比べて，事故発生後の対応にかけるエネルギーはあまりにも大きい．学校から事故を減らすためにも，教師の危険を予測する力や危険を排除する努力が必要で，過去に起きた事故の状況や原因を知り，自分だったらどうするか，学校としてどう取り組んでいけばよいかを考えることが，子どもを守ることにつながってくる．その意味でも過去の事例に学ぶ意義は大きい．

５．事故を最小限に

（１）気が付いたら即実行する

　「危ない」と思ったらその場で危険を取り除く．張り紙で知らせるなどもその一つ．後でやろうと思うと，それだけ事故の確率は高くなり，事故が起きた場合は後悔する．

（２）安全に関する知識を身につける

　地震や土砂災害などの発生メカニズムや，防犯・防災知識，けがの応急措置，熱中症，食中毒，アナフィラキシーショックなど，あらためて学び直して正しい知識を身につける．おのずと危機管理意識も高まる．

（３）「たぶん大丈夫だろう」という意識は捨てる

　病院に連れて行った方がよいかどうかなど迷う場合は，「たぶん大丈夫だろう」ではなく，「迷ったときは安全な方を選ぶ」と決めておく．何でもなかったらそれで良し．

（４）常に児童の所在を把握しておく

　これは安全管理の基本中の基本である．朝の出席確認で，欠席なのか，遅刻なのか，保健室に行っているのか，担任はいつも子どもの所在を把握しておかなければならない．突然の地震や火事への対応，登校途中で事故もある．

（５）安全点検・安全指導は必ず行い，週案簿に明記しておく

　大きな事故が発生した場合，安全点検や安全指導を年間計画に従って実施したかどうかが問題となる．実施予定と実施結果は週案簿にも明記し，問題があればすぐに対処しておく．

（６）緊急連絡体制などのマニュアルは何度も読み返し，頭に入れておく

　事件や事故発生時には，マニュアルをじっくり見ている余裕はない．平常時にこそ，マニュアルをよく読んでシミュレーションしておく．

（７）AED の使い方を熟知しておく

　AED をはじめ，担架，さすまた，消火器なども含め，緊急時に使用する道具を誰でもすぐに使えるようにしておく．

（8）実地踏査や予備実験は，チェックリストを基に必ず実施する

　校外学習や遠足などの実地踏査では，危険箇所のチェックと対策を必ず実施する．けがや病気の場合の連絡体制も確認しておく．理科の実験でも，器具や道具に至るまで実際に教師が予備実験をして，安全性を確かめておく．

（9）急な変更や予定外のことには要注意

　何事も予定どおりに進むとは限らず，変更を余儀なくされることも多々ある．事故はそういうときに起こりやすい．変更が予想される時は，代わりの計画も立てて，子どもや家庭に周知しておく．

（10）事故が起きた場合の初期対応も日頃から確認しておく

　事故発生後の対応は，危機管理の柱の一つ．対応を間違えると，事態の収束が非常に困難となる．子どもの安全確保，養護教諭や管理職への連絡，救急車の要請，保護者への連絡，状況の記録，教育委員会への第一報，児童の心のケア……．これらを常に頭に入れておく．

5　おわりに

　災害，とりわけ自然災害は，予期できないものや防ぐことが非常に困難な事例がある一方，前もって危険の予測が可能なものや，災害に見舞われた後も，その後の対応を的確に行えば，被害を最小限に抑えることが可能なものがある．スポーツ外傷は，外傷発生の頻度や重症度とともに，発症メカニズム（原因：動因，個体，環境）を詳細に検討し，それへの対策（プログラム）を提示，実行することによってかなりの部分を減らすことが可能である．高校野球では投手の投球制限が話題に上がっているが，一定の規則を設けることによって，障害を予防し競技人生を延ばすことや，生涯にわたるスポーツ人生に繋がる．必要であればルールを変える．また，健康な人に起こる熱中症は，無知によって引き起こされている．ちょっとした意識や知識の差がスポーツ外傷予防につながることを肝に銘じたい．

参考文献・資料

[1] Hans Kraus, Wilhem Raab. *Hypokinetic Disease*. Disease produced by lack of exercise. Charles C Thomas. Publisher, Springfield, Illinois, USA, 1961.（広田公一，石川旦共訳．運動不足病―運動不足に起因する病気とその予防―．ベースボール・マガジン社，1977）.

[2] Sarah BK, Stephen WM, Kevin MG. Issues in estimating risks and rates in sports injury research. Journal of Athletic Training 41: 207-215, 2006.

[3] Klügl M, Shrier I, McBain K, et al. The prevention of sport injury: An analysis of 12 000 published manuscripts. Clinical Journal of Sport Medicine（Clin J Sport Med）20: 407-412, 2010.

[4] FIFA Medical Centre of Excellence.〈https://www.fifa.com/about-fifa/medical/centers-of-excellence〉（2022年12月23日アクセス）.

[5] Finch C. A new framework for research leading to sports injury prevention. J Sci Med Sport May; 9(1-2): 3-9, 2006.

[6] 1st World Congress of Sports Injury Prevention, Br J Sports Med 39: 373-408, 2005.

[7] 2017 IOC World Conference on Prevention of Injury and Illness in Sport 〈https://www.olympic.org/news/2017-ioc-world-conference-on-prevention-of-injury-and-illness-in-sport-call-for-proposals〉（2019 年 4 月 5 日アクセス）.

[8] The IOC World Conference on Prevention of Injury and Illness in sport 〈http://ioc-preventionconference.org/〉（2019 年 4 月 25 日アクセス）.

[9] 福林徹. スポーツ外傷予防のための医学的な取り組み，世界の動向，わが国の現状，理学療法士への期待. 理学療法学 37：298-301, 2010.

[10] 日本体育協会スポーツ医・科学専門委員会. 平成 22 年度日本体育協会スポーツ医・科学研究報告Ⅱ，日本におけるスポーツ外傷サーベイランスシステムの構築―第 1 報―. 日本体育協会：1-68, 2011.

[11] 日本体育協会スポーツ医・科学専門委員会. 平成 23 年度日本体育協会スポーツ医・科学研究報告Ⅱ，日本におけるスポーツ外傷サーベイランスシステムの構築―第 2 報―. 日本体育協会：1-67, 2012.

[12] 日本体育協会スポーツ医・科学専門委員会. 平成 24 年度日本体育協会スポーツ医・科学研究報告Ⅰ，日本におけるスポーツ外傷サーベイランスシステムの構築―第 3 報―. 日本体育協会：1-97, 2013.

[13] スポーツ安全協会. スポーツ安全保険加入者および各種事故統計データ. スポーツ安全協会：2-25, 2019.

[14] 日本スポーツ振興センター，学校管理下の災害（令和 3 年版）〈https://www.jpnsport.go.jp/anzen/kankobutuichiran/kankobutuichiran/tabid/1988/Default.aspx〉（2022 年 12 月 15 日アクセス）.

[15] 奥脇透. 平成 21～23 年度における 3 年間のまとめ. 平成 24 年度日本体育協会スポーツ医・科学研究報告Ⅰ，日本におけるスポーツ外傷サーベイランスシステムの構築―第 3 報―. 日本体育協会：10-33, 2013.

[16] 福林徹. 平成 21～23 年度における 3 年間のまとめ. 平成 24 年度日本体育協会スポーツ医・科学研究報告Ⅰ，日本におけるスポーツ外傷サーベイランスシステムの構築―第 3 報―. 日本体育協会：48-53, 2013.

[17] スポーツ安全協会，日本体育協会. スポーツ外傷・障害予防ガイドブック〈https://www.sportsanzen.org/content/images/other/inj_guide_all.pdf〉（2022 年 12 月 15 日アクセス）.

[18] スポーツ安全協会. 救急ハンドブック〈https://www.sportsanzen.org/content/images/other/kyukyu.pdf〉（2022 年 12 月 15 日アクセス）.

[19] 大畠襄監訳，青木治人，河野照茂，土肥美智子訳. FIFA 医学評価研究センター（F-MARC）サッカー医学マニュアル. 日本サッカー協会：1-271, 2006. 〈http://www.jfa.jp/football_family/pdf/medical/F-MARC_Football_Medicine_Manual.pdf〉（2022 年 12 月 15 日アクセス）.

[20] 日本スポーツ協会. 熱中症予防ガイドブック（令和元年 5 月第 5 版発行）〈https://www.japan-sports.or.jp/publish/tabid776.html#guide01〉（2022 年 12 月 15 日アクセス）.

[21] 日本スポーツ協会：防ごう熱中症!!　元気にスポーツ（令和 4 年 7 月発行），〈https://www.japan-sports.or.jp/publish/tabid776.html#guide01〉（2022 年 12 月 15 日アクセス）.

Column *4*

スポーツの安全と外傷予防の取組み（亀岡市での実践例）

吉中康子

　亀岡市は 2008 年に日本初のセーフコミュニティの認証を受けた．認証にあたり市内で発生しているケガや事故の現状および課題などから，スポーツの安全，交通安全，防犯，自殺対策，乳幼児の安全，高齢者の安全の 6 つの対策委員会を設置し，市民とともに安全・安心なまちづくりを進めることとなった．本コラムでは「余暇・スポーツの安全対策委員会」の取り組みについてまとめてみた．

　認証に際して実施した外傷発生動向調査（2007 年）では，全 1014 件の外傷のうち，余暇スポーツ中が 25％，そのうちの 43％は子どもの受傷であった．この調査結果を受け，具体的な対策を講じるための課題として，子どものスポーツ活動時外傷データの不足に加え，指導者の安全意識の把握や取り組みに対する評価の不十分さなどが浮上した．そのため，対策員会では，子どもの運動・スポーツ活動中のケガの実態調査を行って，ケガ発生の背景を探ることとした．まず，2011 年に亀岡市スポーツ少年団に加盟するサッカークラブチームを対象とした予備調査を行った[1]．この結果を受けてアンケート形式の外傷調査用紙を完成させ，2012 年には対象をスポーツ少年団の全クラブ（9 種目 25 団体610 名のうち回収は 19 団体 445 名，回収率 73％）に広げた外傷調査とともに，指導者（回収 19 団体，回収率 73％）に対して外傷予防への意識や取り組みについても調査を行った．

スポーツ少年団での調査結果[2]

　過去 1 年間にケガをしたのは全対象者の 20.5％（90 名）であり，男女差は示されなかったが，受傷は学年があがるに従って増加し，中学生では 3 割を越えた．受傷率が最も高いのはドッジボール52.9％，続いてバレーボール 29.4％，野球 25.0％，サッカー 20.5％，剣道 17.9％，バスケットボール16.9％の順で，空手と少林寺拳法は誰もケガをしていなかった．また，受傷者の 1 年間のケガの回数は，男子の 7 割，女子の 6 割が 1 回のみ，約 2 割が 2 回，中には少数ではあるが 5 回，6 回の受傷も見られた．ケガの発生は，5 月 17.4％が最も多く，以下 8 月と 10 月が 14.0％，7 月 9.3％であり，時間としては，午後 3 時から 6 時 37.5％が多く，次が正午から午後 3 時まで 22.9％，場所は，グランド 44.0％と体育館 42.0％がほぼ同程度，状況としては，練習中 58％が試合中 26％の約 2 倍であった．受傷部位は，サッカーは膝，ドッジボールは手の指，剣道は足の指のような種目特性が見られるが，全体では，足首 20.8％が最も多く，その他 17.9％，膝 16.0％，手の指 11.3％の順であった．ケガの種類も種目特性があったが，骨折（ひびも含む）22.9％が最も多く，捻挫，打ち身・打撲が各 18.1％，その他16.2％，切り傷・擦り傷 12.4％の順であった．治療期間は，全体では 1 週間未満 26.2％が多く，以下1 週間以上 2 週間未満 23.3％，2 週間以上 1 カ月未満 23.3％，1 カ月以上 3 カ月未満 17.5％のように，長期にわたる治療期間は順次低率になっていた．ただし，約 1 割は 3 カ月以上で，うち 3 名（2.9％）は 1 年以上であった．治療期間には，ケガの種類との関連もあり，骨折などは比較的長い期間となっていた．

　受傷理由は，体力・技術の未熟 60.7％が最も多く，次が相手の不注意 16.7％，本人の不注意 11.9％であった．ケガとの関係が有意だったのは，スポーツ活動状況と起床時間と睡眠状況で，受傷者は非受傷者に比べ，週あたり練習頻度，1 回あたり練習時間が多く，週あたり総練習時間，他のスポーツ活動を加えた週あたり総運動時間も長く，起床時刻が遅く，いつもよく眠れる者の割合が少なかった．スポーツ活動時間が長いほど外傷発生リスクが高まることより，特にケガの発生率の高い種目では，練習頻度や時間の検討が必要なことが示された．

　その後，2015 年にもスポーツ少年団の調査を行ったが，回収率は 2012 年に比べ半減しており，一方，亀岡市の救急搬送は，この調査対象年齢で人数も救急搬送件数に占める割合も多くなっていた．簡便に外傷を記録して一括管理する仕組みと，記録に基づく外傷予防プログラムを作成し，それを実

行・検証する仕組みが必要なことを痛感する.

指導者における調査結果

　亀岡市のスポーツ少年団の指導者は 2011 年 4 月時点で 114 名が登録され,資格を持っている者が 56 名（49％）,他は認定を受けていない支援者で,有資格者と保護者などの支援者が子どもの指導にかかわっているという状況であった.

　活動前後の施設の環境整備には,65％が取組んでいたが,活動後のみの実施も 35％であった.ケガの予防の観点からは活動前の施設環境チェックが必要である.施設の環境整備実施者は指導者が 60％で,クラブ員が 40％であった.子どものコンディション確認は 95％が行っていた.ウォーミングアップは 100％が実施するが,クーリングダウンは 75％であった.子どもへの日常の生活や体調管理の指導は,2 割がほぼ毎回,約 5 割が定期的にしていたが,25％の団体は充分に指導できていなかった.ケガ予防や救急処置の指導は,45％がクラブ員と保護者に,15％がクラブ員にしていたが,30％はしておらず,救命救急講習会の実施は 30％にとどまった.

　スポーツ少年団の外傷調査の結果を受け,対策委員会では,「子どものケガ予防ガイド」[3]のリーフレットを作成し,全スポーツ少年団に配布した.そして,1）指導者・保護者向け外傷予防研修会を開催し,外傷予防方法を学ぶ機会をつくるとともに（スポーツ少年団の指導者・保護者向けプログラム）,2）子どもに対しては,安全教育を実施し,体調管理の徹底と準備運動の重要性を周知し（子ども安全意識向上プログラム）,3）スポーツ開始前にチェックシートを利用するよう働きかけを行う（ケガ防止安全安心スポーツチェックシートプログラム）3 つのプログラムを継続実施中である.

図1　「子どものケガ予防ガイド」の作成とケガ防止プログラム

出典：セーフコミュニティかめおか余暇・スポーツの安全対策委員会：こどものケガ予防ガイド〈http://www.city.kameoka.kyoto.jp/safecom/sc3/documents/kodomonokega2.pdf〉（2019 年 4 月 25 日アクセス）.

参考文献・資料

[1]　木村みさか,吉中康子,松本崇寛他.スポーツ少年団に所属する子どもの外傷（ケガ）調査（サッカークラブ所属者の場合）.日本セーフティプロモーション学会誌 4：31-40,2011.

[2] 木村みさか，吉中康子，田中秀門他．スポーツ少年団に所属する子どものスポーツ関連外傷（亀岡市に
おける全クラブを対象にした調査結果）．日本セーフティプロモーション学会誌 8：25-37，2015.

[3] セーフコミュニティかめおか余暇・スポーツの安全対策委員会：こどものケガ予防ガイド〈http://
www.city.kameoka.kyoto.jp/safecom/sc3/documents/kodomonokega2.pdf〉（2019 年 4 月 25 日アクセ
ス）．

第 4 節

交通事故予防

中原慎二

要 約
　危険源への曝露を避けるような行動変容は，交通外傷を減少させうるが，同時に外出や外
遊びの減少により身体活動が低下し，生活習慣病リスクの増加等の別の健康問題を顕在化さ
せる．このようなジレンマを避けるには系統的対策により危険源をコントロールし，健康的
な生活の基盤である安全な環境を整えることが重要である．

キーワード
交通外傷，系統的対策，環境，健康

1　はじめに

　わが国では交通外傷の制御に成功しつつある．2019 年の 24 時間以内死者数は 3215 人で，過去最
多であった 1970 年（1 万 6756 人）の 2 割弱に，死傷者数は約 46 万人で，過去最多の 2004 年（約 120
万人）の 4 割弱に減少した（**図 2-13**）[1]．これは，様々な交通安全対策を実施した結果であるが，危険
源（ハザード）をコントロールして安全な環境を達成した場合も，人間の行動変容により危険源へ暴
露を減少させた場合もある[2]．後者は，子どもの外遊びの制限や，専ら自動車による外出などであり，
交通外傷は減少するが，一方で身体活動も減らし，生活習慣病のリスクを増加させる[3]．つまり，健
康問題の一つである交通外傷への対策が別の健康問題を顕在化させることになる．このようなジレ
ンマを避けるためには，健康問題全体を包含する方向で安全を考え，「系統的な対策」により危険
源をコントロールする必要がある[4]．

　本節では，まずわが国の交通安全対策の歴史を概観し，これまでに実施された安全対策の効果に
ついて考察する．次に，系統的対策立案と評価の方法について解説する．最後に，健康的な生活の
基盤としての安全な環境の重要性について述べる．

② わが国の交通安全対策の歴史

　わが国の本格的な交通安全対策は1970年の交通安全対策基本法制定から始まる[5]．同法に基づき，内閣総理大臣を長とし，関係閣僚が委員となる中央交通安全会議が設置され，多方面からの対策が可能となった．同会議が作成した第1次交通安全基本計画（5カ年計画[6]）が1971年から実施され，これに合わせて第1次交通安全施設整備5カ年計画も開始された．交通安全基本計画には，交通事故死者数減少の数値目標と，以下の8項目の施策が掲げられた：1）道路交通環境の整備，2）交通安全思想の普及，3）安全運転の確保，4）車両の安全性確保，5）道路交通秩序の維持，6）救助，救急活動の充実，7）被害者支援の推進，8）研究開発および調査研究の充実．

　基本計画は5年ごとに更新され，社会環境，交通環境の変化に合わせて，様々な対策が行われてきた．その中には，効果的なものも効果が確認できないものも混在している[2]．1970年以降を10年ごとにわけ，各年代の重点対策と交通外傷の推移について，交通安全基本計画，白書などの各種報告書，警察庁データを元に記述する．また，対策の効果について，リスクの高い集団または地点へ集中的に働きかけるハイリスク／ブラックスポット・アプローチと，リスクの低い人も含めてより多くの人を対象とするポピュレーション・アプローチを対比して検討する．

（1）1970年代

　1950年代から1960年代にかけてのモータリゼーション進展が，交通外傷を急増させ，1970年には年間死者数がピークに達した（図2-13）．1970年代前半には，交通外傷死者数，死傷者数ともに，年齢層・道路使用者種別に関わらず大きく減少した[2]．交通量あたりの死亡率と死傷率も著しく低下した．特に，交通量あたりの死傷率は，この時期以降2005年頃までほぼ一定であり，この時期の成功は特筆すべきものである．しかし，1970年代後半からはこれらの減少速度は鈍化した．この時期の事故減少は，おもに幹線道路でのものであった．道路延長あたりの事故発生率は国・主要地方道で65%，都道府県道で32%，市町村道で13%減少した（表2-5）．その結果，70年には大半の事故が幹線道路で発生していたものが，1980年には事故の半数弱を市町村道で発生したものが占めるようになった（表2-5）．

　この時期の重点課題は，事故発生率の高い幹線道路における，死傷者数の多い歩行者，自転車乗員，子どもの保護であり，安全施設（歩道，信号機，標識など）の整備と交通取締が進められた[6]．1971年開始の第1次交通安全施設整備計画はそれ以前の事業に比べて規模が約10倍に拡大され，安全施設の増加は交通量の増加を大きく上回った[5]．例えば，信号機は交通量が約2倍に増加する間に，4倍以上に増加した（図2-13）．また，1970年代前半に交通警察官を約9000人増員し，取り締まりを強化した結果，交通違反検挙件数が大幅に増加した[5]（図2-13）．

　一方，生活道路では，歩道設置に必要な幅員がない場合が多く，歩行者保護対策として主にソフト面での対策（生活ゾーンやスクールゾーンなどの交通規制）が行われたが，幹線道路に比べて十分な効果をあげられなかった[7]．道路で遊んでいて事故にあう子どもが多かったため，安全な遊び場として

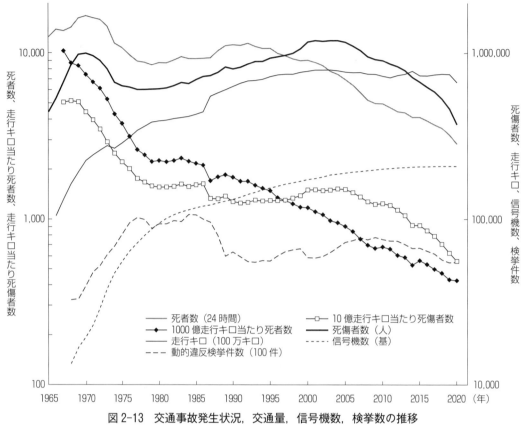

図 2-13　交通事故発生状況，交通量，信号機数，検挙数の推移

注：自動車走行キロには，1987 年から軽自動車分が計上されるようになった．
出典：交通事故統計年報．
Nakahara et al. Population strategies and high-risk-individual strategies for road safety in Japan. Health Policy 100(2-3): 247-255, 2011 より許諾を得て改変転載．

公園整備が進められた．公園数増加が大きい都道府県では，子どもの交通外傷死亡率低下も大きかった．[8]

（2）1980 年代

　死者数，死傷者数はともに，再度上昇傾向に転じ，1988 年には 24 時間以内死亡者数が再度 1 万人を越えた（図 2-13）．特に，自動車，二輪車乗員の死者増加が著しかった．[2] 交通量あたりの死亡率，死傷率はこの時期にはほぼ一定であった．道路延長あたり事故件数は国・主要地方道と都道府県道で，それぞれ 24％，20％の増加であったが，市町村道では 32％増であった（表 2-5）．

　交通量は増加し続けたのに対して，安全施設整備の速度は鈍化し，取り締まり件数は頭打ちとなった（図 2-13）．増加した交通量は，幹線道路から生活道路へも通過交通として流入し，不十分な生活道路での対策と相まってこのような結果になったと推測される．

　対策の重点は，歩行者から，自動車，二輪車乗員へと移った．[9] 1985 年に自動車前席乗員のシートベルト着用を，1986 年にすべての道路で原付自転車を含む二輪車の乗員へのヘルメット着用を義

表2-5　道路種別交通事故発生状況の推移

	国・主要地方道*	都道府県道	市町村道
1970 事故件数	374,266	109,068	229,207
	52.5%	15.3%	32.2%
道路実延長 km	61,906	92,730	859,953
	6.1%	9.1%	84.8%
実延長あたり事故件数/km	6.0	1.2	0.27
1980 事故件数	184,296	70,021	218,029
	39.0%	14.8%	46.2%
道路実延長 km	86,697	86,930	939,760
	7.8%	7.8%	84.4%
実延長あたり事故件数/km	2.1	0.81	0.23
1990 事故件数	268,513	76,028	287,020
	42.5%	12.0%	45.4%
道路実延長 km	101,950	78,428	934,319
	9.1%	7.0%	83.8%
実延長あたり事故件数/km	2.6	1.0	0.31
2000 事故件数	382,109	97,601	426,625
	42.2%	10.8%	47.1%
道路実延長 km	117,832	70,745	977,764
	10.1%	6.1%	83.8%
実延長あたり事故件数/km	3.2	1.4	0.44
2010 事故件数	289,653	75,548	328,018
	41.8%	10.9%	47.3%
道路実延長 km	120,652	71,499	1,018,101
	10.0%	5.9%	84.1%
実延長あたり事故件数/km	2.4	1.1	0.32
2019 事故件数	150,373	40,425	166,700
	42.1%	11.3%	46.6%
道路実延長 km	122,534	71,808	1,030,424
	10.0%	5.9%	84.1%
実延長あたり事故件数/km	1.2	0.56	0.16

注：*一般国道，高速自動車国道を含む
出典：交通事故統計年報.
Nakahara et al. Population strategies and high-risk-individual strategies for road safety in Japan. Health Policy 100(2-3): 247-255, 2011 から許諾を得て改変転載.

務化したが，どちらも効果は限定的であった．期待通りの効果が得られない理由として，交通量増加に伴う事故の増加，不適切なシートベルト・ヘルメットの使用方法，リスクの高い運転者ほど着用しないといった可能性が考えられる[11][12]．

生活道路では，「コミュニティ道路」の整備が開始された[13]．ハンプ，狭さくなどのハード面での対策により交通量と自動車の速度抑制を図るものである．しかし，「線的」な対策で，区域への面的広がりはなく，交通規制との組み合わせが不十分であった[7]．

（3）1990 年代

死者数は再度減少傾向に転じたものの，死傷者数の増加傾向は続き，1999 年には年間死傷者数が100 万人を超えた（図 2-13）．交通量あたりの死亡率は低下傾向を示しはじめたが，交通量あたり死傷率は一定かやや増加傾向であった．道路延長あたり事故件数は国・主要地方道，都道府県道，市町村道で，それぞれ 23%，42%，42% 増加した（表 2-5）．

重点対策はさらに死亡リスクが高い交通行動，道路利用者に対して集中した[14]．悪質性と危険性が高い 30 km/h 以上の速度超過違反と信号無視の検挙件数は大幅に増加した[2]．一方で，飲酒運転検挙件数はほぼ一定であった．その結果，速度超過に起因する死亡事故件数は飲酒運転に起因するものよりも急速に減少した．

25 歳未満の初心運転者は死亡事故を起こす確率が高いことから，1990 年に初心運転講習制度が導入された[15]．違反を繰り返す初心運転者は講習を受講するか再試験を受けることになり，毎年数千人程度が運転免許を取り消されている．その結果，経験 1 年未満の初心運転者が原因となった死亡事故は半減した[16]．

これらの他に，以下のような施策・要因が死者数減少に寄与した可能性がある．シートベルト着用への取締りが強化され，69% まで低下していたベルト着用率は 80% 台まで回復した[10][11][17]．自動車の衝突安全性を向上するために，1994 年には正面からの衝突試験が導入され，乗員保護を目的とする衝突時の車体特性，強度の基準が初めて設定された[18]．1991 年に救急救命士制度が導入され，病院前救護の改善がはかられた[19]．幹線道路の事故多発交差点に対する，交差点コンパクト化，動線変更，照明設置などのハード面の対策が第 6 次特定交通安全施設整備計画で重要対策と位置づけられた[20]．この時期の失業率上昇が若者の運転機会を減少させた可能性がある[21]．

生活道路への対策として，1996 年にコミュニティ・ゾーン形成事業が開始された[20]．これまでに行われてきた，生活ゾーンやスクールゾーンといったソフト面での交通規制と，コミュニティ道路整備事業で行われたハード面の整備施策とを統合し，区域へ面的に拡大したもので，「ゾーン対策」と呼ばれる[7]．ただし，規模は小さく，2001 年度までに，約 160 カ所が整備されたにすぎない[22]．

（4）2000 年代

死者数は低下傾向を続ける一方，年間死傷者数は 2000 年から数年間 120 万人弱でほぼ一定となり，2005 年に減少傾向に転じた（図 2-13）．交通量あたりの死傷者数も同時に低下し始めた．2000 年から 2019 年までの間に，道路延長あたり事故件数は国・主要地方道，都道府県道，市町村道で，いず

れも 60％以上減少した（**表 2-5**）．

　この時期の成功の一つは，飲酒運転による死亡事故の減少である．2001 年に危険運転致死罪の導入，2002 年に飲酒運転の罰則強化と飲酒運転の基準値引き下げ，2007 年に罰則再強化が行われた[2]．法改正前から事故減少が始まっており，法改正に先立つ社会規範の変化と罰則強化の相乗効果が考えられる[23]．

　一方，効果が限定的であったのは，自動車後席乗員と子どもの安全装置使用義務化である．2000 年に 6 歳未満児のチャイルドシート着用が義務化されたが，乳児以外は概して着用率は低く（60％台），6 歳以上の児童に対しては，年齢に応じた安全装置の使用義務がない[24][25]．2008 年に後席のシートベルト着用が義務化されたが，一般道での罰則が無く，着用率は 40％に満たない[26]．

　自動車の衝突安全向上，外傷診療の質向上も死亡率低下に貢献したはずである．この時期には，初度登録年の新しい車両ほど乗員の死亡リスクが低く，1990 年代に始まった安全性向上の効果が現れてきたと考えられる[27]．2000 年にはオフセット衝突基準が，2005 年には歩行者と衝突時の歩行者の頭部保護に関する基準が導入された[28]．また，2002 年に外傷初期診療ガイドライン導入により外傷診療が標準化された[29]．

　特筆すべきは，重点目標が死亡事故減少から，幅広い道路利用者を対象として事故発生全般を抑制することに転換したことである．2003 年の中央交通安全対策会議における総理大臣談話で，「世界一安全な道路交通」が目標とされた[30]．その後の交通安全基本計画では，子ども，高齢者，歩行者，自転車の安全確保，生活道路の安全確保が最重要課題として明記され，死者数だけでなく死傷者数減少の数値目標を掲げるようになった[31][32]．

　生活道路では，ゾーン対策が強化，拡大された．2003 年から，「あんしん歩行エリア」として整備が進められ，約 1400 カ所が指定された[33][34]．2011 年からは区域内の最高速度を 30 km/h に規制する「ゾーン 30」として整備が進んだ[35]．これは，歩行者が 30 km/h を越える速度で走る自動車と衝突した際に，致死率が急上昇するという知見に基づく[4]．ゾーン 30 は柔軟性が高く，従来のゾーン対策では対象になり得なかった地域でも，実現可能な対策から順次実施していくことで整備対象地域を拡大し，2016 年度末までに約 3000 カ所を整備した[36]．また，自動車走行速度の低下に効果のある，中央線抹消・路側帯拡幅が積極的に活用されている[33]．

（5）重点対策の変遷

　わが国の交通安全対策は，一貫してリスクの高い場所と人に重点を置いてきたが，1970 年代と 2000 年代後半以降は多数の道路利用者が恩恵を受ける対策が多く行われており，ポピュレーション・アプローチに注力したといえる[2]．広域にわたる交通環境の改善により，子ども，高齢者，歩行者を含む広範な道路利用者に広がるリスクの低減を図ったのである．たとえ一人ひとりにとってのリスク低減は小さくとも，全体としては死傷者数を大きく減少させることに成功した．ただし，この 2 つの時代における対策の効果は，その内容と実施場所の差異を反映して，異なった形で現れている．

　1970 年代は，幹線道路に対して前後に例の無いほど大規模な環境整備を行い，幹線道路での死傷

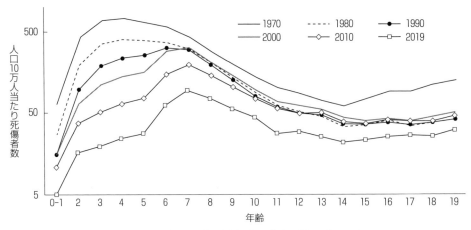

図 2-14　年代別年齢別歩行者死傷率（人口当たり）

出典：死傷者数は交通事故統計年報，人口は国勢調査（総人口）.
Nakahara et al. Population strategies and high-risk-individual strategies for road safety in Japan.
Health Policy 100(2-3): 247-255, 2011 より許諾を得て改変転載.

者数を減少させたが，生活道路への対策は不十分であった．2000 年代後半からは，生活道路におけるゾーン対策を広域に行った結果，生活道路での死傷者減少に効果を上げた．2003 年の総理大臣談話が，ポピュレーション・アプローチ回帰への転換点であった.[2][30]

　一方，1980 年代と 1990 年代には，死亡リスクの高い一部の道路利用者と事故多発交差点に特化したハイリスク／ブラックスポット・アプローチが目立つ.[2][9] 1980 年代にはいって，死者数が増加傾向に転じたことがその理由である．1980 年代後半には死者数が再度 1 万人を超え，1990 年代にはさらにこの傾向が強まった.[14] これらの対策の積み重ねで死者数減少に寄与したと考えられるが，死傷者数の増加傾向を止めることは出来なかった．

　このような対策の変化に端的に影響されるのが歩行者である．20 歳未満の年齢別歩行者死傷率を年代別に示すと，1970 年代と 2000 年代以降には全年齢で低下しており，ポピュレーション・アプローチに重点を置いた効果と考えられる（図 2-14）.[37] 1980 年代，1990 年代には未就学幼児のみ持続的な死傷率低下を示したが，それ以外の年齢層では増加傾向も見られた．この間，歩行者外傷の多い生活道路の安全は改善しておらず，未就学幼児の受傷は，自由な外遊びや徒歩での移動を制限することで減ったことを示唆している．

3　系統的な安全対策

　交通事故の発生は，人間と機械（自動車）とで構成される，マン・マシンシステムの問題と捉えるべきである．人間の行動だけを問題にするのではなく，システムに対する系統的アプローチが必要である.[4] 系統的な対策立案・評価には，ハドン・マトリックスが有用である.[38] また，リスク要因の同定，対策立案・実施，モニタリング・評価は常にデータに基づいて行うべきで，継続的なデータ

収集が必要となる.

（1）ハドン・マトリックス

　ハドン・マトリックスは，疾病成立に関する古典的疫学モデルの 3 要因と，衝突の 3 時相（衝突前，衝突時，衝突後）の 2 要素により，9 つのセルを構成したものである．それぞれのセルに対して，リスク要因と対策を検討する．古典的疫学モデルは感染症の因果関係を説明するもので，3 要因とは宿主（人）（免疫，栄養状態），病因（病原体，媒介生物），環境（感染経路）である[39]．このモデルは慢性疾患に対しては単純すぎるが，外傷発生の説明には適している．交通外傷の病因は車からの力学的エネルギーで（エネルギーがなければ外傷は発生せず，「特異的」原因である），自動車がその媒介物である[40]．宿主（人）要因には，行動（交通行動や応急処置）と身体的要因（身体的脆弱性）が含まれる．環境要因には，物理的環境（安全施設，規制，医療体制）と社会環境（規範や文化）が含まれる．衝突前時相への対策は衝突発生の予防（一次予防），衝突時時相への対策は重症度抑制（二次予防），衝突後時相への対策は予後改善（二次予防）と社会復帰促進（三次予防）を目指すものである．

a　宿主（人）要因

　衝突前には，交通違反行為，加齢による身体機能・認知機能の低下などが事故リスクを規定する．衝突時には，安全装置の適切な使用，加齢による身体の脆弱性（筋肉量，骨強度など）が重症度を規定する．衝突後には，応急処置技能，臓器の予備力低下などが予後を規定する．宿主要因に対する直接的な介入は主に交通行動に対して行われる．身体要因への直接的介入は困難であり，例えば高齢者の身体的脆弱性に対しては，高齢人口の増加という社会環境要因への対策として行われることになる.

　交通行動に対する介入として，安全教育（Education）と取り締まり（Enforcement）が用いられる．どちらも，単独で十分な効果をもたらすことは出来ない．情報提供・教育で知識が身についても，人間の行動は文化，社会，経済的背景に影響されるため，行動変容は容易ではない[41]．行動に対する介入は時に逆効果を生むこともあり，必ず効果を評価しなければならない.

　例えば，わが国で，1998 年に 75 歳以上，2002 年に 70 歳以上を対象に，運転免許更新時の高齢者講習が導入されたが，高齢者の責任に帰する事故の減少は確認されていない[42]．逆効果の有名な例は，米国の公立高校における運転教習導入である[41]．走行距離あたりの事故率は減らず，運転免許取得者増加によりかえって事故件数が増加したため，この対策は中止された.

　飲酒運転の減少のように行動変容が直ちに外傷予防効果を示すものもあるが，効果が明確でない場合もある．例えば子どもへの歩行者安全教育は，知識の取得と行動変容をもたらす効果はあるが，歩行者外傷予防効果は確認されていない[43]．小学生以下の子どもは，危険認知，判断，危険回避の身体能力が未発達であるため，知識と行動変容が外傷予防に結びついていないと考えられる[44][45]．子どもが安全に関する知識と行動を身につけることは，危険の認知や将来にわたっての交通秩序の維持に不可欠であり，教育の必要性が否定されるものではないが，環境や病因への働きかけと組み合わせた対策が必要である[46][47].

b　環境要因

衝突前には，安全施設の整備や速度規制などが衝突リスクを規定する．衝突時には，衝突吸収ガードレールのような設備が重症度を規定する．衝突後には救急医療システムの整備や診療の質が予後を，バリアフリー化が負傷後の社会復帰を規定する．社会環境は，これらの物理的環境の整備，交通行動，自動車の安全性能向上にも広く影響を及ぼす．

大きなポピュレーションに影響を与える環境対策は，効果が大きい．広域の交通静穏化は生活道路での死傷者数低下に効果がある[48]．また，環境介入を重視している国では，教育を重視していた国に比べ，子どもの歩行者外傷の低下が急速であった[49]．交通量はすべての道路利用者に影響する環境要因であり，交通量抑制は交通安全対策として有効である．自動車交通量を1％減らすと，交通事故を1.5％程度減らせると報告されている[4]．特に，子どもの歩行者事故死傷率の変化は交通量の変化に敏感である[50]．

交通量抑制のためには，長期的な都市計画の中で，安全で快適な公共交通機関の整備をすすめることが重要である．コロンビアのボゴタでは大量輸送バスシステムを導入した結果，交通量と交通外傷が減少した[51]．加えて，自家用車利用から公共交通機関利用へ交通行動変容を促す施策（例えばモビリティ・マネジメント）も必要である[52]．

環境への対策と宿主（人）への対策との相乗効果も期待できる．例えば，2000年代の飲酒運転による事故の減少は，法規制による厳罰化だけでなく，社会規範の変化（飲酒を断りやすくなったこと，飲酒運転への社会的制裁の強化）や運転代行の普及も貢献している[23]．環境整備により行動変容が容易になったのである．危険箇所マップ作成は危険状況の認識を学ぶ優れた方法であるが，単独で外傷予防効果を期待できない[47]．マップ作成で危険箇所の同定，住民の同意形成を行って，ゾーン対策と組み合わせることで効果を期待できるだろう．

しかし，環境対策の中で，「点としての事故多発地点対策（ブラックスポット・アプローチ）」は，外傷制御への貢献は小さい[53]．90年代以降，わが国でも幹線道路の事故多発地点への対策が継続されているが，対象地点での事故件数は全体の数パーセント程度しかない[54]．しかも，対策により一つの問題が緩和しても，別の問題が顕在化する可能性もある（例えば，歩行者外傷が減るが，車両相互の衝突が増加する）．

c　病因・媒介物

病因であるエネルギーのコントロールとして，媒介物（自動車）への技術的改善（Engineering）を行う．かつては，自動車に対する安全技術の適応は衝突時及び直後の乗員保護を主たる目的としていた．衝突試験，衝撃吸収ボディー，高強度キャビン，シートベルト設置，エアバッグ装備などは，衝突時の衝撃を緩和して乗員の重症度を低減する[18]．車体不燃性，ドアの開閉や救出の容易性は，衝突後の出火防止と早期の救出に役立つ．近年，自動車と歩行者の衝突時の衝撃を吸収して，歩行者を保護するデバイスや車体構造の開発も進んでいる[28]．

さらに，衝突回避のための新技術が導入されるようになった[28]．ブレーキ・アシストシステムや緊急自動ブレーキは，衝突速度低下による被害軽減を目的としてきたが，衝突回避も期待されている．

ただし，運転者がシステムを過信することを避けるために，「衝突回避」を前面に出してはいない．緊急自動ブレーキ，車線逸脱警報装置，歩行者・自転車検知システム，車両安定制御システムなどを搭載した先進安全自動車（Advanced Safety Vehicle: ASV）は，誤動作や運転者の異常に対応して衝突を回避できる可能性がある．これらの技術を統合・進歩させて，将来的には自動運転の実用化が期待されており，そのための技術開発，安全基準についての議論が進んでいる．

（2）データに基づく対策・評価

　継続的なデータ収集は，リスク要因の同定と対策立案だけでなく，事故発生状況の推移把握や，対策の評価に役立つ．[55] わが国で利用可能な交通外傷データとしては，人口動態統計，警察データ，損害保険データ，外傷登録，医療保険の診療報酬請求明細書（レセプト）あるいは Diagnosis Procedure Combination / Per-Diem Payment System（DPC/PDPS：診断群分類に基づく1日あたりの定額報酬算定制度）のデータなどがあり，それぞれ長所，短所がある．ここでは，主なデータソースについて簡単に述べる．人口動態統計は事故から1年以内の死亡をすべてカバーしているが非死亡例のデータは含まない．警察データは，道路情報，自動車情報などと統合されて，交通事故統合データベースとして交通事故総合分析センターが管理しているが，個票データは公開されておらず，人身事故扱いにならなかったケースは含まれない．人口動態統計，レセプトデータ，DPC/PDPS データは研究者に対して個票データの公開が進みつつある．

　対策の効果は「外傷発生および死亡の減少」で評価することになる．発生・死亡の全体数の減少だけでなく，人口あたりの発生率も評価する必要がある．人口構成の変化も考慮して，年齢調整あるいは年齢層ごとの発生・死亡率を計算する．さらに重要なのは，危険源への曝露量あたりの率を評価することである．[56] 子どもを外に出さない，あるいは移動は専ら自動車で行うといった方法で，歩行者事故を減少させても，これで安全になったとはいえない．[3][57] 課題は，詳細な曝露量データが手に入りにくいことである．幹線道路の交通量（危険源の量あるいは自動車乗員にとっての曝露量）は継続的に収集されているが，歩行者，自転車乗員にとっての曝露量である，徒歩・自転車での移動距離（あるいは時間）のデータは入手困難である．

④　安全な環境が健康を支える
——まとめに代えて——

　安全でない環境は，外傷以外にも様々な形で健康に好ましからざる影響を与える．危険源をコントロールせず，行動への対策だけを重視すれば，歩行者は交通外傷の危険を避けるため，危険源への暴露を避けるようになる．かつて道路は子どもの遊び場であり，大人にとっては社交の場でもあったが，子どもは外で遊ばなくなり，自動車を所有する世帯では，外出は歩行から自動車を用いたものになる．[57][58] 徒歩での移動が減少すれば，歩行者外傷は減少するが（自動車乗員の外傷は増加するが，衝突安全の向上によりそのリスクは低減される），その代償として，日常生活の中での身体活動量が低下し，

運動はスポーツ施設でしかできなくなる（身体活動にコストがかかる）．買い物の場所は郊外の大型店に移り，自動車を所有しない人々は生活必需品へのアクセスが悪くなる．結果として，生活習慣病のリスクを上昇させ，生活（買い物，運動）に要するコストは健康格差を拡大する[59]．自動車の利用は化石燃料を消費し，二酸化炭素排出と大気汚染に寄与する[3]．自動車の社会的費用（外部不経済）を，自動車利用者以外のいわゆる交通弱者（歩行者，自転車乗員，子ども，高齢者，自動車を所有しない人々）に一方的に負担させることになる[60][61]．

したがって，系統的対策として，広域の交通静穏化や交通量抑制策などの，広範に危険源をコントロールする環境対策を重視すべきである[4][48][53]．安全な環境があってこそ，日常生活が「安心して」行える．徒歩による移動の安全を確保できれば，子どもの外遊びや社会的交流の機会が増え，身体活動（運動）が日常生活の中に取り戻せるだろう．安全な環境を作ることで，健康的な生活を支え，生活の質を向上させることを目指すべきであり，外傷を減らすことだけを目的とすべきではない．外傷リスクを低減するために，活動の制限や生活習慣病のリスクとのトレードオフがあってはならない．

付 記

本節は，日本セーフティプロモーション学会誌第 12 巻 1 号に論壇「交通外傷予防のための系統的対策の重要性—安全な環境が健康を支える—」として掲載いたしました．

参考文献・資料

[1] 警察庁．平成 29 年中の交通事故死者数について．2018.

[2] Nakahara S, Ichikawa M, Kimura A. Population strategies and high-risk-individual strategies for road safety in Japan. Health Policy 100(2-3): 247-255, 2011.

[3] Roberts I. Reducing road traffic. Bmj 316(7127): 242-243, 1998.

[4] Peden M, Scurfield R, Sleet D, Mohan D, Hyder AA, Jarawan E, et al. World report on road traffic injury prevention. World Health Organization Geneva, 2004.

[5] 越智俊典．特集　わが国の交通安全史　交通管理の変遷 Special Supplement/Historical Review on Traffic Safety Issues. Changes in Traffic Management. IATSS Review 20(1): 4-15, 1994.

[6] 中央交通安全対策会議．第 1 次交通安全基本計画．1971.

[7] 長嵐陽子，中井検裕，中西正彦，ed. コミュニティ・ゾーン形成事業における計画内容と住民意見に関する研究．都市計画論文集第 38 回学術研究論文発表会．日本都市計画学会，2003.

[8] Nakahara S, Nakamura Y, Ichikawa M, Wakai S. Relation between increased numbers of safe playing areas and decreased vehicle related child mortality rates in Japan from 1970 to 1985: a trend analysis. J Epidemiol Community Health 58(12): 976-981, 2004.

[9] 中央交通安全対策会議．第 4 次交通安全基本計画．1986.

[10] 中原慎二．わが国の交通安全対策とその効果に関する研究. In 中原慎二, ed. 厚生労働科学研究費補助金地球規模健康課題推進研究事業総合報告書：37-45, 2012.

[11] Nakahara S, Ichikawa M, Wakai S. Seatbelt legislation in Japan: high risk driver mortality and seatbelt use. Inj Prev 9(1): 29-32, 2003.

[12] Nakahara S, Kawamura T, Ichikawa M, Wakai S. Mathematical models assuming selective recruitment fitted to data for driver mortality and seat belt use in Japan. Accid Anal Prev 38(1): 175-184, 2006.

[13] 中央交通安全対策会議．第 3 次交通安全基本計画．1981.

[14] 中央交通安全対策会議．第 5 次交通安全基本計画．1991.

[15] 総務庁. 平成 7 年版 交通安全白書, 1995.

[16] 萩田賢司, 渡辺洋一, 伊藤聡子, 佐藤恭司, 築地裕. 人的側面からみた交通事故死者数の減少要因の分析. IATSS review 31(2): 98-104, 2006.

[17] 内閣府. 平成 13 年版交通安全白書, 2001.

[18] 高岡章雄. 自動車の衝突安全性能と情報公開. 安全工学 36(2)：74-83, 1997.

[19] Tanaka T, Kitamura N, Shindo M.　Trauma care systems in Japan.　Injury 34(9): 699-703, 2003.

[20] 国土交通省. 第 6 次特定交通安全施設等整備事業五箇年計画について, 1996.〈http://www.mlit.go.jp/road/press/press0/12-13.htm〉(2018 年 11 月 29 日アクセス).

[21] 総務庁. 平成 11 年版交通安全白書, 1999.

[22] 内閣府. 平成 16 年度内閣府本府政策評価書, 2005.

[23] Nakahara S, Katanoda K, Ichikawa M.　Onset of a Declining Trend in Fatal Motor Vehicle Crashes Involving Drunk-driving in Japan.　Journal of Epidemiology 23(3): 195-204, 2013.

[24] Nakahara S, Ichikawa M, Nakajima Y.　Effects of increasing child restraint use in reducing occupant injuries among children aged 0-5 years in Japan.　Traffic Inj Prev 16(1): 55-61, 2015.

[25] 警察庁・日本自動車連盟. チャイルドシート使用状況全国調査 (2017), 2017.

[26] 警察庁・日本自動車連盟. シートベルト着用状況全国調査 (2017), 2017.

[27] 内閣府. 平成 21 年版交通安全白書, 2009.

[28] 柵木充彦. 自動車における安全技術の現状と将来. デンソーテクニカルレビュー 12(1), 2007.

[29] 日本外傷学会外傷研修コース開発委員会. 外傷初期診療ガイドライン (JATEC). へるす出版, 2002.

[30] 内閣府. 平成 16 年版交通安全白書, 2004.

[31] 第 8 次交通安全基本計画 (2006).

[32] 中央交通安全対策会議. 第 9 次交通安全基本計画, 2011.

[33] 警察庁生活道路におけるゾーン対策推進調査研究検討委員会. 生活道路におけるゾーン対策推進調査研究報告書, 2011.

[34] 国土交通省. 第 1 次社会資本整備重点計画, 2003.

[35] 警察庁交通局長. ゾーン 30 の推進について, 2011.

[36] 警察庁交通局.「ゾーン 30」の概要, 2017.

[37] Nakahara S, Ichikawa M, Sakamoto T.　Time trend analyses of child pedestrian morbidity in Japan.　Public Health 141: 74-79, 2016.

[38] Haddon W, Jr.　The changing approach to the epidemiology, prevention, and amelioration of trauma: the transition to approaches etiologically rather than descriptively based.　American journal of public health and the nation's health 58(8): 1431-1438, 1968.

[39] 谷原真一. 因果関係. In 柳川洋, 中村好一, 児玉和紀, 三浦宜彦, ed. 地域保健活動のための疫学. 日本公衆衛生協会：98-106, 2000.

[40] 中原慎二.【外傷診療における最新のエビデンス】外傷の疫学　記述疫学, 外傷予防, 重症度指標. 救急医学 36(1)：3-10, 2012.

[41] Robertson L.　Human factors and attempts to change them.　Injury Epidemioloty.　New York: Oxford University Press, 1998.

[42] Ichikawa M, Nakahara S, Inada H.　Impact of mandating a driving lesson for older drivers at license renewal in Japan.　Accid Anal Prev 75: 55-60, 2015.

[43] Duperrex O, Bunn F, Roberts I.　Safety education of pedestrians for injury prevention: a systematic review of randomised controlled trials.　BMJ 324(7346): 1129, 2002.

[44] 稲垣具, 寺内義, 大倉元. 生活道路における子どもの横断判断特性に関する実験的考察. 土木学会論文集 D3 (土木計画学) 71(5)：I_665-I_671, 2015.

[45] Connelly ML, Conaglen HM, Parsonson BS, Isler RB.　Child pedestrians' crossing gap thresholds.　Accid

Anal Prev 30(4): 443-453, 1998.

[46] 新井邦二郎. 交通安全教育の評価. IATSS Review 27(1): 54-61, 2001.

[47] 小川和久. 児童を対象とした交通安全教育プログラム「危険箇所マップづくり」の評価研究. 特集・新たな交通安全教育の創出に挑む：教育プログラムと評価ツールの開発. IATSS Review 32(4): 299-308, 2007.

[48] Bunn F, Collier T, Frost C, Ker K, Roberts I, Wentz R. Area-wide traffic calming for preventing traffic related injuries. The Cochrane database of systematic reviews (1): Cd003110, 2003.

[49] Roberts IG. International trends in pedestrian injury mortality. Archives of disease in childhood 68(2): 190-192, 1993.

[50] Roberts I, Crombie I. Child pedestrian deaths: sensitivity to traffic volume--evidence from the USA. J Epidemiol Community Health 49(2): 186-188, 1995.

[51] Organization WH. Box2: Land use and transport planning. Global status report on road safety: time for action: World Health Organization: 17, 2009.

[52] 谷口綾子, 藤井聡. 豪州におけるモビリティ・マネジメント：パースとアデレードにおける取り組みとその比較. 土木計画学研究・論文集 25：843-852, 2008.

[53] Morency P, Cloutier MS. From targeted "black spots" to area-wide pedestrian safety. Inj Prev 12(6): 360-364, 2006.

[54] 清水哲夫, 森地茂, 福原大介. 安全対策による交通事故削減効果の分析. 土木計画学研究・講演集 28：IX (325), 2003.

[55] 中原慎二. インジャリー・サーベイランスとは何か. セーフティープロモーション学会誌 7(1)：21-32, 2014.

[56] Roberts I. What does a decline in child pedestrian injury rates mean? American journal of public health 85(2): 268-269, 1995.

[57] DiGuiseppi C, Roberts I, Li L. Influence of changing travel patterns on child death rates from injury: trend analysis. BMJ 314(7082): 710, 1997.

[58] Roberts I. Why have child pedestrian death rates fallen? BMJ 306(6894): 1737-1739, 1993.

[59] 岩間信之. フードデザート問題：無縁社会が生む「食の砂漠」. 農林統計協会, 2011.

[60] 宇沢弘文. 自動車の社会的費用. 岩波書店, 1974.

[61] Paulozzi LJ, Ryan GW, Espitia-Hardeman VE, Xi Y. Economic development's effect on road transport-related mortality among different types of road users: a cross-sectional international study. Accid Anal Prev 39(3): 606-617, 2007.

第 5 節

自然災害

後藤健介

要　約

　本節では，自然災害によって失われる尊い命を，一人でも少なくするために，防災・減災について考えるとともに，自然災害の基礎知識，自然災害に対しての日ごろからの備え，そして発生時における対応策について身に付けることを目的とする．

キーワード

自然災害，防災・減災，教訓，知識の蓄積，防災教育

1　はじめに

　地震，津波，火山災害，台風災害，土砂災害，水害，豪雨災害，雪崩等々．これらはわが国で発生してきた自然災害である．「災害大国」と呼ばれるように，日本では地球上で発生し得る自然災害のほとんどが発生する．それは，日本が位置する地理的素因が大きく影響するのであるが，まずユーラシアプレート，北米プレート，太平洋プレート，フィリピン海プレートの 4 つのプレートがひしめき合う位置に国土があり，まさにプレートの大交差点上に国土があるようなことが挙げられる．プレートの境界，特に日本のように大陸プレートと海洋プレートの境界が位置するところでは，海洋プレートの沈み込みにより，巨大地震が周期的に発生し，それに伴う津波も発生することが懸念される．

　また，南北に約 3000 km に伸びる縦長の国土により，同じ国内であっても温度差が大きく，気候の影響を受けやすく，加えて，狭い国土であっても山間部と平野部がひしめき合っていることから急峻な地形が多く，河川の長さが短い割に，高低差が大きく，そのため河川流量が気象変化の影響を受けやすい，ということも自然災害が発生しやすい要因として挙げられる．

　自然災害の定義は，これら自然由来の地震や台風等の異常な自然現象によって，人間の命や財産などの人間社会が被害を受けることである．最近では，2011 年の東日本大震災をはじめ，多くの尊い命が奪われ，かつ長期間，社会的に甚大な被害を出した，いわゆる巨大災害が多く発生している．また，今後，南海トラフ地震の発生も懸念される中，いかに尊い命を救うか，そのためにはどのような対策を講じれば良いのか，防災・減災における危機意識の向上が叫ばれている．

　ここでは，自然災害の現況を見つつ，自然災害の基礎知識や，過去の災害から学ぶべき教訓などを知り，自然災害から尊い命を守る，自然災害におけるセーフティプロモーションについて考える．

② 自然災害による人的被害の推移

　それでは，わが国における自然災害による人的被害はどのような状況にあるのであろうか．図2-15 に示す内閣府による戦後の死者・行方不明者数の推移によれば，1960 年頃までは，ほぼ毎年1000 人を超える犠牲者が出ており，特に三河地震（1945 年発生，死者・行方不明者 2306 人），枕崎台風（1945 年発生，死者・行方不明者 3756 人），福井地震（1948 年発生，死者・行方不明者 3769 人），伊勢湾台風（1959 年発生，死者・行方不明者 5098 人）などが発生した年は，数千人規模の犠牲者が出るなど，戦後の防災上まだインフラが脆弱であった国土を自然災害は容赦なく襲った[1].

　枕崎台風では，戦後の原爆投下後の，土地だけでなく社会的にも疲弊し，防災対策がほとんど取れていなかった広島において，土砂災害や水害などの被害が大きく，また，伊勢湾台風では，ゼロメートル地帯が広がる濃尾デルタ沿岸および名古屋臨港域において大規模な高潮が発生し，これらの地域では高潮災害に対する防災対策がなされていなかったために甚大な被害をもたらされた．防災対策がいかに重要であるのかを見せつけられた自然災害でもあった.

　その後，これらのいわゆる巨大災害を教訓とし，国は防災に関わる法整備や防災技術の向上等の対策を行ってきたことで，徐々に自然災害による犠牲者数は減少してきた．1961 年に災害対策基本法が制定され[2]，わが国の防災体制の整備が進んでいくと，1960 年以降では，犠牲者が年間 1000 人を超えることはほぼなくなり，1987 年以降は概ね 200 人以下で推移し，少ない年は 100 人を超えていない．しかしながら，一たび阪神・淡路大震災（正式名称は兵庫県南部地震）（1995 年発生，死者・行方不明者 6437 人〈関連死 919 人を含む〉）や，東日本大震災（正式名称は東北地方太平洋沖地震）（2011 年発生，死

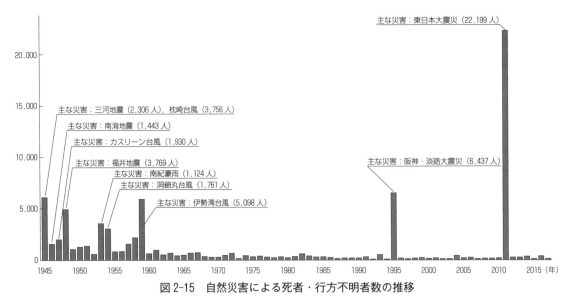

図 2-15　自然災害による死者・行方不明者数の推移

注：1945 年は主な自然災害による死者・行方不明者（理科年表による），1946 年〜1952 年は日本気象災害年報，1953 年〜1962 年は警察庁資料，
　　1963 年以降は消防庁資料による．1995 年の死者のうち，阪神・淡路大震災の死者については，いわゆる関連死 919 人を含む（兵庫県資料）．
　　2017 年の死者・行方不明者は内閣府取りまとめによる速報値.
出典：内閣府，平成 30 年版防災白書，2018.

者・行方不明者 2 万 2199 人）にみる巨大地震などが発生すると，いかに我々人間が自然災害に対して，まだ非力であるのかを痛感させられる．

　また，自然災害による人的被害を考える際に，死者・行方不明者数が数字で表示されるわけであるが，これは単なる数字ではなく，尊い命が失われたこと，そして，その数字の裏には，ご遺族や知人，友人たちの深い悲しみがあることを忘れてはならない．ここにおいても，推移として数字の大小で述べさせていただいたが，決して単なる数字として捉えていないことを付記しておく．

③　防災と減災

　以前より，日本においては「防災」という言葉がよく使用されてきた．防災は，自然災害が発生した際に被害を出さないようにすることを言い，これは言い換えれば，人的被害を含めて被害ゼロを目指そうというものである．しかし，1995 年に阪神・淡路大震災が発生した際に，人的，物的なものも含めて甚大な被害が出ることとなり，「災害を多く経験し，それを教訓としてライフライン等のハード対策が進められた日本では，大地震が起きても大丈夫，都市機能は麻痺しない」と言われてきたわが国の自然災害に対する，科学的合理性のない，いわゆる「安全神話」が崩壊した．このことは，自然災害への危機管理に対する日本の気の緩みを戒めることとなった．

　そして，この阪神・淡路大震災以降，防災に加えて，被害が出てしまっても，それを最小限に抑えることを目的とする「減災」の理念の重要性が認識されるようになった．2011 年に発生した東日本大震災によって，さらにその重要性は高まり，減災は激甚災害においては，被害が出るのは避けられないものの，その被害を最小限に抑える，即ち，一人でも多くの尊い命を救うことが重要であるという，セーフティプロモーションの考え方が拡がってきた．

　このためには，日頃から「防災」を意識しながら危機管理を徹底しておき，自然災害が発生し，被害が出てしまった際には，どのように行動し，心の準備はどのようにしておかなければならないのかという「減災」のための準備をしておくことが肝要である．つまり，被害を出さないことを目標としつつ，被害が出た場合における対処方法についても検討しなければならないのである．一たび発生すれば多くの命を奪ってしまう自然災害には，想定外があってはならず，すべてのリスクに対して，防災・減災という心構えで臨む必要がある．

④　「知識・イメージの蓄積」と「訓練の積み重ね」

　防災・減災は，事前の準備と咄嗟の正しい判断が必要となるわけであるが，尊い命を自然災害から守るためには，日頃からの備えを遺漏なく実施し，そのための心構えや準備をいかに "蓄積" し，"積み重ねておく" かが重要となる．防災・減災のための重要ポイントは，「知識・イメージの蓄積」と「訓練の積み重ね」にある．

「知識・イメージの蓄積」は，自然災害そのものについて知ること，過去の自然災害を知ること，地域の特性を知ることであり，これらの知識を継承することである．防災・減災を進めていくには，そもそも自然災害がどういうものであるのか，その発生原因や要因，被害について知っていなければ，正しい教育，訓練，準備はできない．

筆者がインターネットを通して，全国の小・中・高（高等専門学校を含む）の教員を対象としたアンケート調査（2017年実施，826人から回答を得た）の結果では，自然災害発生時の児童・生徒を自信を持って避難させることができるかどうかの問いには，62.4％の教員が自信を持って児童・生徒を避難させることができないと考えていることが分かった．自然災害についての23個の基礎知識に関する自信度については，地震に関しては約半数が自信を有している傾向があるが，その他の自然災害に関してはその逆であり，知識の偏りが児童・生徒の避難誘導に関しての自信にも影響していることも考えられる．

また，過去の自然災害についても知っておくべきであり，過去の被害が大きかった自然災害では，なぜ被害が大きくなったのか，なぜ被害の拡大を防ぐことができなかったのかなどの課題を知ることで，それを教訓として今後の防災・減災に役立てていかなければならない．わが国は災害大国であるがゆえに，多くの災害経験則というものを有している．災害が発生するたびに種々の課題が浮き彫りになり，その都度，その課題に対する対応策が講じられてきた．しかしながら，最近の自然災害，特に巨大地震災害においては，過去の災害から学ぶべき教訓が忘れ去られ，あるいは「慣れ」によって自然災害という危機に対する感性が鈍ってしまい，十分に教訓が活かされずに，尊い命が失われることが多い．

「訓練の積み重ね」は，自助・共助・公助[3]の重要性を再認識し，防災訓練の徹底を実施することである．自助とは自分自身で自分の身を守ること，共助は地域レベルで協力し合って地域および地域住民を守ること，そして公助は行政機関や防災関係機関が人々を守ることを意味するが，防災対策ではこれら三助の力を組み合わせ，効果的に機能させることで被害を最小限にすることが可能となる．自然災害発生直後は，行政機関も機能が麻痺していることが考えられ，そのため，自助と共助によって，自分たちの命を守らなければならない状況にあることを想定し，防災訓練を実施することが重要となる．

防災訓練では，地域の特性を考慮しながら，様々な自然災害を想定し，学校と地域が一体となって実施されることが望ましい．これは，学校は避難所として指定されることが多く，被災時には地域住民も避難してくることが考えられ，被災直後のパニック状態の中で，いかに落ち着いて行動できるかが命を守る鍵となる．そのためには，普段から自助・共助を意識した学校と地域が連携して防災訓練をすることが望まれるのである．日頃から，学校と地域が共同で防災組織・ネットワークを構築しておき，連携を高めておくことも大切である．

5　防災・減災力を高める

　日頃から防災・減災力（最近では，これらのことをレジリエンスと言い，これに関しては後記のコラムを参照されたい）を高めることで，被害を最小限にし，尊い命を救うことに繋がるわけであるが，以下に，防災・減災力を高めるために，自然災害について知っておくべきことを次に述べる．

（1）過去の自然災害から学ぶ

a　津波てんでんこ

　最近の自然災害，特に巨大地震災害においては，過去の自然災害から学ぶべき教訓が忘れ去られ，尊い命が失われることが多い．東日本大震災においては，世界でも津波被害を多く経験してきたわが国で，津波からの逃げ遅れによって，未曾有の被害が出てしまった．

　東日本大震災後にさらに有名になった標語がある．「津波てんでんこ」，つまり津波が襲来するときには，親でも子でも，てんでんばらばらに，一分，一秒でも早く逃げる，という意味を持つこの標語は，津波襲来時における共倒れの悲劇をなくすことを願った山下文男氏によるものである[4]．津波の危険性からいち早く安全な場所に避難できたにもかかわらず，「家族は無事だろうか」という心配から，家に戻って命を落としてしまう悲劇は，昔から多く起こっており，東日本大震災時においても残念ながら多く発生してしまった．

　この標語は，時に非情な意味合いとして捉えられることがあるが，実はそうではなく，高齢者や障害者，乳幼児等の防災施策において特に配慮を要する要配慮者を共助でいち早く避難させたり，あるいは家族間などで連絡方法や避難場所を予め決めておいたりするなど，日頃からの危機管理によって，緊急時においての不安事項を排除しておくことで，安心して，とにかく自分の身は自分で守るために，一目散に高台などの安全な場所に避難することが重要である，という意味を含んでいる．山下氏も著書の中で，津波のときはお互いに問わず語らずの了解のうえで，てんでんばらばらに素早く逃げるべきである，と述べており，日頃からの自助，共助による防災体制，危機管理の重要性を説いているのである．

b　ブロック塀倒壊の危険性

　2018 年 6 月に発生した最大震度 6 弱の大阪府北部を震源とする地震は，人的被害として死者 5人を出した．この犠牲となった 5 人のうち 2 人はブロック塀倒壊による圧死で，うち 1 人は小学校への通学中の 9 歳女児であった．また，2016 年 4 月に震度 7 の地震が 2 度観測された熊本地震においても，20 代男性が倒壊したブロック塀によって圧死している．標準的なブロック塀は一つあたり平均して 7 kg 〜10 kg あることから鑑みると，通行中の人を死傷させる可能性が高い．また，倒壊していないブロックも，余震で倒壊する可能性があり，特に毎日同じ通学路を通る子供たちは，被害に巻き込まれる危険性がある．

　地震時における石塀やブロック塀の倒壊危険性が叫ばれるようになったのは，1978 年 6 月 12 日

に発生した宮城県沖地震（M7.4）で，この地震では死者 28 人中，ブロック塀の倒壊による死者が 18 人となり，全死者数の 64%がブロック塀倒壊によるものであった[5]．この宮城県沖地震以降も，ブロック塀倒壊による被害が発生していたが，ブロック塀の倒壊危険性に関する調査は，宮城県沖地震後，一時的に宮城県においては調査がなされたが，東日本大震災の発生によって再び一時的に注目されることとなったものの，結局，今回の大阪での地震まで全国で調査はほとんどなされていない状況であった．

筆者は，熊本地震後にブロック塀の倒壊危険性調査を実施してきており，今までの結果から，危険，あるいは注意が必要なブロック塀は 19%（関東エリア）〜38%（九州エリア）あることが分かっている[6]．今回の大阪での地震によって，多くの公共施設のブロック塀について調査が行われたが，子どもが学校まで毎日通う通学路に面したブロック塀の調査も早急に実施されなければならない．

（2） 地域の環境特性把握

現在，その発生が懸念されている南海トラフ地震は，約 100〜200 年の間隔で M8 クラスの巨大地震を繰り返し発生してきた．前回発生した昭和東南海地震（1944 年）及び昭和南海地震（1946 年）から既に 75 年以上が経過しており，これらのそれぞれの地震がさらに前の安政東海地震（1854 年）及び安政南海地震（1854 年）から 90 年後，92 年後に発生していることから鑑みると，いつ起きてもおかしくない状況である．

この南海トラフ地震では，過去の履歴から広範囲にわたる甚大な津波被害が予想されている．津波はとにかく高い場所が安全なわけであるが，一刻一秒を争う中で，安全な場所に効率よく素早く避難するためには，自宅や職場，学校などの周辺環境を知っておく必要がある．

津波被害が考えられる地域では，その地域環境がどのようになっているのか，どこが標高が高い場所であるのか，そこまでの避難にどれだけの時間を必要とするのかなど，地形等の地域環境の特性を調べ，それを把握しておくことが賢明である．前にも述べたが，防災訓練時においても，多くの住民が一斉に避難する状況下で，避難にどれだけの時間がかかるのかを検討しておくことも必要となる．特に学校においては，子供の足でどれだけ避難に時間がかかるのか，地域住民と一緒に訓練を行い，調べておくことが重要となる．

このほか，土砂災害や水害など，種々の自然災害においても，地域の環境特性を知っておくことは重要で，過去にどのような自然災害がその地域で発生していたのかを調べておくべきで

図 2-16　昔は中洲にあった鬼怒川水害（2015 年）浸水域内の諏訪神社の神木（2015 年 9 月 16 日撮影）

ある．地域には，自然災害を風化させず，記憶にとどめ，後世に継承，啓発していくために，石碑などの災害伝承遺跡等が設置されているほか，場所の移転がほとんどない神社・仏閣の名前，神木など（図2-16），これらに普段から注目し，その由来を知っておくことも地域の特性把握に繋がり，地域の防災・減災力を高めることになる．

（3）災害時の心の状態

　自然災害発生直後は，心の状態が平常時と異なる様々な状態に陥ることが知られている．なかでも，「正常性バイアス」や「認知的不協和」，「失見当（失見当識）」は，避難を遅らせる要因となり得ることが知られており，注意が必要な心の状態である．緊急時において，冷静な判断の下，効果的な避難を行うためには，経験則は勿論のこと，判断を左右するための正しい知識の蓄積も重要となる．

　正常性バイアスは，最近マスコミ等でも取り上げられることが増えたことで，随分とその認知度も上がってきているが，これは危険が迫っていても「自分は大丈夫」と思ってしまう，群集心理として働く心の状態で，危機に対する感性を鈍らせてしまう一因である．認知的不協和は，人が自身[7][8]の中で矛盾する認知を同時に抱えた状態に覚える不快感を修正するために行動をとることで，その[9]行動は安易な考えに基づくものとなる．すなわち，緊急時において，「津波が来るかもしれないから逃げなければ」という考えと，「津波は来ないかもしれないから，逃げないでも大丈夫」という両極の考えを有した場合，後者の考えを選択してしまい，避難行動を取らない結果となってしまう．また，失見当とは，地震などの大きな災害時のいわゆる「心理パニック」状態のことで，被災直後の身の回りの大きな環境変化による精神的ショックにより，自分がどのような状況下にあるのか客観的な判断や行動ができなくなる状態のことを言い，自然災害発生から10時間ほどは，誰にでも起こり得るとされている[10]．

　これらの状態から抜け出すことは容易なことではないが，これらのような心の動きがあることを予め知っておけば，自分がそのような状態であるかもしれないことを認識し，とにかく気持ちを落ち着かせることで状況を軽減させることに繋がる．加えて，このような状態に陥った場合は，人々は次の行動に移すことができないでいるため，できるだけ具体的な指示を出してあげることで，動けない心と身体を，後ろから押してあげるような感じで，次の避難行動へと誘導してあげることが重要である．九死に一生を得るかどうかは，経験は勿論，これらの知識の蓄積も効果的に影響を及ぼすのである．

6　防災教育

　現在，学校や地域では，自然災害が発生した際の知識や経験を向上させるために，防災訓練や防災教育の実施が推奨されている．防災教育は，特に学校における教育が推進されているところではあるが，現場の教職員からは，何をどのように教えれば良いのか分からない，といった悩みの声も

多く聞かれる．おそらく，現在の科目にどのように防災教育を落とし込めばよいのかが分からない，というのが一番の理由であろう．しかし，防災教育は，まずは自然災害について興味を持ってもらうことが最も大切なことで，興味さえ持つことができれば，自分から自然災害について調べるなど，おのずと知識，経験を獲得していき，危機意識が向上していくものである．現場の教職員の方には，その興味を引き出すための，ナビゲータになっていただければ良いと思われる．教職員自身が得意で興味を持っている事柄について，自然災害と何らかの関係があれば，そのことをお話すれば良いのである．子どもたちにとっては，いつもの授業内容に，スパイスが加わることで，いつもと違う新鮮さを感じるだろうし，そこから興味の引き出しが増えていくはずである．歴史災害や自然災害を扱った古典など，探してみれば大人でも面白い，と思うような事柄が眠っている．大切なのは各教科の内容と防災・減災教育とを繋げるための「入り口」を探すことである．

　地域の防災・減災も防災教育と同様で，興味を持って自然災害に関する防災・減災の「入り口」を見つけておけば，防災・減災がもっと身近なものになるのはないだろうか．

　学校現場では現在，教育課程（カリキュラム）に基づいて，学校の教育活動の質の向上を図ることを目的とする「カリキュラムマネジメント」に力を入れているが，この目的を達成するためには，子どもや地域の実態を見据えつつ，学校教育活動に必要なものや費用のほか，地域環境や人材を上手に活用し，学校と地域が協働しながら，今までにないカリキュラムを検討していくことが望まれている．その中で，地域において防災・減災の専門家や，アウトドア関連の資格を有する人，またその関連企業や団体・組織などを発掘し，学校で出前授業や地域環境を活用したイベント等を企画するなど，子どもたちが地域の一員として防災教育を楽しみながら受けることができる環境づくりを，学校と地域が一体となって行っていくことも必要であろう．

7　新型コロナウイルス感染症と防災・減災

（1）病院における対策

　自然災害が発生した後の被災地では，生活インフラが使えず，避難所生活等を余儀なくされるなど，非日常の生活を強いられることになる．特に，電気がストップする停電状態では，傷病患者を受け入れる病院施設においても様々な機器が使えなくなり，患者受け入れが困難となることもある．災害拠点病院や比較的規模の大きな病院では，大容量の非常用電源が備えられてはいるが，いつ電力が回復するのか分からないことも多く，非常用電源装置の燃料給油システムの点検や，実際に年に1回程度はフル稼働させるなど，日頃からの備えが重要となってくる．

　2005年に発生した新潟大停電では，電線に翼状に着氷雪が付着し，強風によって電線の振動が大きくなるギャロッピング現象と，強風によって巻き上げられた海塩粒子による塩雪害が発生し，複数の送電線の故障が同時に発生したことに加え，発生直後は発生原因が分からず，どの地域で停電が発生しているかも分からない状態であったために，発生から約31時間にもなる長時間の停電となった．このため，普段から危機意識が高い，いくつかの規模の大きな病院においても，想定以上

の長時間の停電となったため，非常用電源の燃料が足りるのか，システムが正常に稼働するかどうか，といった危機感を感じたという声も多く聞かれた．加えて，患者受け入れに関して，何人重症患者がいるのか，どこの病院から受け入れることになるのかなど，行政や病院間で連絡がうまくいかない，あるいは院内の患者に毛布貸し出しやエレベータ使用不可などの連絡が行き届かない，といった「情報」に関する課題も浮き彫りとなった．

　また，水害発生時においては，MRI 等の重要機材が浸水してしまったり，非常用電源自体が浸水してしまったりと，病院としての機能を果たせなくなることも多く発生している．このような非日常の中で，新型コロナウイルス感染症のような，病院が自治体と情報を迅速かつ的確に共有し，高価な機材を用いることが多い事態になり得る感染症に対しては，やはり日頃からの防災システムの見直しや点検，実際に非常用電源をフル稼働させたり，行政や時には患者も参加するような災害訓練を行ったりするなどの対策を講じておくことが重要となる．特に，情報については，被災地において被災者が最も必要とするものの一つであり，情報の適切な共有が，被災者の安心に繋がるため，新型コロナウイルス感染症のような，人々を不安にさせてしまう感染症に対しては，情報を大きな課題と認識し，対策を講じることが肝要である．

（2）　被災者ができる対策

　被災者はどのような対策を講じることが重要であろうか．避難所では，東日本大震災などの大規模災害時に，インフルエンザ等の流行が見られ，飛沫感染に対する対策としてマスクの着用や手洗いの徹底など，現在の新型コロナウイルス感染症と同様の対策が推奨されてきた．新型コロナウイルス感染症の流行で，今まで以上に，避難所での感染症対策が検討されるべきである．まだ少ないが，避難所の土足禁止を推奨する自治体も増えてきている．被災者は，常備薬やマスクの備蓄に努め，被災時においては，感染症情報にも耳を傾け，どの程度の感染状況であれば，避難所に避難するのかなど，事前に家族で決めておくことも必要である．

　また，避難所を運用する上では，要配慮者への配慮も忘れてはならず，例えば，視覚障害を有する人は，被災時は環境が変わることで，いつも以上に様々なものに触れながら注意深く移動しなければならず，その分，感染症対策として手指消毒の機会も増えるため，携帯用の消毒液の準備や，手荒れ予防の薬などの確保も検討すべきであり，自治体は種々の面での配慮事項を整理し，情報発信に努めなければならない．

　備蓄品の準備などは勿論であるが，今回の新型コロナウイルス感染症の流行を教訓に，被災者は，自分たちでできる感染症対策も，防災・減災対策の一つとして重要視し，非日常下における自助力を高めておかなければならない．

（3）　主体的な対策を

　筆者らが全国の 20 代〜60 代を対象として行った web アンケート調査の結果では，日頃から備蓄品の対応をしている人ほど感染症に対する意識が高いことが分かった．これは災害に対する危機意識が高ければ，感染症に対する危機意識も高いことを示しており，即ち，危機意識を高めることが

できれば，災害にも感染症に対しても，自分や大切な人の命を救うことができることを示している．危機意識を高めるためには，前述した防災教育の充実もさることながら，自然災害や感染症に対する興味を抱いて，自ら主体的に学んだり体験したりすることで，減災力，即ち防災・減災レジリエンスを高めることが必要である．

　また，筆者らの別のアンケート調査では，地域活動を行っている人ほど防災対策を講じていることが分かっている．このことは，地域活動への参加もまた，感染症に対する危機意識を高めることに繋がることを間接的に示すものと言えるのではないだろうか．自ら主体的に情報入手や経験を蓄積していき，自らの活力を向上させることこそが，危機意識を高め，災害や感染症に対しての自助力の向上に繋がるのである．

参考文献・資料

[1] 内閣府．平成 30 年版防災白書，2018．

[2] 堀智晴．複合災害の事例（2）．京都大学防災研究所監修．自然災害と防災の事典．丸善出版：223-225，2013．

[3] 鈴木猛康．自助，共助，公助のバランスのとれた地域防災力．巨大災害を乗り切る地域防災力．ITSC 静岡学術出版事業部：12-14，2013．

[4] 山下文男．津波てんでんこ　近代日本の津波史．新日本出版社：235，2011．

[5] 呂恒倹，宮野道雄．地震時の人的被害内訳に関するやや詳細な検討．大阪市立大学生活科学部紀要 41：67-80，1993．

[6] 後藤健介，後藤惠之輔．ブロック塀の地震時における倒壊危険性に関する実態把握調査．自然災害研究協議会西部地区部会報・研究論文集 41：53-56，2017．

[7] Aguirre BE. Emergency evacuations, panic, and social psychology. Psychiatry 68: 121-129, 2005.

[8] Haim Omer, Nahman Alon. The continuity principle: A unified approach to disaster and trauma. American Journal of Community Psychology 22(2): 273-287, 1994.

[9] 片田敏孝，児玉真，佐伯博人．洪水ハザードマップの住民認知とその促進策に関する研究．水工学論文集 48：433-438，2004．

[10] 木村玲欧，友安航太他．被災者調査による東日本大震災から 3 年目の復興進捗状況―復興の停滞感と住宅再建における迷い―．地域安全学会論文集 24：233-243，2014．

Column *5*

「レジリエンス」（resilience）と SP/SC

石附　弘

1　レジリエンス概念の変遷

　「レジリエンス」（resilience）という概念は，物理学の『跳ね返り，弾力，弾性，反発力』（新英和大辞典第 6 版 2002 年研究社）から発し，心理学では「精神的回復力」「抵抗力」「復元力」「耐久力」などと訳されている．

　近年では，国力，政治，経済，環境，技術，人材育成，経営・組織論，社会安全システム論，リスク対応能力，危機管理能力，サイバーテロ関係などの分野でも，「レジリエンス」というキーワードが使われるようになった．わが国では，2011 年の東日本大震災後，「防災力を表すキーワード」として注目された．

　いずれにせよ，「人の命や健康・安全」を扱う SP（セーフティプロモーション）や SC（セーフコミュニティ）の推進上，「レジリエンス」は重要な概念となっている．

2　背　景

　何故，「レジリエンス」という多義的概念が多方面で使われるのか？　その背景には，気候変動，テロ，パンデミック，エネルギー，経済格差，貧困，生物多様性，サイバーなどに代表されるように，地球が抱える様々な世界共通の脅威（リスク（注））に対して，「現状維持（サスティナビティ）」が困難な時代に突入し，人類はこれを解決できるのかという不安感や新たなパラダイムシフトを求める危機意識があるとされる．

　多義的な使用　国際的動向
- 2009 年，国連国際防災戦略事務局（UNISDR）が災害リスク分野で使用，
- 2013 年，世界経済フォーラム（ダボス会議）では，「レジリエント・ダイナミズム（弾力性のある力強さ）」で国力評価を行った．経済のグローバル化が進む現代においては一国の経済危機や金融危機が瞬く間に世界に拡散するおそれがあり，これに対し経済回復ができる国を「レジリエンス国」と評価した，
- 社会セキュリティの国際規格 ISO 22300（日本の JIS Q 22300）では組織適応能力とした
- 2018 年，赤十字シンポジウムでは『世界の防災力を高める〜キーワードはレジリエンス〜』と題し，いつ誰に降りかかるかわからない災害に対して地域やコミュニティ，そして一人ひとりの住民が強靭な対応力を持つことの重要性が強調された．
- 2019 年，新興感染症 COVID-19 パンデミックは，グローバル脅威として人類の「レジリエンス」のあり方を根源的・包括的に見直すきっかけとなった．それは，生命や健康，心理的逆境，政治，経済，社会，文化，国際秩序や紛争関係，さらに，人類の生存環境や人間の安全保障にも及び，脅威回避・共生・予防のための様々な適応策や新たな生活文化様式が生まれた．

　注　一般的に，リスクとは，「被害発生確率およびその危害の度合いの組み合わせ」とされ，ハザード（hazard：危険源の大きさ・状況等）VS 社会安全システム（「曝露」（exposure：危険に曝される範囲・程度）×「脆弱性」（vulnerability：被害に耐えうる力，適応力））の組み合わせによって発生する（参考：リスクについての考え方：国際基本安全規格 ISO/IEC GUIDE 51: 2014）．

3　レジリエンス概念の基本的構造

（1）心理学の事例：4 つのフェーズ

　Ⓐ 健常，Ⓑ ダメージ・底打ち，Ⓒ 立ち直り・回復，Ⓓ 学習・成長

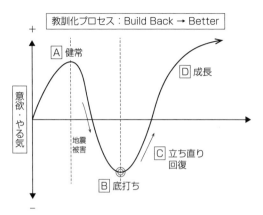

図1　レジリエンスのステージ（個人ベースの場合）

出典：イローナ・ボニウェル博士の心理学の考え方を参考に筆者作成.

（2）　レジリエンス防災力　　…心理学モデルを「防災」へ応用

　これまでの防災は自然災害における「脆弱性の低減」を最優先に取り組まれてきたが，自然災害以外にも不幸をもたらすハザードは無限に存在し，それぞれ発生の原因は異なるものであることから，「脆弱性の低減」に代わって「被災により悪化した社会状況からいかに迅速に被災前レベルまで回復するか」「災害を乗り越える力」である「レジリエンス」に期待が寄せられている.

（3）　SP, SC 活動との関係

　日常的な SP, SC 活動の継続によって，コミュニティリスクへのガバナンス力や組織横断的対応能力が向上すれば，地域の結束力やコミュニケート能力，問題解決能力（予防安全力（A））が高くなりBのダメージを低く抑えることができ，復旧・復興時間も早い. 即ち，SP, SC 活動，地域のレジリエンス復元＝回復原動力そのものと言える（図2）.

4　「レジリエンス」概念の発展

　このように，「レジリエンス」という概念は，地震のような突発的な災害だけではなく，気象災害，

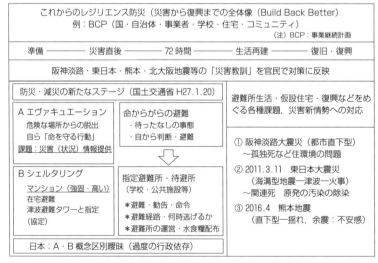

図2　危機管理型防災からレジリエンス型防災へ

出典：筆者作成.

サイバーセキュリティ事案，事故や不祥事など様々な事象を幅広く対象とし，これへの「対処行動・適応能力」と捉えられるようになった．

　また，個人であれ社会であれ国家であれ，「人の命や健康・安全（暮らしや仕事）・安心」に深刻な影響を及ぼすであろう事態に対し，どのような準備や対応ができているか，その対応能力を問いかけるキーワードとして注目されている．

・例えば，ハザードやリスクに対する認知能力，発災時の状況把握力，危険回避のための警報速度や伝達手段，関係者間の連絡・連携，危機管理など緊急事態における総合的なガバナンス力との関係で理解されるようになった．

　サイバー攻撃への対応事例

・また，最近では，サイバー攻撃による損失やシステムの回復などでも，「レジリエンス」という概念が使われるようになっている（金融システムや社会インフラを対象とした「ハイエンド向けの攻撃」の例：2016 年国際決済ネットワーク SWIFT の不正送金，2015 年ウクライナ発電所を機能停止させたサイバー攻撃など）．

5　わが国でのレジリエンス対策

　2011 年の東日本大震災を機に，① 国土強靭化基本法（H25.12「強くしなやかな国民生活の実現を図るための防災・減災等に資する国土強靭化基本法」が制定された．また，② 首都直下地震対策特別措置法（平成 25 年法律第 88 号：わが国の存亡に関わる喫緊の根幹的課題として「首都中枢機能の障害による影響」「巨大過密都市を襲う膨大な被害」への備え），③ 「災害対策基本法改正（H24.6，H25.6，H26.11 等：地域安全計画の策定など）」の法的措置が講じられた．さらに，◆首都直下地震緊急対策推進基本計画 H26.3，◆南海トラフ地震防災対策推進基本計画 H26.3 など実施計画策定など災害分野でのレジリエンス対策が強力に進められている．

6　「レジリエンス」と「デジタルガバメント」

・今回の COVID-19 パンデミックで，日本では，従来の組織体制や業務プロセスのままでは，官民ともに機能不全に陥りかねないことが浮き彫りにされた．他方，平時においてデジタルガバメントが強力に推進され，社会インフラとして機能している国や地域は，デジタル技術やこれを熟知する専門家を有効に活用し，デジタル化が非常事態下でも行政機能の耐性や回復力（レジリエンス）に役立つことが明らかにされた．

・ワクチン開発では，GISAID（ギーセイド）と呼ばれるデータベースに，世界中の研究機関などから集められた新型コロナウイルスの遺伝情報 200 万件が登録され，その活用により驚異的で奇跡的なスピードで開発がなされた．

7　レジリエンスの障害要因「インフォデミック（infodemic）」

　WHO は，2020 年 2 月 2 日「情報過多な社会の中で様々な情報が混在し正しい情報にアクセスすることが困難になる」として，新型コロナウイルス自体との戦いだけではなく「市中に急速に蔓延する誤情報・代替医療との戦い」を迫られていると警告を発した．① 正確な情報が埋没する危険，② 陰謀論の拡散・差別意識の拡大，③ 生活用品の買い占め等の誘発要因になるからである．日本政府や関係事業者も，正確かつ適切な情報の収集・共有に努め，信頼性の高い情報へのアクセスリンクを表示するなど新たな動向が見られた．

第 6 節

児童虐待の防止

松野敬子

要　約

　2021 年, 全国の児童相談所における虐待相談件数は 20 万 7659 件. 統計を取り始めた 1990 年から右肩上がりで増え続け, ついに 20 倍を超えた. 国は決して無策だったわけではなく, 2000 年の「児童虐待防止法」制定以降, 度々法改正も行い, 対策も講じてきたにも関わらず, である.

　児童虐待を防止するために, 国はどのような政策を打ち出し, 何が足りなかったのか, 制度の変遷を追いながら, 児童虐待の予防対策を実効性あるものにするための課題を考察する.

キーワード

児童虐待防止法　子育て支援　要保護児童対策地域協議会　乳児家庭全戸訪問　養育支援訪問

1　児童虐待防止の歴史的概観

　わが国に「児童虐待防止法」が制定されたのは 1933 (昭和 8) 年のことである. これは 1929 年に端を発した世界恐慌の影響を受け国家的な貧困にあえいでいた時代に, そのしわ寄せが子どもにおよび, 親子心中, 捨て子, また, 身売り同然の徒弟奉公, 風俗関連などに従事させられる児童労働が蔓延したため, その禁止などを目的としたものであった. つまり, この時代の児童虐待は, 劣悪な社会や家庭環境により起きる「特別な犯罪行為」という認識であった. その後, 1947 (昭和 22) 年に「児童福祉法」が制定され,「児童虐待防止法」は同法に内包される形で廃止された.「児童福祉法」は, 子どもの福祉を国家の責任と位置づけ, より積極的に全ての子どもたちの健全な成長を保障する体制を構築しようとするもので, 同法の 34 条に, 虐待に相当する行為を児童の福祉を害するものとして児童虐待の規制を行っている. ただし, 同法には児童虐待の定義が明確に示されておらず, 虐待事案として介入を試みても民法の親権を盾に「しつけに過ぎない」との主張に抗いきれず, 実効性に乏しいものであった.

　児童虐待が, 特別な家庭のみでおこる特異な出来事ではなく, 社会全体の課題だという認識が萌芽し, それを防止していくことは大人の責務であるとされたのはようやく 1990 年代である. 悲惨な虐待事件が散発的に発生したことによるところが大きかったが, 1990 年から厚生労働省 (以後, 厚労省と記載) より, 全国の児童相談所に寄せられた児童虐待に関する相談件数が公表されるようになり, その深刻な状況は看過できないものとなっていく. こうして, 2000 年に「児童虐待の防止等

に関する法律（児童虐待防止法）」が制定されたのである.

　議員立法として提出された「児童虐待防止法（案）」は，2000年に全会一致の法案として取りまとめられ，5月に成立.同年11月から施行されている.この法律の肝要な点は，児童虐待の定義を明確化したことにある.すなわち，「保護者（親権を行う者，未成年後見人その他の者で，児童を現に監護するものをいう）がその監護する児童（18歳に満たない者）に対して，身体的暴行，わいせつ行為，長時間の放置，著しい心理的外傷を与える行為」と児童虐待を定義づけ，それを禁止し，その早期発見と通告を国や地方公共団体の責務とすることが規定された.これにより虐待は，保護者の意図とは関わりなく，子どもが苦痛を感じているかどうかの視点で判断することが可能となり，重篤なケースに対して児童相談所が介入する法的根拠を与えることができたのである.

　上述した，厚労省から公表されている児童虐待報告件数は，初年度は1101件であったが，「児童虐待防止法」が成立した2000年には2万人台に達した.さらに，2021年の最新のデータでは20万7660件にものぼり，20倍超えである（**図2-17**）.しかし，この数字は，現在の保護者がとんでもない状況にあるとするよりも，児童虐待に対する認知が広がり，通報や自ら相談に赴くケースが増えたと理解すべきである.

　また，「児童虐待防止法」は，施行から3年をめどに見直しを行うこととなっており，上位法である児童福祉法を含め，現在までに7回（2004年，2007年，2008年，2011年，2016年，2019年，2022年）改正を行っている.その変遷をたどりつつ，児童虐待防止対策として，国がどのような施策をとってきたのかを見ていく.

　2004年の「児童虐待防止法」の最初の改正では，虐待加害者を保護者以外の同居人まで拡大するとともに，通告義務の範囲拡大，市町村の役割の明確化，さらに，要保護児童対策地域協議会（以後，要対協と記載）の法定化が盛り込まれた.要対協については後述するが，虐待の著しい増加を受け，児童相談所のみで対応するのではなく自治体との二層構造で対応する仕組みとなったことが特

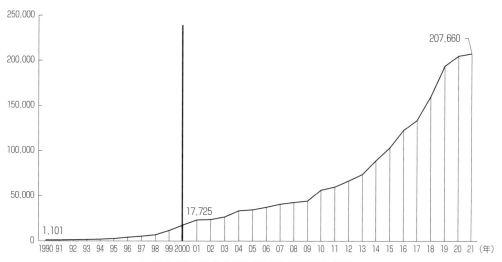

図2-17　児童虐待に関する相談対応件数

出典：厚生労働省　令和3年度　児童相談所での児童虐待相談対応件数.

筆すべき点である．つまり，この改正により，児童虐待を防止していく主体としてのコミュニティの役割がクローズアップされたわけであり，児童虐待は地域で取り組むべき課題となったと言えるだろう．

さらに，2007年の改正では，虐待事案への介入として，児童の安全確保のための立ち入り調査の強化，保護者に対する面会・通信等の制限の強化など，児童相談所の権限の強化が行われた．その一方で，翌年の改正では，虐待防止には予防的な対応こそが重要であるという視点から，乳児家庭全戸訪問事業，養育支援訪問事業といった事前の予防対策として子育て支援を法定化し，要対協の機能強化等を盛り込んでいる．

2011年の改正では，親権停止制度の新設や児童相談所の権限強化を行い，2016年にも民法の「親は子どもを懲戒することができる」という親権の規定に制限を設けるとともに，国・都道府県・市町村の役割や責務を明確化し，事後の介入と事前の予防という複層的な対応を可能にしようとした．また，それらの施策を各自治体が実施していくための財源は，2012年に成立した「子ども・子育て支援法」に基づく「子ども・子育て支援新制度」により確保されている．しかし，それでも2018年，2019年と立て続けに2件の虐待死亡事件が発生し，2019年には体罰の禁止を法定化する児童福祉法の改正が行われた．

このように，「児童虐待防止策は様々な試行錯誤を繰り返しつつ発展している」と述べたいところだが，そのような評価をつけられる状況には全く至らず，前述したように2021年には，児童相談所の相談件数は20万件超えとなり，散発的に重篤な虐待事件は発生し続けている．さながら底なし沼のような様相を見せる児童虐待に対し，国は，2018年から児童虐待防止対策の強化を図るべく関係閣僚会議を設置し，2022年に再び児童福祉法の大幅な改正を行った．この改正は，児童相談所や自治体の体制の強化に加え，子育て世帯への包括的支援や，妊婦期や出産直後の生活援助支援（産後ケア）などの法整備も盛り込まれており，きめ細かで層の厚い地域の支援体制を構築しようという意気込みが感じられる．さらに，この施策の司令塔となるのは，2023年4月に新たに創られる「こども家庭庁」である．内閣総理大臣の直属の機関として強い権限を持つという「こども家庭庁」が児童虐待防止を一元的に対応していくことになり，児童虐待防止対策は新たなフェースに入ったといえるだろう．

② セーフティプロモーションの視点から見た児童虐待施策

以上のように，国の施策は，深刻な虐待事案への介入として親子分離を可能とするような強力な権限を関係機関に与えると共に，虐待を未然防止するために子育て世帯の全数を対象とする徹底した防止対策を取っている．施策として，防止対策により力点が置かれていることは，内閣府の「子ども・若者白書」[1]からもうかがえる．そういう意味からいえば，児童虐待という課題は，国家レベルでのセーフティプロモーションとして取り組まれているといえるだろう．国の施策をハドンのマトリックスに落とし込んでみると，それはより鮮明である（表2-6）．

表 2-6　ハドン・マトリックス表を用いた児童虐待防止対策

	人（Host）子ども	動作主（Agent）保護者	環境（Environment）支援環境・体制
虐待前 (pre-event)	エンパワメント教育 （CAP 等）	アクセス可能な相談窓口， 電話相談 親学習プログラム，仲間づくりプログラム	乳児家庭全戸訪問事業 地域子育て支援拠点事業 養育支援訪問事業 多胎妊産婦サポーター等事業 産後ケア
虐待発生時介入 （event）	アクセス可能な通報窓口 警察等の介入 シェルター	警察等の介入 親権の停止	通告義務の徹底 要保護児童対策講義会の開催
虐待介入後 (post-event)	救急医療体制 一時保護 カウンセリング	親子再統合に向けた支援 （カウンセリング，親学習）	一時保護 社会的養護体制（養育里親， 児童養護施設等）

出典：William Haddon, Jr. (1980), 'Advances in the Epidemiology of Injuries as a Basis for Public Policy', *Public Helth Report*, 95(5), pp. 411-421. を基に筆者作成.

　国は，セーフティプロモーションとして児童虐待に取り組んでいることを確認してきたが，それらの施策の実施主体は各自治体である．したがって，これらの施策がどの程度，実現され，児童虐待の防止に資しているのかを検証しなければならないだろう．**表 2-7** に示したものが，セーフコミュニティの 7 つの指針に照らし合わせた児童虐待対策と自治体レベルでの達成度である．7 つのうち，3 つの指標には対応しており，各自治体での達成度も低くはない．しかしながら，現実に起きている虐待事件への対応のまずさを見せつけられると，これらが実際に児童虐待の防止にどの程度効果をもたらしているのかは疑問が大きく，早急な検証が必要であろう．

表 2-7　SC の 7 つの指標に照らし合わせた児童虐待防止に関する国の施策と自治体の達成度

SC7 指標	国の施策	地方自治体の達成度 （各項目の最新データ）
分野等を超えた部門横断的で協働的な取組 組織がある	要保護児童対策地域協議会の設置	設置市町村数 1,736（99.7%）
両性，全年齢層，環境，状況をカバーする 長期的，継続的なプログラム	乳児家庭全戸訪問事業 地域子育て支援拠点事業 児童相談所，児童養護施設	乳児家庭全戸訪問事業 　実施市町村 1,739（97.9%） 地域子育て支援拠点事業 　全国で 7,856 カ所
危険度の高い集団や脆弱グループを対象と プログラムがある	養育支援訪問事業 児童相談所の一時保護	実施市町村数 　1,544（88.7%）
利用可能な根拠に基づくプログラム	未整備	
傷害の頻度と原因を記録するプログラムが ある	一時保護後の児童相談所等による緊急度ア セスメント	
プログラム，取組のプロセス，取組の結果 をアセスメントする評価基準がある	取組（実施状況）に関して，定期的な調査 は厚労省が実施するも，評価基準はない	自治体レベルでは不明
国内・国際的なネットワークに参加する		

出典：筆者作成.

③　児童虐待防止施策毎の現状と課題

（1）要保護児童対策地域協議会（要対協）

　要対協とは，要保護児童，すなわち，被虐待児に限らず，不登校や非行などの問題を抱える子ども
もたちの中で家庭養育では問題が解決できない子どもたちを，地域全体で保護対策を考えていこう
というものである．しかし，実際には，虐待の早期発見と迅速な対応がその意義として明記されて
いることもあり，ほぼ被虐待児（疑いを含む）の対応に終始している．地域の関係機関等が子どもや
その家庭に関する情報や考え方を共有し，連携して対応していくことを可能にするシステムである．
各機関の長からなる代表者会議（開催頻度：年1〜2回），実際に支援活動する実務者で構成される実
務者会議（開催頻度：2カ月に1度程度），その当該の子どもに関わる担当者等による個別ケース検討会
議（開催頻度：随時）の三層構造となっている．実質的，横断的な協議の場である実務者会議を核に，
事案発生に合わせて関係者が協議をする個別ケース検討会議でフレキシビリティさを持たせ，さら
に，代表者会議では，要保護児童等の支援に関するシステム全体を検討し，実務者会議の活動状況
を評価する役割を担っている．要対協の構成メンバーには，児童福祉関係から教育機関，警察，さ
らにはNPOなど民間団体も参加可能であり，協議会内での守秘義務の解除が法律上明確化された
ことで，情報が共有され，より適切な支援を実施可能としたことが肝である．

　わが国の行政機関において，最も苦手とするのは部門横断的協働であることは，周知の事実であ
る．そういった意味で，要保護児童に関する情報共有や部門横断的な協議システムが構築され，ほ
ぼ全ての自治体に設置されたことは特筆に値する．これは，2004年の児童福祉法改正で設置努力義
務が法的に位置づけられたことによる効果である．

　しかしながら，2004年の法整備からいえば19年が経過したが，その組織運営に各自治体は苦慮
している．要対協が設置されている1736の自治体への厚労省の2018年度調査「要保護児童対策地
域協議会の設置運営状況調査結果の概要[2]」によれば，要対協の運営上の課題としてあげているのは，
「調整機関の業務量に対して職員数が不足している」が59.7%，「調整機関において専門資格を有す
る職員が十分に配置できていない」が57%，「会議運営のノウハウが十分でない」が54.8%であっ
た．つまり，部門横断的で協働的な取組組織が構築されはしたが，それを有効に機能させるだけの
人的資源が不足しているということである．

　虐待防止は，膨大な業務量でありながら，極めて繊細な対応を要する難題を扱っており，要対協
の運営を行政だけで担うことは困難であるとし，民間団体との連携を既に行っている自治体が現れ
はじめている．2022年に発表された「市区町村の要保護児童対策地域協議会等に関する調査研究
調査1：要対協と民間の連携に関する好事例調査[3]」は，要対協を民間と連携して運営する自治体を
調査し，その有効性と課題を検証したもので示唆に富む．分析を行った鈴木秀洋らは，「相談の入
口やアウトリーチ場面での行政支援の切れ目を繋ぐメリットがあり，子どもと保護者側からの身近
な資源として利用できる」と評価しつつ，「人的協力関係・契約関係や情報共有のスキーム等法律
面での整理を避けて通れず，詰めが必要である」「官民の垣根を超えた専門人材の育成・研修体制

を作り上げていくことが求められている」と課題を提示している.

　ともすれば形骸化していると言われる要対協だが, 官民が協働することにより, より実効性のあるシステムとしていくことは可能であるだろう.

（2）乳児家庭全戸訪問事業（こんにちは赤ちゃん事業）

　「乳児家庭全戸訪問事業（こんにちは赤ちゃん事業）」は, 2008 年の児童福祉法の改正に盛り込まれ, 生後 4 カ月未満の乳児のいる家庭を訪問し, 養育状況や母子の心身の健康状態を把握し, 虐待のリスクを早期発見するために市町村が実施主体となり実施している事業である. これは「全戸」を対象としていることが画期的な施策であるが, それは, 要対協と同様に, 全戸を訪問するための人材確保, またその資質の妥当性ということが課題である. 2020 年の厚労省による「乳児家庭全戸訪問事業の実施状況調査[4]」によれば, 同事業における運営上の課題として, 「訪問者の資質の確保」をあげているのは 56.2％, 次いで「訪問者の人材確保」が 53.8％であった. 実際に訪問しているのは, 「保健師」が 93.8％の自治体と最も多く, 次いで「助産師」が 49.4％である. 法的には, 訪問者の資格を専門職と限定してはおらず, 民間の子育て支援団体や民生委員などに委託することも可能であるが, 実際に民生委員や子育て支援団体などに委託している自治体は 22％に過ぎない. 虐待の早期発見が期待される訪問事業である以上, 訪問者の力量はこの施策の根幹にかかわることであり, 安易にボランティアに委託することに躊躇があるのは当然のことと思われるが, 保健師への依存度の高さは, 丁寧な対応を阻害する要因となっている.

（3）養育支援訪問事業

　乳児家庭全戸訪問事業は, 虐待のリスクが高い保護者を発見した場合の受け皿としての養育支援訪問事業がセットだと考えられている. この事業は, 全戸訪問でピックアップされた, 子育てに対して不安や孤立感, 子育てスキルの極端な不足など, 虐待のハイリスク家庭に対し家庭を訪問し, 育児・家事の援助や養育の相談やアドバイスを実施することで虐待を防止していこうという事業である. この事業も, 訪問者は民間団体などへの委託や子育て経験者やヘルパー等が実施することも可能である. 主に, 出産後 3 カ月間, 育児に慣れず, 産後うつなどで精神的にも不安定な状態になりがちなこの時期の短期・集中的な支援と, 若年者など子育てや家庭経営力に著しく課題のある家庭への中期支援として実施する場合がある.

　当然のこととして, 1 度だけ家庭を訪問してヒアリングする乳児家庭全戸訪問と比較して, その時間的な拘束は大きく, この事業に要する人材の確保がさらに困難であることは自明である. 自治体の保健師だけではとうてい実施することはできず, 厚労省のガイドラインにも, 「専門的相談支援は保健師, 助産師, 看護師, 保育士, 児童指導員等が, 育児・家事援助については, 子育て OB（経験者）, ヘルパー等が実施することとし, 必要な支援の提供のために複数の訪問支援者が役割分担の下に実施する等, 効果的に支援を実施することが望ましい」と民間との協働が推奨されている.

　この一連の虐待防止対策のうちで, 最も画期的, しかし, 人材確保とそれに伴う原資確保の困難さが予測される. これに関しても, 2020 年に厚労省が実施状況の調査を行っている[5]. 養育支援訪問

の実施している市町村は，全国で 83.2％とけっして少なくはない．そのうち，専門的相談支援のみ実施しているのが 53.9％，育児・家事援助のみ実施しているのが 4.8％，両方実施しているのは 41.4％であった．半数以上の自治体は相談しか実施しておらず，これまで述べてきたような本来国がイメージしていた養育支援訪問事業が実施されていない．その理由として，最も多かったのは「必要がなかった」43.7％であった．しかしながら，支援対象家庭の特徴として，「育児不安がある」86.3％，「養育者の育児の技術がない又は未熟である」80.8％という調査結果もあり矛盾している．こういった家庭に対して，相談のみの支援で十分と考えることに，そもそもこの事業の趣旨が理解できていないと言わざるを得ない．相談のみなら，家庭を訪問する必然性は薄く，産後の生活の激変に心身のバランスを崩す産後家庭のニーズに添ったものになり得ない．養育支援訪問事業とは，専門的相談と育児・家事援助の両方があってこそ，虐待の防止になり得るとすれば，その実施の達成比率は 75.8％ではなく，両方の支援を実施している 41.4％と考えるべきであろう．

　2022 年の児童福祉法の改正により，養育支援訪問事業はさらに拡充されることになった，支援の対象者を，1 歳 6 カ月児健診から 3 歳児健診の谷間にある子どもや，3〜5 歳児で保育施設に通っていない子のいる家庭と明確化し，留意事項として「家庭訪問型子育て支援を実施している民間団体等を活用して，育児・家事援助に重点を置いた必要な支援の提供に努められたい」とも明記されている．専門的相談と育児・家事援助の両方があってこそ，養育支援訪問事業は虐待防止の役割を果たすことができると，法律に明確に示されたことは特質に値するだろう．

　次項では，養育支援訪問事業の先駆的な取組みを実施している事例をあげながら，虐待防止対策として養育支援訪問事業の可能性を論じていく．

 ## 4　児童虐待の防止のためのシステムの効果的な実践例

（1）京都府長岡京市での実践活動

　セーフコミュニティの定義として，安全が達成されていることではなく，「体系だった方法によって安全の向上に取り組んでいる」ことが評価の対象となる．そういった意味では，国をあげて児童虐待を防止するための体系だった方法を示し，それに添って各自治体が体制をつくりあげている過程にあることは，将来的な期待を感じるものである．自治体により，その達成度に差があるわけだが，その中でも，取組み時期が早く，その成果に対しても高い評価を得ている京都府長岡京市の事例をあげ，虐待防止対策として養育支援訪問事業の可能性を考察していきたい．筆者は，本市から養育支援訪問事業を委託されている法人に所属し，コーディネーターとして携わっている．

　長岡京市は，京都府の北西に位置し，20 km² 弱の面積に約 8 万人が暮らすまちである．年間出生数は 700 人を維持しており，市の規模としては小さいが，人口減少時代にあっても子育て世代から支持されている自治体である．また，乳児家庭全戸訪問事業は市の保健師により実施され，乳幼児健診受信率は 90％を超えるなど，世帯収入も高く，虐待のリスクは低い自治体と認識されている．

　しかし，長岡京市では，実は 2006 年に虐待死事案が発生している．3 歳の男児が，保護者（実父，

継母）から，「しつけ」だとして食事を与えられず餓死するという事件であった．当該男児には 6 歳の姉がおり，姉に対しての虐待通告があったため児童相談所が一時保護していた経緯もあり，兄弟を含めて地域で見守ることが方針となっていた．地域の民生委員は頻繁に見守り，男児に対しても虐待を疑い児童相談所へ通告を複数回行っていた．にもかかわらず，児童相談所は電話で実父から男児の状況を確認するにとどまり，結果的に虐待死を防止することができなかった．この事件は，マスコミも大きく報道し，社会的に与えた衝撃は非常に大きいものであった．これを契機に 2007 年の児童虐待防止法の改正では，通報から 48 時間以内の安否確認が義務付けられるようになったほどである．

　もちろん，当事者である長岡京市民に与えた衝撃は大きく，行政はもちろん，様々な子育て支援活動を行う市民団体も虐待防止を見据えた活動の必要性を実感した．そういった背景があり，2010 年 4 月，子育て支援団体と行政の有志によるネットワーク団体「長岡京市子育て支援ネットワーク」が結成されたのである．

　結成初年度は，行政と市民団体とが共に学び虐待防止活動への共通理解を図ることから始め，児童虐待は重篤な事態になってからでは対応は非常に難しく，虐待問題の解決には，「未然防止という視点が欠かせない」という認識を共有した．そして，翌 2011 年度からは，子育て困難な親子に対してのリアルタイムで具体的な支援を実施していこうという「住民・行政ネットワークによる虐待未然防止のための個別親子支援活動事業」を京都府の助成金を得て実施した．この事業を 2 年間実施し，その成果が評価され 2013 年度からは，長岡京市の「養育支援訪問事業」へと移行していった．

　前述してきたように，2008 年の児童福祉法の一部改正により，乳児家庭全戸訪問事業と養育支援訪問事業が新たに法定化され，より虐待リスクの高い層に対してアウトリーチとしての家庭訪問型の支援が国の施策として提示されていた．しかし，厚労省から実施のガイドラインは示されたものの，養育支援訪問事業をどのように実施していくかのノウハウが自治体になく，従前の母子保健法第 11 条に基づく，助産師や保健師が主に新生児の育児に関する相談訪問「新生児訪問指導」の上乗せ程度の訪問しか実施していないのが現状であった．長岡京市において実施した市民・行政のネットワークによる個別支援事業は，国が意図する養育支援訪問事業を具体化したものであり，その効果や課題を検証していくことは有効だろう．

　事業のフローチャートは，対象者の発見は，乳児家庭全戸訪問事業を実施する保健師を中心に行い，支援団体の選定は，事務局と保健師が協議した．複雑な手続きを省き，リアルタイムできめ細やかな支援を実施することを最大の目的としたことが本事業の特徴であった．

　2011 年度は，7 月〜翌 3 月までの 9 カ月間で 13 組の親子に 174 回，2012 年度は 1 年間に 17 組 215 回実施した．市の事業として引き継がれた後は，2013 年度から現在まで，年間 20 組程度の支援を実施している．その中から，虐待防止として一定の効果が見て取れる事例を以下に示した[6]．

〈保健師と多彩な支援団体の連携による効果〉

　　三つ子を妊娠した母親に対して，妊娠中から保健師はカンファレンスを行っており，産後，自宅に戻った直後から看護師として訪問看護などの実績がある団体により沐浴支援を開始．その

後，ベビーシッター業務を行っている団体へ引継いだ．

　多胎児妊娠による不安への支援から，産後の未熟児の専門的な支援，そして最終は困った時のために利用できる近くにある支援団体を紹介し終了．三つ子を家族として迎え入れる準備期間に手厚い支援が実施でき，ニーズにあった支援を行えた．

　被支援者の育児段階に応じて，複数の団体がリレー方式で関わるなど，団体の特性を最大限に生かした支援が行えるように，団体間の連携を図ってきたことによる効果が大きい．

〈孤立した母親への支援〉

　転居したばかりの若年の母親（1歳4カ月，2カ月）．激しい泣声のため近所からの虐待通告が入り，子ども福祉課が現場確認．保健師がヒアリングした結果，子育ての方法が分からない，支援者がいない，地域へのなじみがない，という事情が判明．

　保健師からの訪問支援の提案に母親は拒否したが，地域の支援団体で長子の一時預かり利用からスタート．アットホームな団体拠点の様子やそこで嬉々として遊ぶ我が子の姿に，信頼感を高めた．その後，母親は，訪問支援を受入れ，支援に入った．

　「通告」という事案に対して，「地域で支える」という視点で，これまでにない理想的な形での支援ができた事例．

〈DV家庭に育った母親．「頼ることができる力」をつける〉

　2歳の女児がおり，双子を妊娠中の母親．生育暦から母親自身が人に頼ることが難しく，協力的な夫や義母に対してもそれを受け入れることができない．併せて，不安感が強く，長女への子育ての困難さを抱えつつ，双子の妊娠に対しての不安が著しく高い状態だった．産前から，関係団体で協議し，産後直ぐに，育児・家事支援に入ることを決定．

　双子の出産という状況の中，多くの人から支援を受けたことで，他者への信用を学び，夫や義母を頼ることが出来るようになった．「人を頼ることができる力」は，子育てを円滑に行うためには必要であり，それは，人との信頼関係を築けるコミュニケーション能力でもある．結果的に，支援が終了しても「なんとかやれるだろう」と本人が思えるようになり，何もかもがダメというような否定的感情を持つことも少なくなった．

　個別親子支援活動を補完する形で，母親に対して親の子育てスキルを向上させるプログラムへ参加を促し，被支援者が支援の手を離れ，より良い親子関係を構築する多様な支援も実施した．

（2）実践活動への評価

　これらの個別親子支援活動に対し，年度毎に行政機関や外部の有識者により評価会を実施し，検証を実施していた．2011年の評価会において，長岡京市健康推進課課長は，「5年前に虐待死事件があり，二度と起こさないとの思いできたが，実際にはケースがどんどん出てくる．関係者間の連携や情報の共有は改善し危うい状況や課題は把握できても，どう支援していくかというサービスは保育所につなげる以外には手がなく，忸怩たる思いであった．しかし，今回の事業は，細かな制約がなく，ニーズに合わせてタイムリーな対応をしてもらえた．保健師が『これは危ない』と直感した時に，すぐさま対応してもらえる人がいることは有難かった」と評価した上で，さらに親側には

被虐待家庭で育った人が多く，対人関係に課題を抱えている傾向が強い中，地域の人に，寄り添い支援してもらえた経験が親自身を変えていったと分析し，「これは，『治療』につながっているのではないかと感じている」と述べている.

　また，元児童相談所長という立場から，柴田長正（元京都府京都児童相談所長）は，「『乳児家庭全戸訪問事業』が絵に描いた餅ではなく，保健師と地域の支援団体が協働することで極めて実効性の高いものとなることが示せた」と評価し，「虐待ハイリスクケースに対し，地域の中で出来ることからやっていく，それが実現できたことに意味がある」と述べている.

　この活動が実施されたのは 2011 年から 2012 年である．2008 年に法制化された乳児家庭全戸訪問は各自治体での実施が進んできた時期である．前述したように，養育支援訪問事業も同時に法制化されているのだが，この事業の実施方法として，行政サイドですら「各家庭を個別具体的に支援する」ことは想起していなかったことが読み取れる．個別のケースに具体的な支援を実施していくという手間のかかる方法は，それほど行政サイドからすれば「想定外」の手法であったのであろう.

　実際に養育支援訪問事業に携わって痛感するのは，カウンセリングといった心理的なサポートだけでは虐待は防げないということだ．養育支援の対象者の多くに，情緒面や対人関係面の脆弱さ，また，育児以前に家庭をうまく切り盛りしていくための家事のスキルの欠如が見られる．彼らが育ってきた家庭で背負ってきた虐待などのトラウマ，本来なら親から伝承されるべき生活の術を学ぶ機会が無かった不幸を負っている．そんな彼らが，大人のケアなしでは一日たりとて生きることが困難な新生児を迎え入れるわけである．子どもの健全で安全な成長のためにも，親となった彼らがある意味「育ち直し」をするためにも，日常的な細々した雑事を共に片付け，生活を整えていく，つまりは，食事を作り，掃除をし，お風呂に入り，洗濯をする……といった家事・育児を共にしていく支援者である必要がある．そういった支援だからこそ，市健康推進課課長の評価にもあるように極めて短期間で対人関係や情緒面の改善がみられるケースがあり得たのである.

　児童虐待は，生活の中で起き，深刻化していく．そして，世代間連鎖も高い比率で発生する．虐待の加害者であっても元をたどれば被害者であったということだ．それゆえに，ある意味，自らが親となって新しい家庭を築くというその時に，「育ち直し」の可能性が見いだせるのではないだろうか．昼夜を問わず数時間毎にミルクを飲ませ，おしめを取り換え，自分の食事時間さえもままならない時期だからこそ，否応なく誰かの助けが必要となる．他人とかかわり，他人に感謝し，ようやく生活が回り始め，我が子に無条件で頼られる．そういった体験こそが，虐待をしない強い心の支えになるはずである.

　現在は，全国の様々な自治体で，こういった実践的な支援を担える人材を育成し，支援を委託するシステムが構築されてきている.[7]この事業を育児・家事支援を含めたものにしている自治体は半数を切るが，2016 年の調査では 18.3% でしかなかったことを思えば，確実に増えている.

　虐待というひとたび起きると，そこから親子関係を修復していくには困難を極めることを考慮すれば，実効性のある防止対策を行い，家族関係の健全化を図ることが児童虐待を防止することに極めて有効である.

⑤ 結　語

　児童虐待は，誰もが陥る可能性のある社会全体の課題である．そういった認識の下，法整備も含め，児童虐待の防止に対する制度設計は，対象を全子育て世帯とし極めて手厚く進められていることを確認してきた．しかしながら，現実問題として，児童虐待件数は増加の一途をたどり，悲惨を極める虐待死亡事案は発生し続けている．制度として整備されたとしても，それが有効に機能しているは言い難い．

　児童虐待は，どれだけ丁寧に関わっていてもどこかに隙間が生じ，そして幾重にも用意されたはずの支援の隙間をすり抜け重大な虐待事案が発生する．「どれだけ丁寧に関わっていても」なのである．しかし，多くの重大な虐待死亡事案は，児童相談所や行政など関係機関の「有り得ない」対応のまずさを露呈する．それだけ個々のケースが複雑であり，予測不能な事態が多いということである．国も，2016 年には「児童相談所強化プラン」を策定し，相談や指導を担う児童福祉司，児童心理司などを大幅に増員するとし，専門家による支援体制の抜本的強化などを推し進めている．また，地域では官民の連携を進め，よりきめ細かく個々のニーズに即した支援が必要だという認識は定着してきた．傷害予防対策は，host（対象の人）・agent（傷害を与えるモノ）・environment（法改正などを含む環境）の 3 つの要因について，取り得る対策を見つけることが肝要であるとされている．法改正やシステム構築等の環境改善は進めてきた．それは間違いないだろう．しかしそれが実効性のあるものとなっていくためには，まだまだ多くの課題がある．虐待問題は，agent ＝傷害を与えるモノとは，製品ではなく保護者という「ヒト」である．ヒトを変えることの困難さを思わざるを得ない[8]．

　最後に京都府の児童相談所の児童福祉司の言葉を記しておこうと思う．

　　「人間のすることに 100％はありません．たとえどこかでヒューマン・エラーがあったとしても，組織内の複数の視点で検討し，関係機関同士で当事者意識をしっかり持って連携する中で，ミスを限りなくゼロに近づけることはできるはずだと信じます．（中略）たとえ法律や制度がどう変わろうとも，子どもを守る『最後のとりで』である児童相談所に身を置く我々職員は『職務への誇りと情熱を失うことなく業務に当たる姿勢』と『子どものリスクを見極める冷徹な目』の両方をしっかり持たなければならないと改めて思います[9]」．

　未然防止のためのきめ細かな子育て支援も含め，大人たちが「我がまちの子ども」を地域で守り育てていくという強い思いを持つこと以外には，虐待を防止していくことはできないだろう．

参考文献・資料

[1] 内閣府．令和 4 年版　子ども・若者白書（全体版）第 3 章　第 3 節子ども・若者の被害防止・保護　1．児童虐待防止対策〈https://www8.cao.go.jp/youth/whitepaper/r04honpen/pdf/s3_3.pdf〉（2023 年 4 月 28 日アクセス）．

[2] 厚生労働省．要保護児童対策地域協議会の設置運営状況調査結果の概要．2018．〈https://www.mhlw.go.jp/

content/11900000/000680040.pdf〉〔2023 年 4 月 28 日アクセス〕

[3] 株式会社リベルタス・コンサルティング. 市区町村の要保護児童対策地域協議会等に関する調査研究報告書. 2022.〈https://www.libertas.co.jp/mhlw/2021report1.pdf〉〔2023 年 4 月 28 日アクセス〕

[4] 厚生労働省. 乳児家庭全戸訪問事業の実施状況調査. 2020.〈https://www.mhlw.go.jp/content/11900000/000987743.pdf〉〔2023 年 4 月 28 日アクセス〕

[5] 厚生労働省. 養育支援訪問事業の実施状況調査. 2020.〈https://www.mhlw.go.jp/content/11900000/000987744.pdf〉〔2023 年 4 月 28 日アクセス〕

[6] 工藤充子他. 児童虐待防止への 10 年の歩み. ほっとスペースゆう：6-9, 2017.

[7] ホームスタート・ジャパン. 家庭訪問型子育て支援ホームスタート実践ガイド. 明石書店, 2011.

[8] 川畑隆. 子どもと家族の援助法. 明石書店, 2009.

[9] 工藤充子他. 児童虐待防止への 10 年の歩み. ほっとスペースゆう：27, 2017.

第 **7** 節

DV・性暴力・被害者支援

辻　龍雄

要　約

　コロナ禍の情勢改善に伴って人流が回復してきた令和 4 年，刑法犯認知件数は 20 年ぶりに増加に転じ，DV の相談件数は平成 13（2001）年の DV 防止法施行以降で最多，強制性交等及び強制わいせつは 2 年連続の増加となった. 平成 11（1999）年頃から次々に法律と支援機関の整備がなされているが，被害に苦しむ人たちは後を絶たない. 被害回避・被害軽減のための予防教育や，法律の整備が求められる.

キーワード

DV，性暴力，被害者支援，ハドン・マトリックス

1　はじめに

　平成 4（1992）年に「『夫（恋人）からの暴力』調査研究会」が初めてドメスティック・バイオレンス（以後 DV と略）の実態調査を行い，その調査結果は平成 10（1998）年に『ドメスティック・バイオレンス』（有斐閣）として出版された. この調査結果が公表されたことで，日本社会の中にも DV が存在していることが明らかとなった. その後，平成 25（2013）年に同書共著者の一人角田由紀子弁護士により，『性と法律―変わったこと，変えたいこと』が出版された. この書は DV・性暴力の歴史的変遷を考えるうえでの必読書である.

法律の制定，対応する行政機関の整備，民間の相談機関等の整備が着々と進められている（**表 2-8**）．本節では，DV・性暴力からの被害回避，被害者支援について，セーフティプロモーションの視点から考察する．

表 2-8　関連法制定と支援団体整備の推移

明治 40（1907）年	刑法 174 条〜184 条　強姦罪時効 6 カ月，性犯罪は親告罪
平成 7 （1995）年	政府レベルの「第 4 回世界女性会議（北京[2]）」 同時並行開催の民間レベル「NGO フォーラム北京'95」 →ジェンダー，DV の概念が，官民で日本へ波及
平成 8 （1996）年	被害者対策要綱（犯罪被害者対策の取組，警察庁内に犯罪被害者対策室設置） →　都道府県に被害者支援センター設立開始
平成 9 （1997）年	DV 民間シェルター数は全国に 7 団体
平成 10（1998）年	全国女性シェルターネット設立→全国に DV 民間シェルター 全国被害者支援ネットワーク設立→全国に被害者支援センター 全国被害者支援ネットワーク加盟 8 団体
平成 11（1999）年	男女共同参画社会基本法施行→男女の基本的平等を理念
平成 12（2000）年	ストーカー規制法施行（議員立法）　強姦罪時効 6 カ月の廃止
平成 13（2001）年	DV 防止法（議員立法）施行→ DV という言葉が日本社会へ普及 犯罪被害者等給付金の支給に関する法律施行 全国被害者支援ネットワーク加盟 20 団体
平成 16（2004）年	犯罪被害者等基本法施行
平成 17（2005）年	第 1 次犯罪被害者等基本計画　閣議決定 →警察庁による全国被害者支援ネットワークへの協力が明記
平成 18（2006）年	法テラス（日本司法支援センター）設立
平成 19（2007）年	DV 防止法（第二次改正）DV 民間シェルター数全国 105 団体へ増加
平成 20（2008）年	刑事裁判への被害者参加制度施行
平成 22（2010）年	全国被害者支援ネットワーク加盟 48 団体
平成 23（2011）年	第 2 次犯罪被害者等基本計画　閣議決定 →全国被害者支援ネットワークの役割重視された計画
平成 24（2012）年	内閣府が性犯罪・性暴力被害者のためのワンストップ支援センター開設・運営 の手引を発刊→全国にワンストップ支援センター設立開始
平成 25（2013）年	DV 防止法（第三次改正）　ストーカー規制法（改正）
平成 28（2016）年	ストーカー規制法（改正）法テラス（改正）→ DV・ストーカー被害対象
平成 29（2017）年	強制性交等罪（性犯罪に関する刑法改正：犯罪重罰化，非親告罪化等） 監護者わいせつ及び監護者性交等罪 警察本部に人身安全対策課を新設
平成 30（2018）年	性犯罪・性暴力被害者のためのワンストップ支援センター 47 団体
令和 5 （2023）年	強制性交罪などの処罰要件「暴行・脅迫」の改正要綱案

出典：筆者作成．

② 　発生状況と推移

（1）DV

　法務省の令和 4 年版犯罪白書[3]によると，平成 22 年〜令和 3 年の期間に配偶者暴力防止法（保護命令違反に限る）による検挙は減少傾向を示しているが，それに反比例するように，暴行・傷害など他法令の暴力事案が増加している．警察庁の令和 4 年の犯罪情勢では，配偶者からの暴力事案等の相[1]談等件数は，平成 24 年以降右肩上がりで増加している．

（2）性暴力

　性暴力とは性的な因子のある暴力であり職場でのセクシャルハラスメント等も含まれる．性暴力の多くは刑法で処罰することが難しく，信頼できる統計データもない．性犯罪については統計資料があるので，これを性暴力の指標とする．

　強制性交等（平成 29 年刑法改正以前は強姦，以降は強制性交等及び同改正前の強姦）の認知件数は，平成 15（2003）年をピークとして減少し，平成 30（2018）年以降は横ばい状況となり，検挙率は平成 14（2002）年の 62.3％から令和 3（2021）年には 95.8％へ上昇した（図 2-19）[3]．

　強制わいせつの認知件数も，平成 15（2003）年をピークとして，その後一時的な増加がみられたものの減少傾向を示し，検挙率は平成 14（2002）年に 35.5％から，令和 3（2021）年には 90.3％に上昇した（図 2-20）[2]．

　しかしながら，コロナ禍の令和 3（2021）年，4（2022）年では 2 年連続して，強制性交等，強制わいせつも上昇した（図 2-21）[1]．

③ 　環境的因子
——法律の制定と改正——

　平成 7（1995）年の第 4 回世界女性会議（北京）と同時開催された NGO フォーラム北京には日本政府のみならず，民間からも多くの人たちが参加した．この会議で採択された北京行動綱領は各国政府が取り組むべき課題を明確にした．これが契機となって日本では平成 11（1999）年に男女共同参画社会基本法が施行され，ジェンダーという概念や DV という言葉が日本社会へ普及していった．

　平成 12（2000）年に発生した桶川ストーカー殺人事件を契機に，ストーカーが社会的な問題となり，ストーカー規制法が施行された．平成 13（2001）年には DV 防止法が施行され，警察は DV に介入できるようになり，DV は刑事事件として顕在化し社会的な問題となっていった．

　性暴力の中の性犯罪についてみると，平成 12（2000）年まで強姦罪の対象は女性に限定されており，時効はわずか 6 カ月であった．たとえ時効に間に合って起訴したとしても，その当時，強姦罪は親告罪であり，被害者が刑事事件を望まなければ逮捕することはできなかった．裁判で事件が公

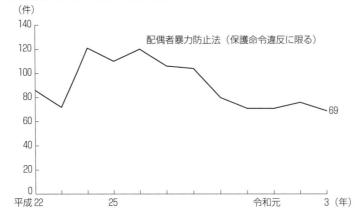

① 配偶者暴力防止法（保護命令違反に限る）

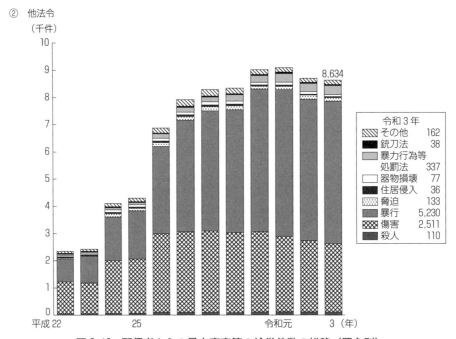

② 他法令

図 2-18　配偶者からの暴力事案等の検挙件数の推移（罪名別）
出典：「令和 4 年版犯罪白書」〈https://www.moj.go.jp/content/001385160.pdf〉（2023 年 1 月 13 日アクセス）.

　になることを躊躇し被害届を取り下げる被害者が多く，結果的に性犯罪常習者が犯行を繰り返す状況がつくられていた．民事訴訟による加害者の責任追及は，その立証責任が原告（被害者）にあるため，証拠収集は困難を極め，勝訴したとしても民事訴訟では謝罪を要求することができず，賠償額は満足できる金額にはならなかった．したがって，民事訴訟では，いわゆる"強姦神話"に立ち向かった弁護士たちの努力にもかかわらず，被害者の処罰感情を満たす十分な判決を得られなかった．
　平成 29（2017）年に性犯罪に関する刑法改正が行われた．従来の強姦罪は廃止され，新たに強制性交罪が施行された．性犯罪は重罰化され，非親告罪となった．同時に，監護者わいせつ及び監護

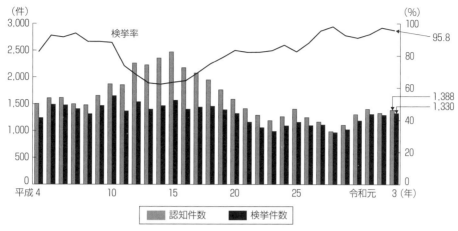

図 2-19　強制性交等　認知件数・検挙件数・検挙率の推移
出典：「令和 4 年版犯罪白書」〈https://www.moj.go.jp/content/001385160.pdf〉（2023 年 1 月 13 日アクセス）.

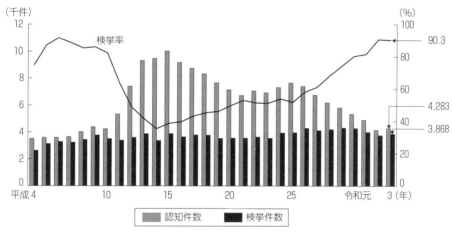

図 2-20　強制わいせつ　認知件数・検挙件数・検挙率の推移
出典：「令和 4 年版犯罪白書」〈https://www.moj.go.jp/content/001385160.pdf〉（2023 年 1 月 13 日アクセス）.

者性交等罪も施行され，保護者による 13 歳以上の子どもへの性暴力が罰せられることとなった.

　令和 5（2023）年 2 月 17 日，法制審議会は，強制性交罪などの処罰要件の改正要綱案を取り纏め法務大臣に答申した．改正の要点は，従来の「暴行・脅迫」から，① 暴行・脅迫，② 心身の障害，③ アルコールや薬物の摂取，④ 意識が不明瞭，⑤ 拒絶するいとまを与えない，⑥ 恐怖・驚愕，⑦ 虐待，⑧ 経済的・社会的地位の利用，の 8 項目を「同意していないことの表明，意思の形成，表明，全う」が困難な場合として処罰．2）性交同意年齢の 13 歳から 16 歳未満へ引き上げ．3）公訴時効を強制性交罪 10 年→ 15 年，強制性交治療・強制わいせつ致傷 15 年→ 20 年，強制わいせつ 7 年→ 12 年へ延長．18 歳未満で被害を受けた場合は 18 歳になるまでの年月を加算．3）盗撮罪と画像の提供・拡散する行為の処罰．4）わいせつ目的で 16 歳未満の子どもに近寄る行為を処罰する性的グルーミング罪．5）罪名を「強制性交罪」から「不同意性交罪」，「強制わいせつ罪」を「不同

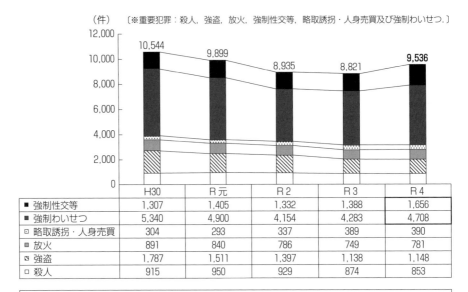

	H30	R元	R2	R3	R4
■ 強制性交等	1,307	1,405	1,332	1,388	1,656
■ 強制わいせつ	5,340	4,900	4,154	4,283	4,708
□ 略取誘拐・人身売買	304	293	337	389	390
▣ 放火	891	840	786	749	781
▨ 強盗	1,787	1,511	1,397	1,138	1,148
□ 殺人	915	950	929	874	853

令和4年における重要犯罪の認知件数は9,536件と,前年比で8.1％増加した.罪種別では,強制性交等及び強制わいせつがいずれも2年連続で前年比増加となった(それぞれ前年比19.3％,9.9％増加).なお,強制性交等については,平成29年の刑法の一部改正以降で最多となっている.

図2-21　R4暫定値　重要犯罪の認知件数の推移

出典：警察庁令和4年の犯罪〈https://www.npa.go.jp/publications/statistics/crime/situation/r4_report. pdf〉(2023年2月23日アクセス).

意わいせつ罪」へ変更するなどである.

　このように,性犯罪処罰規定の見直しの議論は今もなお続けられており,[4]さらなる改正を必要とし,それを求める活動が続いている(**表2-8**).

 4 ## 社会的因子
　　——被害者支援機関・団体の状況と活動——

　警察庁が主導する犯罪被害者支援と,全国DV民間シェルターによるDV被害者支援が平成10(1998)年頃からほぼ同じ時期に進められ活発化されていった.DV・性暴力・ストーカー被害者の支援機関・団体の主なものに,以下の行政機関や団体がある.

(1) 警察署

　レディース・サポート110番,警察県民課にも相談電話が開設されている.他の機関・団体と異なり,犯人逮捕へ直結した相談電話である.強姦罪の時効6カ月が平成12(2000)年に撤廃された背景には,レディース・サポート110番に相談してくる強姦被害者が事件から数年以上経過して相談してくる実態が明らかになったことがある.被害者支援団体が設立される以前は,レディース・サポート110番が唯一の相談電話であった.

平成 12（2000）年にストーカー対策班設置，平成 21（2009）年には子ども女性安全対策班が設置された．その後，平成 29（2017）年に人身安全対策課が設置され DV・ストーカーへの対策に重点が置かれている．女性警察官の増員も進められている．"配偶者からの暴力の被害者の保護に関する証明書" の発行の際に，警察で発行する DV 相談の記録表，対応表が必要となる．

（2）配偶者暴力相談センター・男女共同参画センター

平成 13（2001）年の DV 防止法の施行に伴い，翌年の平成 14（2002）年から全国の都道府県に配偶者暴力相談支援センターが設置され相談業務にあたっている．従来の婦人相談所，女性センター，福祉事務所などが配偶者暴力相談センター・男女共同参画センターに指定された．

"配偶者からの暴力の被害者の保護に関する証明書" を発行する権限をもっており，この書類は裁判所への保護命令の申請，健康保険証の変更，年金との特例免除制度，県営・市営住宅への優先入居，転居先の住民票閲覧規制等々に必要な書類である．

（3）被害者支援センター

警察庁は平成 8（1996）年被害者対策要綱を作成し，犯罪被害者対策室を設置，被害者支援連絡協議会を全国都道府県に設立していった．平成 10（1998）年に全国被害者支援ネットワークを設立．警察庁が全国に民間団体として被害者支援センターの開設を進めていった．

当初は都道府県で設立母体となる民間団体は異なっていた．団体の理事長には最初の頃は臨床心理士がなることが多かったが，現在では弁護士が理事長についていることが多く，被害者の心のケアから損害賠償の相談などの実務への時代の変遷が伺われる．ほとんどの団体が犯罪被害者等早期援助団体の認定を公安委員会から受けており，事件直後から被害者情報に触れることができるようになった．そのため，実務を担当する専務理事や事務長には警察 OB が多い．

全国被害者支援ネットワークの 2021 年度活動統計[5]をみると，相談 3 万 9595 件の中で，強制性交等 1 万 966 件，強制わいせつ 8322 件，監護者性交等 301 件，その他の性的被害 3579 件，DV1730 件，ストーカー 588 件，合計 2 万 5486 件（64.4%），すなわち，DV・性暴力・ストーカーの相談が約 65% を占めている．

預保納付金が被害者支援センター運営の財源の一部となっている[6]．預保納付金とは，振り込め詐欺事件で押収した口座に残された残金のうち，被害者に返金する手続きを終えた後に被害者に返金されなかった残余金は，振り込め詐欺救済法によって預金保険機構に納付される．この残余金は，犯罪被害者等の支援充実のために支出されることになっており，平成 25（2013）年から日本財団が預保納付金支援事業として運営している．

（4）DV 民間シェルター

DV 被害者を緊急一時保護する活動を行っていた DV 民間シェルターは，平成 8（1994）年には全国に 7 団体であったが，平成 7（1995）年の第 4 回世界女性会議（北京）に啓発され増加して，平成 19（2007）年には 105 団体となった．平成 30（2018）年 11 月の時点で，全国に 107 団体が存在し

ている.[7]

　被害者の緊急一時保護，DV・性暴力防止の啓発活動，被害者の自立支援などの多岐にわたる活動を行っている．民間団体であるNPO法人全国女性シェルターネットは，超党派の国会議員，関連省庁の官僚を全国シェルターシンポジウムに毎年招き超党派国会議員が参加したシンポジウムを開催して，DV防止法の改正や，性暴力防止法の制定を目指す政治的な活動も行っている．

　平成23（2011）年から始められた厚生労働省の補助金事業である電話相談 "よりそいホットライン"[8] のライン3の性暴力，ドメスティックバイオレンスなど女性の相談に協力している．令和2（2020）年からは，内閣府の事業 "DV相談ナビ＋（プラス）" の運営にも協力している．これら二つの全国規模の相談事業は，一般社団法人社会的包摂サポートセンターが国から委託を受け行っている.[9]

（5）性犯罪・性暴力被害者のためのワンストップ支援センター

　平成24（2012）年から内閣府が全国に設立を進めている．従来のシステムでは，相談を受けた機関・団体から医療や警察へとつなげていく手順で，被害者は何度も事情説明を繰り返さねばならず，何カ所もの機関を訪れる必要があった．被害者の負担を少なくするために，1カ所の施設で，医療・司法・心理的支援が行うことを目的としている．

　性犯罪・性暴力被害者に特化した支援団体であるが，1）性犯罪ととらえて，警察への被害申告を促進して性犯罪の防止に寄与することを目的とする団体と，2）性暴力ととらえて，幅広く女性の性に対する不当な暴力問題に取り組むことを目的にする団体がある．

　運営形態としては，病院拠点型，相談センター拠点型，相談センターを中心とした連携型の3形態が推奨されている．内閣府が設立を推進しているが，公的な予算措置の保証がないことや，地域によっては協力してくれる病院がないこと，大都市がなく小都市が分散されている都道府県で拠点を作れるか，主導するのが既存のすでに経験を積んだ民間団体か，新たに設立された民間団体か，県警か，県庁かなどの相違もあり，設立からすでに10数年が経過している被害者支援センターやDV民間シェルターに比較すると，運営面・財政面での課題は多い．

5　人的因子

　恋愛・結婚の様態は時代にそって変わっていく．女性の高学歴化は進み，女性の職業選択の選択肢は増えた．高校卒業後に一人暮らしを始め，大学やアルバイト先，職場等での出会いの機会は増え，お互いのことをよく知らないまま，出会いから間もない頃に親密な関係となる．生活圏外の人とも，SNSの普及により，学歴も職業も世代の違いも越えた男女の出会いの機会が広がっており，日常の対人関係の中には危険が潜んでいる．

（1）DV

　DVは "力関係の偏り" で，一方が圧倒的に優位に立っていることから，他方の弱者に対して容

赦なく暴力をふるう状況とみなすことができる．DV は配偶者間の問題として多くの調査が行われているが，これは当事者間だけの問題ではない．配偶者それぞれの親子関係・家庭環境，親の考え方，親と親の関係の中にも DV の誘因は潜んでいる．結婚前の交際期間にこうした危険因子の有無を確認する努力は，被害回避のために必要である．

a　暴力の正当性の盲信

自分の暴力は正当なものと確信していて，暴力をふるうことにためらいがない．また，自分がしていることを客観的にみることができず，結果的に相手の困惑を理解し共感することができず，解決への道には進まない．

暴力をふるう当事者は暴力の正当性を確信しているので，犯行時にためらうことも，犯行後に反省することもない．ストーカー行為の後に女性を殺害した犯人が平然としているのは，殺害されても当然のことだと，自己の正当性を盲信しているからの表情であろう．

b　男性の DV 被害者

内閣府の平成 29（2017）年度「男女間における暴力に関する調査」によれば，配偶者から DV の被害にあった人の割合は女性 31.3％，男性 19.9％，警察庁の「平成 29 年におけるストーカー事案及び配偶者からの暴力事案への対応状況についての調査報告」では，相談件数のうち女性は 88.3％（2 万 381 件），男性は 11.7％（2698 件）であり，DV・ストーカーの被害者は女性に限られているわけではない．

現時点では男性被害者についての報告例は少なく，歴史的には女性への暴力を防止する目的で施策が進められているため，被害者は女性という視点からの論述が多い．また，同性愛のカップルはDV 防止法の保護対象外とされている．

（2）性暴力

SNS やインターネットを通して知り合った人に，自分は大丈夫という根拠のない自信をもって一人で会いに出かけ性被害に遭うことがあり，二人で会いにいっていれば殺害されていなかったのではと思う事件が多い．したがって，SNS 情報を安易に信じないなどの被害回避教育の充実が必要である．

不幸にして被害に遭った際には，被害を長引かせない，被害に遭ったのは恥と考えるのではなく，犯罪であると認識して躊躇なく 110 番通報することが大切である．親に知られたくないと考えて隠そうとし，そこに付け込まれて親にばらすと畏怖され，被害が継続することがあるが，そうした事例では親が知った時点で加害者はすでに逃げ出している．

a　被害時にみられる従順・懐柔反応

性暴力の被害に遭った際，闘って勝てる相手か，闘っても勝てないかを瞬時に判断し，勝てないと判断した時には，生き残るために暴力をふるう相手に迎合する言動従順・懐柔反応を示すことが

ある．加害者に迎合的な態度を示したとしても，それは危機回避の，自己防衛の反応であり，やむを得ないものである．

6　被害者支援の問題点

　被害者の回復には加害者の刑法での処罰が重要なきっかけとなる．この領域の犯罪は被害者が恥と考えて事件が公になることを望まない風潮があるが，加害者の処罰なしに被害者の回復はありえない．

（1）被害資料の非公表
　行政の配偶者暴力相談センター・男女共同参画センター等の被害者支援機関・団体には被害者から聞き取った膨大な資料があるが，これが被害者支援を目的とした研究に利用されることはない．
　ごく普通に生活していた人たち，すなわち DV・性暴力の被害者になるとは思ってもいなかった人たちが理不尽にも被害に遭い，「被害者」という烙印を押されてしまう．現状の被害者支援の活動は，被害者支援サービスの一方的な押し付けの一面がある．被害者の人たちが実名で被害体験を書籍の出版や講演において公表することが約 10 数年前から始まった．ここからかろうじて被害の実態が見えてくる．被害者支援のためには被害者資料の公表による被害者支援研究の発展が望まれる．

（2）被害者が逃げる現状
　被害者は加害者による暴力を避けるため身を隠す必要に迫られる．言うまでもなく，自宅で性被害に遭った人にとって自宅は安全な場ではない．勤務先から尾行されて自宅を突き止められることもある．これを回避するには転職・転居するしかない．
　加害者が逮捕され懲役刑となったとしてもやがて出所してくる．加害者による報復を防ぐ保護施策や，警察が介入しやすくするための法整備が必要である．

（3）DV は貧困と直結している
　DV 被害者が働き続けるためには，相談，緊急一時支援，精神的回復支援，生活再建支援，経済的な自立支援の一連の流れが必要となる．しかし，実情は DV 被害を受けてシェルターを利用したあと，被害者の 70〜80％が生活保護を利用している．離婚して母子家庭となった場合，職業をもっていない限り，生計が立てられないからである．そのため，子どもの学費を捻出するのが困難な家庭も多い．
　DV 民間シェルターでは自立支援のための活動をしているが，公的な支援機関は今のところ原則窓口対応であり，被害者に同行して警察や裁判所，病院等にいくことはない．公営住宅に DV 被害者優先枠があるものの，入所可能期間が限定されている場合が多い．

（4）危険な面会交流

　DV が原因で離婚した場合，離婚相手と子どもの面会交流は危険な場となりうる．子どもが怖がって会いたがらない，子どもを連れ去る可能性がある場合でも，面会交流を拒否するには子どもの福祉を害する特別な事情があることを立証しなければならない．地方裁判所から DV 保護命令が出されていても，面会交流は家庭裁判所の所轄のため，DV 保護命令が特別な事情と判断されないこともある．いわば，司法が DV 被害者に加害者と面会するよう命じていることになる．したがって，地裁の保護命令の効力が家裁にも及ぶ司法システムが必要である．

（5）単独親権から離婚後共同親権へ

　現在，離婚後の子どもの親権は民法上，片方の親にしか認められていない．これを単独親権という．これに問題があるという意見もある．実際，親の立場を法律によって失うことに対する不満が暴力につながる可能性はある．

　離婚後も双方に親権が残る共同親権を選べる制度の導入について，法務省は令和 4（2022）年 11 月 15 日の家族法制部会第 20 回会議において「家族法制の見直しに関する中間試案」[10]を取り纏め，パブリックコメントを募集している．

7　ハドン・マトリックス

　ニューヨーク州保健省の疫学研究者で，その後，米国高速道路安全管理局（Insurance Institute for Highway Safety）長官となったウイリアム・ハドン・ジュニア（William Haddon, Jr）は，感染症対処モデルを交通事故予防に応用したマトリックス（表）による検証結果を昭和 43（1968）年に報告し，その後昭和 47（1972）年，昭和 58（1980）年にも検証結果を報告した．

　このマトリックスは縦軸に 3 つの時相（Pre-crash 事故前，Crash 事故時，Post-crash 事故後），横軸に 3 つの要因（Human Factors 人関連因子，Vehicle and Equipment Factors 車と装備の因子，Environmental Factors 環境的な因子）を設定し，関連する要因を時相ごとに記入するものである．

　ハドンはこのマトリックスをもとに，交通事故予防には自動車の安全設計，道路幅を拡張するといった道路環境の整備等も必要であることを提唱した．従来，交通事故は運転者の問題（human error）と見なされてきたが，そこに新たな視点を加えた．昭和 58（1983）年に集大成ともいえる講演をマイアミで行っている．[11]このマトリックスは交通事故だけでなく，傷害制御（Injury Control）の分析方法として広く応用されるようになった．

　DV 領域の傷害（暴力）制御にハドン・マトリックスを用いるには，横軸となる傷害（暴力）に直接的に関係するものがないため無理がある．ここでは，あくまで指標として使用してみた．今回，縦軸を被害前（Pre-case），被害時（Case），被害収拾後（Post-case），横軸は被害者（Human Factors），行政・司法・支援機関・団体（Social Factors），関連する法律（Environmental Factors）を設定し，関連因子をカテゴリー化した．

表 2-9　DV・性暴力・ストーカー領域でのハドン・マトリックス（変法）

	Human Factors 被害者	Social Factors 行政・司法・支援機関団体の施策	Environmental Factors 法律
Pre-case 事件前	よく知らず親密な関係になる SNS やネット情報を信じる 危険性認識なく自分は大丈夫	啓発活動 DV・性暴力防止教育（一般にひろく知られていない）	
Case 事件時	相談から被害回避行動へ 　警察による加害者への警告 　休職・転職，転居 　電話・メール等の連絡の遮断 　緊急時の警察との連絡体制 　司法へ接近禁止命令の申請 刑事訴訟 民事訴訟	相談事業（電話，面談） 緊急一時保護 救急医療（性犯罪被害者医療費補助） 法テラスによる司法支援 地裁（保護命令：接近禁止等） 行政・司法・医療・学校への同行・書類作成等の補助 相談員育成のための研修事業 報道による警察批判	ストーカー規制法（2000 年） DV 防止法（2001 年） 犯罪被害者等基本法（2004 年） 強制性交等罪（2018 年） 監護者わいせつ及び監護者性交等罪（2018 年）
Post-case 事件収拾後	逃れるために転職・転居 離婚後母子家庭・貧困	被害者への報復防止の施策（住民票閲覧制限） 家裁（面会交流） 自立支援事業 　生活保護，就職斡旋，DV 被害者公営住宅優先枠 　生活用品・家電・家具等の無償供与等	共同親権への検討開始（2018 年） 民事執行法改正（2019 年） 面会交流制度，ハーグ条約と関連

出典：筆者作成.

　こうして作成したハドン・マトリックス（変法）をみると，事件の際の施策は次々になされている．一方，事件前には，Human Factors としての問題点は多いにも関わらず，SNS の危険性についての教育，被害回避・被害軽減のための教育はごく一部に限られていて，有効な啓発活動とはいえない．

　事件が収拾した後に関してみると，加害者からの報復を恐れて被害者の方が転職・転居する事例は多い．その人たちの保護のために住民票閲覧制限の制度があるが，これを突破されて殺害される事件も起きている．したがって，事件前，事件後についての対策が望まれる（**表 2-9**）．

8　結　語

　ハドン・マトリックス（変法）の分析から，1）事件前の段階で，予防啓発事業を学校教育の中に組み込むなどの対象拡大が望まれる．2）事件収拾後においても，加害者が被害者に接近を試みた時点で，警察が警告等の早期対応ができるような被害者保護のための法整備が望まれる．

参考文献・資料

[1] 警察庁．令和 4 年の犯罪情勢．〈https://www.npa.go.jp/publications/statistics/crime/situation/r4_report.pdf〉（2023 年 2 月 22 日アクセス）
[2] 角田由紀子．性と法律—変わったこと，変えたいこと．岩波書店，2013.

[3] 法務省. 令和 4 年版犯罪白書, 2022.

[4] 西山智之. 性犯罪処罰規定の見直しの経緯とその議論　—暴行・脅迫の要件を中心に—. 日本セーフティプロモーション学会誌. 16(1)，2023（in press）.

[5] 全国被害者支援ネットワーク. 全国被害者支援ネットワーク 2021 年活動報告書, https://www.nnvs.org/wp-comtemt/uploads/2022/07/8ba162c7c1c9e1a939f7c820674746aa.pdf（2023 年 1 月 27 日アクセス）.

[6] 日本財団. 日本財団預保納付金支援事業とは, https://nf-yoho.com/about.html（2022 年 1 月 27 日アクセス）.

[7] 内閣府男女共同参画局. DV 等の被害者のための民間シェルターの現状について, https://www.gender.go.jp/kaigi/kentou/shelter/siryo/pdf/1-6.pdf（2023 年 1 月 30 日アクセス）.

[8]（一社）社会的包摂サポートセンター. よりそいホットライン, https://www.since2011.net/yorisoi/（2023 年 1 月 30 日アクセス）

[9] 内閣府. DV 相談＋（プラス）, https://soudanplus.jp（2023 年 1 月 30 日アクセス）

[10] 法務省. 家族法制の見直しに関する中間試案, https://www.moj.jo.jp/content/001385187.pdf（2023 年 1 月 30 日アクセス）.

[11] William Haddon Jr. Approaches to prevention of injury. 1983〈https://www.iihs.org/frontend/iihs/documents/masterfiledocs.ashx?id=692〉（2019 年 7 月 4 日アクセス）.

Column *6*

性暴力被害者支援看護職の養成と活用

境原三津夫

　米国において，かつて性暴力被害者の多くは，病院の救命救急センターを受診していた. 特に，レイプ被害者は，創傷の評価や法医学的な証拠採取，HIV などの性感染症に関する検査や情報提供及び予防処置，妊娠の危険性や緊急避妊に関する情報提供など基本的な医療サービスを受ける必要がある.

　しかしながら，当時の救命救急センターのスタッフは，性暴力被害者を緊急性が低いと認識しており，被害者は診察まで長時間待たされることが多かった. また，医師も法医学的な証拠採取のトレーニングを受けておらず，裁判で証人として召喚された場合，法医学的証拠採取の資格，トレーニングの履歴，経験，検査能力などを法廷で吟味されることから，法医学的な証拠採取を避ける傾向にあった. このため，多くの被害者は救命救急センターを受診することで，心身共に疲弊してしまい，これがセカンド・レイプとして問題視されてきた.

　これらの諸問題を解決するために，米国では性暴力被害者支援事業として，特別にトレーニングされた性暴力対応看護師（SANE: sexual assault nurse examiner，以下 SANE という）が 24 時間 365 日，主に病院をベースとして性暴力被害者に初期ケアを提供する「SANE プログラム」が創設された.

　SANE は，1976 年に米国テネシー州で看護職者が法医学的証拠採取を行ったのが始まりとされる[1]. SANE は，起訴を前提とした法医学的証拠採取や創傷の評価，性感染症の治療，妊娠の評価や避妊法だけではなく，性暴力被害の心的外傷に関する対応など広範囲にわたるトレーニングを受けている. そして，被害者の尊厳を守り，被害者が証拠採取によりさらなる心的外傷を受けないよう努め，証拠採取のプロセスを通じて被害者が自己決定できるよう配慮することで，自己をコントロールする力を回復できるよう援助する[2]. 米国では，主に病院の救命救急センターを拠点として SANE プログラムが実施されており，被害者に対して集中して専門的な支援を行うことで，性暴力被害の 2 次予防・3 次予防を担っている.

　SANE の養成は，米国からカナダ，イギリスなどへ広がっていったが，わが国でも 1999 年に「女性の安全と健康のための支援教育センター」が設立され，2000 年から SANE 養成講座が開講されている.

2014年には日本フォレンジック看護学会が発足し，同学会もSANEの養成を開始した．これにより，SANE養成講座を受講した看護師の数は年々増加していった．その後，日本フォレンジック看護学会は，新たに日本版性暴力対応看護師（SANE-Japan：SANE-J）認定制度を創設し，2020年から認定試験を開始した．認定制度は，SANEの質の保証，社会的評価の担保，専門性の発展などを目的としており，2022年8月現在でSANE-J登録者数は116名となっている．

　このように専門性を備えた看護師が増加し人的な整備は進んだが，その多くは一般病院に勤務しており，専門性を発揮する機会がほとんどないのが現状である．わが国の場合は，都道府県が中心となって設置を進めている「性犯罪・性暴力被害者のためのワンストップ支援センター（以下，ワンストップ支援センターという）」が，SANEが活躍するフィールドと成り得る可能性を秘めている．

　ワンストップ支援センターは，性暴力被害者に対して，被害直後から総合的な支援（産婦人科医療，相談・カウンセリング等の心理的支援，捜査関連の支援，法的支援等）を可能な限り一カ所で提供することにより，被害者の心身の負担を軽減し，その健康の回復を図るとともに，警察への届出の促進・被害の潜在化防止を目的とするものである[3]．

　2012年に内閣府犯罪被害者等施策推進室によって「性犯罪・性暴力被害者のためのワンストップ支援センター開設・運営の手引」が作成され，ワンストップ支援センターの開設および運営の方法が具体的に示された．これにより，各都道府県においてワンストップ支援センターの開設が急速に進められた．手引きの中で，わが国で実現可能な形態として「病院拠点型」，「相談センター拠点型」，「相談センターを中心とした連携型」の3類型が示された．「病院拠点型」は産婦人科医療を提供できる病院内に相談センターを置くものであり，米国の救命救急センターを拠点とするSANEプログラムの形態に類似したものである．「相談センター拠点型」は病院から近い場所に相談センターを置き，この相談センターを拠点として病院と連携するものである．「相談センターを中心とした連携型」は相談センターと周辺の複数の協力病院が連携し，相談センターが支援の核となり，各病院と連携を図るものである．いずれの場合も，警察，弁護士，精神科医，心理カウンセラーなどとの連携は相談センターがコーディネートすることになる．わが国では，多くが「相談センター拠点型」あるいは「相談センターを中心とした連携型」であり，「病院拠点型」は2020年時点で全体の2割程度を占めるに過ぎない[4]．

　「病院拠点型」は，病院内にワンストップ支援センターが設置されているので，病院所属のSANEを配置することも可能であり，その専門性を医療と相談の両面で発揮することができる．しかしながら「相談センター拠点型」や「相談センターを中心とした連携型」の場合は，SANEが協力病院に勤務していたとしても，病院と相談センターが距離的に離れているため，被害者との関わりが限定される．このため，被害後に長く続く「心の傷」の治療や社会生活への復帰に向けた生活全体を視野に入れたサポートに関わることが困難であり，本来の専門性を発揮できない．

　わが国ではSANEの養成とワンストップ支援センターの設置が連動することなく進められてきたため，ワンストップ支援センターにおけるSANEの活用が進んでいない．「相談センター拠点型」や「相談センターを中心とした連携型」のワンストップ支援センターにSANEを積極的に配置する，あるいはこれらを徐々に「病院拠点型」へ移行させることにより，SANEの活用を促進し性暴力被害者の支援を充実させることが望まれる．そのためには国や都道府県の継続的な経済的支援が必要であり，行政の責務として性暴力被害の1次予防，2次予防，3次予防に取り組んでいくことが不可欠である．

参考文献・資料

[1] 松本真由美，林美枝子，小山満子他．性暴力被害者支援におけるSANE（性暴力被害者支援看護職）の重要性と課題―人権尊重の視点から―．日本医療大学紀要：38-47, 2015.

[2] Campbell R, Patterson D, Lichty LF. The Effectiveness of Sexual Assault Nurse Examiner (SANE) Programs: a Review of Psychological, Medical, Legal, and Community Outcomes. Trauma Violence Abuse 6(4): 313-329, 2005.

[3] 内閣府犯罪被害者等施策推進室．性犯罪・性暴力被害者のためのワンストップ支援センター開設・運営

の手引〜地域における性犯罪・性暴力被害者支援の一層の充実のために〜.

[4] 片岡笑美子. 病院拠点型ワンストップセンターの意義―多機関多職種の連携を中心に―. 社会安全・警察学（7）：65-72, 2020.

第 8 節

セーフティプロモーションとしての自殺予防

反町吉秀

要　約

　本節においては，セーフティプロモーションとしての自殺予防とはどのようなことか読者が理解できることをねらいとする．そのため，地域づくり型自殺対策や自殺対策基本法に基づく自殺総合対策について解説し，それらがセーフティプロモーションとしての自殺予防として評価できることを解説する．

キーワード

セーフティプロモーション，自殺対策基本法，地域づくり型自殺予防，自殺総合対策，自殺手段の制限

1　はじめに

　世界保健機関（WHO）は，自殺を公衆衛生上の主要課題であると位置づけ，予防可能な課題であるとしている．日本の自殺者数は，1998 年に前年と比較し 8472 人も増加し 3 万 2863 人（自殺統計）となり，はじめて 3 万人を突破した．1 年間で 35％も急増する世界に例のない出来事であった．その後，自殺者数は 14 年間連続で 3 万人を超え続ける異常な状態が続いた．しかし，様々な対策が取られた結果，自殺者数は 2010 年から減少し始め，2012 年に 3 万人を割り込み，2019 年には，2 万 169 人（自殺統計）まで減少した．しかしながら，コロナ渦が始まった 2020 年には 2 万 1081 人（自殺統計）と一転して増加に転じ，2021 年には 2 万 1007 人（自殺統計）と微減したものの，2022 年には，2 万 1584 人（自殺統計速報値）と再び増加に転じた．

　読者は自殺予防と聞くとどんなことをイメージするだろうか．メンタルヘルスの問題のため，死にたい気持ちを持つ人に対する直接的な対人支援をイメージするだろうか．しかしながら，実は，自殺予防はそれだけでは語りつくせない．自殺者を減らすには，死ではなく生きることを選択できる生きることの包括的支援が必要である．そして，自殺のリスクを抱える個人をターゲットにするだけでなく，生きる道を選択できる地域や社会をつくる視点や取組みが必要であることを，読者に

理解してもらえるように努める．また，自殺手段の制限などによる自殺予防対策についても紹介する．そして，そのような取組みや施策は，セーフティプロモーション（safety promotion）としての自殺予防として捉えられることを示す．

　そのために本節は次のように論を進める．まず，1998 年の自殺者の急増とそれに引き続いての自殺対策基本法の制定に至る経緯を示す．次に，地域づくり型自殺予防活動について紹介する．その後，自殺対策基本法に基づく自殺総合対策について解説する．更に，自殺手段の制限による自殺予防について述べる．

 ## 2　自殺対策の経緯
——自殺者の急増から自殺対策基本法制定までの経緯——

　1998 年の自殺者の急増をきっかけとして，日本の自殺対策は動き出した．日本における健康づくりの指針である「21 世紀における国民健康づくり運動（健康日本 21）」（2000 年）の中には，「休養・心の健康づくり」が項目として含められていた．しかし，これだけでは，自殺対策に取組むべき行政の責任は明確ではなかった．2000 年，あしなが育英会は，親を自殺でなくした青少年を集めた遺児のミーティングを開催した．それまで，自殺に対する差別・偏見のため，自分の親が自殺で亡くなったことを語れなかった遺児たちは，同じ立場の仲間と親を自殺で亡くした事実をはじめて語り合ったという．2001 年，遺児たちは，NHK のテレビ番組で，顔と名前を公表して思いを語った．更に，当時の首相にも面会し，自殺対策の必要性を訴えた．このことの意義はきわめて大きい．自殺問題の一番の当事者である自殺者は既にこの世にいない．そしてその次の当事者である遺族も，差別・偏見を恐れて，それまで自殺について語ることができなかった．したがって，自殺対策には当事者が不在であったため，自殺は社会問題として捉えられず，個人の問題として矮小化されていたためである．自死遺児が思いを語ることで，自殺ははじめて社会問題として捉えられ，自殺対策が政策として位置づけられる引き金となった．2005 年には，参議院厚生労働委員会「自殺総合対策」決議が挙げられたり，自殺対策関係省庁連絡会議が開催されたりする等，自殺対策を政策として位置づける議論が進展した．2006 年には，自死遺族と民間団体が中心となり署名活動が行われ，「自殺対策の法制化を求める要望書」が国会に提出された．そして，超党派議員による議員立法により，自殺対策基本法が制定された．すなわち，自殺対策基本法は，専門家主導で行われたのではなく，自死遺児が声を挙げたことが発端となり，自死遺族や民間団体，そして超党派国会議員の連携によって制定にこぎつけたのである．[1][2][3]

3　地域におけるセーフティプロモーションとしての自殺予防

（1）北東北での取組み

　筆者がかかわってきた青森県における地域づくり型自殺予防対策（2003年から）を振り返り，簡単に紹介する.[4] 県精神保健センター，県保健所，市町村保健センター等が連携し，次のようなプロセスにより対策は進められた．保健所は管内市町村の自殺死亡率を算出し，把握した自殺率の高い市町村に対し予防対策を取るよう働きかけを行った．県精神保健センターが市町村保健師の研修等，人材養成にかかわる部分の技術援助を担当した．相当数の市町村では，住民を対象とするこころの健康調査が行われた．調査結果と合わせ，うつに対する知識だけでなく，心の健康を増進する保護因子をも記したリーフレットが毎戸配布された．ヘルスボランティアによる寸劇や紙芝居を用いた住民啓発活動も展開された．これらは，うつ病に対する医学的知識だけでなく，「自殺は勇気ある行動ではなく，避けられるものである」，「悩みを語ることは恥ずかしいことではく人生を幸せにする」，「地域の力（連帯）で，自殺は減らすことができる」等メッセージを唱道することでもあった.[5]

　岩手県久慈地域では，2003年に精神科医，看護師，保健所・市町村保健師，ケアマネージャー，消費生活相談員，ボランティア等により，久慈地域メンタルヘルスサポートネットワークが設置される活動が進められた．2006年には，久慈地域傾聴ボランティア団体「こころ」が結成され，紙芝居やグループ回想法を行ったり，検診の待ち時間を利用した傾聴活動，老人保健施設等での傾聴活動等が行われた.[4] また，2006年には，ボランティアルームサロン「たぐきり」が開所され，一般住民を対象の語りあいの場が提供されるとともに，心の個別相談や紙芝居等，様々な活動が展開された.[4] なお，久慈地域を含む，岩手県沿岸地域では，東日本大震災後も，ゲートキーパー研修を含む豊富な心の健康づくり活動が展開されている.

　なお，岡は，自殺稀少地域（全国と比較して極めて自殺が少ない）である徳島県旧海部町（現海陽町）の調査から，困った時に助けを求めやすい地域社会の在り方が，個人のストレスが低く抑えられたり，自殺の危険因子を抱いた人を自殺から遠ざける保護因子となることを見出している．このことは，地域づくり型自殺対策が必要である理由の一つを示している.[6]

（2）スウェーデンのセーフコミュニティでの取組み

　セーフコミュニティの認証を受けているスウェーデンのアリエプローグ（Arjeplog，人口3150人，2010年）は，北極圏の過疎のまちである．対策が取られる以前は，青年女性の流出が目立ち，男女の人口比が2対1を超えており，男性の自殺者が多い地域であった．1975年から1994年に経験された自殺例の検討では，精神科医療サービスの対象となっていた重症の精神疾患患者が含まれておらず，社会的な孤立によるアルコール乱用等により自殺に追い込まれているケースが多いことが明らかにされ，コミュニティの在り方の問題として認識された．効果的な予防のためには，個人へのアプローチだけでは不十分であり，コミュニティへの働きかけが行われることになった．プライマリーヘルスセンターが主導し，地域づくり型の自殺対策が実施された[7]（具体的なプログラム：若者の居

表 2-10　地域におけるセーフティプロモーションとしての自殺対策が必要な理由

1. 自殺のリスクがある心を病む人が相談につながるためには, 地域における差別や偏見を取り除くことが必要である.
2. 心を病んだ人が, 自殺の最後の引き金を引くかどうかの瀬戸際で, 地域のあり方が大きく左右する
3. 現在, 健康な人も将来心を病むかもしれない. 健康な人にも, 心の健康づくりを行い, 将来心を病みにくくする必要がある.
4. 自殺の背景には, 経済生活問題, 労働問題, 心の問題が複雑に絡まっており, 精神保健アプローチだけでなく, 他部門協働による社会的なアプローチが必要不可欠である
5. 地域づくり型自殺対策の効果は, 住民のメンタルヘルスリテラシーの改善だけでなく, 地域における人と人とのつながり, 絆の強化によるところが大きい.

出典：反町吉秀, 新井山洋子. セーフティプロモーションとしての自殺予防. 日本セーフティプロモーション学会誌 5(1)：1-8, 2012 から抜粋, 一部改変.

場所づくりとそのための条例, いじめ対策, 家族を救えプロジェクト, 女性が流出せずまちに留まれるような就労現場の確保や支援, 自殺の危機にある人のための電話相談等). その結果, 自殺率は人口 10 万あたり, 35 (1984-93 年) から 9 (1994-2009 年) まで減少した[7].

（3）地域におけるセーフティプロモーションとしての自殺予防が必要な理由

　国際的なセーフコミュニティ活動の生みの親とも言えるスバンストローム, L は, デュルケームによる社会的統合と規範と自殺との関係を論じた古典的著作を詳細に援用しながら, 自殺予防のための介入は, 個人だけを対象とするのではなく, 地域社会を診断して‘治療’する介入対象であることを説いている[7]. そして, 社会的排除（social exclusion）が暴力や自殺の根源にあることを指摘した上で, 地域におけるセーフティプロモーションとしての自殺予防の基盤として, 社会的排除とは対極にある社会的包摂（social inclusion）を伴う地域社会づくりが求められることをも述べている[7].

　地域づくり型の自殺予防対策は, 北東北等の農村部で精力的に取り組まれ, 実際, 秋田県における介入地域では, 非介入地域と比較して有意に自殺率を低下させている[8]. このような地域づくり型自殺予防活動は, 住民が主体的に参加して地域ぐるみで取り組み, 自殺や地域におけるメンタルヘルスについて地域診断を行いつつ, 自殺率等のアウトカムにより評価を行っており, 地域におけるセーフティプロモーションとしての自殺予防に該当すると思われる[4].

　ところで, 地域づくり型の自殺対策が必要であるのはなぜであろうか. 心を病む人個人（ハイリスク者）に対する精神医学的介入だけでは, 自殺対策として十分でなく, 地域に基盤を持つセーフティプロモーションとしての自殺対策が必要な理由を, **表 2-10** に列挙した.

 4 **自殺対策基本法に基づく自殺総合対策**

（1）自殺総合対策の理念

　図 2-18 は, 自死遺族, 民間団体, 研究者の合同チームが全国行脚し, 自殺で亡くなった人 523 人の遺族を, インタビュー調査することで作成された「自殺実態白書 2013」から抜粋した自殺の危機経路である. サークルの大きいものほど, 頻度の高い危険要因を示す. 70 を超える危険要因が把握

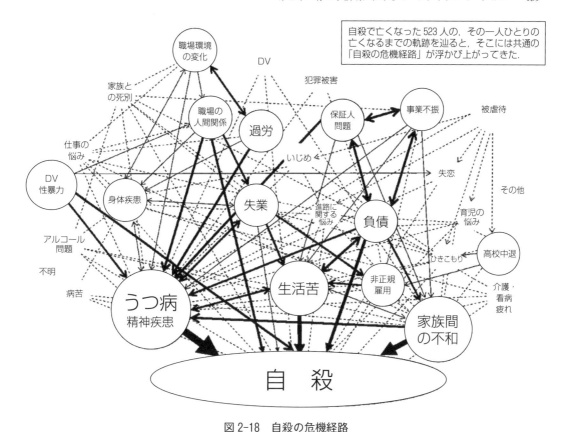

自殺で亡くなった523人の，その一人ひとりの
亡くなるまでの軌跡を辿ると，そこには共通の
「自殺の危機経路」が浮かび上がってきた.

図 2-18　自殺の危機経路

出典：自殺実態解析プロジェクトチーム. 自殺実態白書 2013〈http://www.lifelink.or.jp/hp/whitepaper.html〉より抜粋.

され，様々な要因が複雑に絡み合って自殺に追い込まれていくことが明らかになり，亡くなった人
一人あたり平均4つの危険要因を抱えて，自殺に追い込まれていたことがわかったという. この図[9]
からわかることがいくつかある. うつ状態や精神疾患は確かに頻度が高く，自殺のすぐ手前にある
危険要因である. しかし，多くの事例ではその手前に様々な要因があって，うつ状態や精神疾患に
追い込まれており，うつ状態や精神疾患に対する対策だけでは，自殺のリスクを抱えた人を救うに
は十分でないことがわかる. また，個別の問題それぞれに対して，窓口が縦割りで点の支援として
対応するのではなく，異なる窓口が連携して総合的に支援することの必要性も見えてくる. 複数の
問題を抱えて希死年慮を抱いた人は，心理的視野狭窄に陥るとともに無力な状態となりがちであり，
現実的には，適切な窓口を複数訪れることは極めて困難な状況に置かれる. そのような状況の中で
は，自治体は，申請主義と縦割りの壁を破って連携し，複数の問題を抱えた人がどこかの相談窓口
にさえたどり着けば，芋づる式にその人が必要としている様々な支援策にたどり着ける環境を作る
必要がある.

　このような自殺の実態を反映し，自殺対策基本法では，多くの自殺は個人の自由な意思や選択に
よるのではなく，「追い込まれた末の死」とした. その上で，社会的な要因も踏まえ，関係者が連携
して包括的に支える総合的な取組みにより，減らすことができる政策課題として位置づけられた.

自殺対策基本法においては，「自殺対策の総合的な推進が，国民が健康で生きがいを持って暮らすることのできる社会の実現に寄与すること」が明記されており（第1条），同法の目的が自殺の危機に瀕する人たちの救出や自死遺族の支援ばかりでなく，すべての住民にとって生きごこちの良い社会づくりをめざすものであることが示されている．この法律によりはじめて，自殺予防対策と，大切な人を自殺でなくした人への支援の両方が，国及び地方自治体の責務として法的に位置づけられた．

（2）自殺総合対策としての具体的取組み

a　足立区における生きることの包括的支援としての自殺対策

東京都足立区では，様々な生きづらさを抱える人に対する生きる包括的支援としての総合的な自殺対策が，2009年頃から推進されている．様々な関係機関が集い相談支援ネットワークが設立され，関係機関に共通する相談紹介票「つなぐ」シートを用いて相談者が自殺に追い込まれないための生きる支援として行われている．また，区職員を主な対象として，債務，過労，生活支援，遺族支援，傾聴の仕方，緊急雇用対策等，生きる支援に関連する様々な問題についての多分野合同研修が頻回に開催されている．研修でできた自殺対策への共通認識に基づき，当事者に対する支援として，雇用・生活・こころと法律の総合相談会が行われている．個別ケースについては関係部局による検討会が開かれた上での支援が行われている．また，遺族支援施策として，自死遺族分かち合いの会も開催されている．区民への啓発・周知として，図書館での広報やユーチューブを使った取り組みの紹介が行われている．足立区ではこれらの取組みにより，働き盛り世代の無職者の自殺を大幅に減らしている．足立区における取組みは，生きることの包括的支援の自殺総合対策のモデルとして評価されている[3]．

b　いのちと暮らしの相談ナビ

「いのちと暮らしの相談ナビ」は，様々な問題を抱えて自殺へと心が傾いている人でも，このサイトにさえアクセスすれば，簡単に必要な相談機関につながるように工夫された総合検索サイトである[10]．多重債務や過労，いじめや生活苦など，様々な問題を抱えている人たちのニーズや条件（土日祝日に対応しているかどうか，メール相談か面談か等）に合った相談先を検索できる．ITリテラシーが相対的に高い，若年層の自殺予防に役立つと期待されている．

c　よりそいホットライン

2012年に開設された「よりそいホットライン」は，仕事の悩み，心の悩み，生活の悩み，家庭の悩み，セクシャルマイノリティや外国人差別，広域避難に関すること等，あらゆる相談を24時間フリーダイアル（0120-279-338，つなぐ-ささえる）で受け付けている電話相談である[11]．この相談は，厚生労働省並びに復興庁の補助金事業としての寄り添い型相談支援制度に基づいて実施されている．これまでの電話相談と異なるのは，相談者の話に傾聴したり，アドバイスしたりすることに留まらず，必要に応じて各地に設置された地域センターと連携を取り，福祉事務所での生活保護申請に同

行支援をする等，直接支援も行っている点である．また，行政サービスではなかなか脱却できない縦割りも克服し，どんな相談も門前払いされることなく，相談を受けることができることも画期的な点である．

d　多重債務対策や法テラスによる支援

多重債務問題改善プログラム（2007 年策定）が，① 相談窓口の整備，② 借りられなくなった人に対するセーフティネット貸付，③ 多重債務者発生予防のための金融経済教育の強化，④ ヤミ金融の撲滅に向けた取り締まりの強化等を柱として進められている．多重債務の相談窓口は，すべての都道府県及び 95％を超える市町村（2011 年 9 月時点）で整備されている．多重債務者への相談では，まず，丁寧に事情を聴き債務整理の解決方法の相談を行う．その上で必要な場合には，低利の貸付の活用がなされている．消費者向けには生協等が，事業者に対しては日本政策金融公庫が，セーフティネット貸付を進めることで支援を行っている．なお，法的トラブルを抱えているが，経済的な理由のため，弁護士や司法書士の法的援助を受けることが難しい人に対しては，日本司法支援センター（通称：法テラス）が無料で法律相談を行っている．

e　自殺者を増やさないマスコミ報道の在り方

自殺に関する出版物や報道により，それを模倣した自殺行動が生じることが多くの研究により知られている．この現象はウェルテル効果と呼ばれている．他方，メディアによる自殺報道が適切になされることにより，自殺者数が減少することも知られている．その具体例として，ウィーンの地下鉄における自殺報道に関して，報道ガイドラインを導入してセンセーショナルな報道を減らしたところ，地下鉄による自殺は 75％減少し，すべての自殺を 20％減少させた事例が有名である．

そこで，WHO は，メディアに対する報道ガイドラインとして，「自殺予防．メディア関係者のための手引き」を提案し，自殺の原因を単純化したり，センセーショナルに報道することは避けるべきことを指摘するとともに，自殺に関する報道をする場合にはどこに相談すれば支援が受けられるかを必ずセットにして報道すべきことを述べている[12]．メディアには，自殺者の減少に積極的に寄与することが期待されている．

f　生活困窮者自立支援法に基づく施策

2015 年 4 月，経済的に困窮し，最低限度の生活を維持できなくなるおそれのある生活困窮者の自立の促進を目的として，生活困窮者自立支援法が施行された．この法律に基づく制度の根幹となる事業である生活困窮者自立支援相談では，様々な問題を抱えた相談者に対して，支援員がどのような支援が必要かを相談者と一緒に考え，寄り添いながら自立に向けた支援を行う．この制度は，行政窓口の縦割りを乗り越える相談機能を持つことが期待されている．また，社会保険制度（年金，医療保険，雇用保険，介護保険，労災保険等）による第 1 のセーフティネットと，生活保護制度による最後のセーフティネットの狭間に落ち込んでしまい，これまで支援が届きにくかった人々を支える第 2 のセーフティネットとして機能することが期待されている．生活困窮者は，経済的困窮だけでなく，

虐待や性暴力，様々な障がい（精神，知的，発達），ひきこもり，セクシャルマイノリティ，外国人，ひきこもり，依存症，被災，子育てや介護の悩み等，様々な問題を抱えているのが実像であり，社会的排除を受ける可能性が高い自殺のリスクが高い人々でもある．したがって，生活困窮者に対する支援は自殺対策でもある．そのため，厚生労働省は自治体に対して，生活困窮者自立支援施策と自殺対策の連携を促す通知を出している．

5　自殺総合対策の評価と自殺対策基本法改正

　2006年に自殺対策基本法が制定されても，自殺者の減少はすぐには見られなかった．その理由の一つとして考えられたことは，自殺対策基本法が施行されても，多くの自治体には自殺対策を実施する予算的な裏づけがすぐには得られなかったことがある．2009年に自殺対策緊急強化基金が造成され，全国の都道府県並びに市町村に自殺対策のための基金が配布され，各自治体が自殺対策に取組む財政的な環境に抜本的な改善がみられた．また，貸金業法・利息制限法の改正により，新たに深刻な多重債務者を生み出さない仕組みが作られたり，多重債務者に対する相談・支援体制が充実されたりしたことも特筆されるべきであろう．「よりそいホットライン」の全国的な展開も，その事業規模の大きさから，自殺者の減少に影響を及ぼした可能性がある[3]．これらを含めた国並びに地域レベルでの総合的な対策の効果もあり，日本の自殺死亡者数は，2010年より減少傾向となり，2015年には，2万4000人あまりにまで減少した．

　しかしながら，日本の自殺死亡率は，依然として，いわゆるG7諸国の中で，最悪レベルにとどまっており，緊急状態はつづいていること，若年者の自殺死亡率の減少率が小さいこと，勤務，家庭，学校問題を背景とする自殺の減少率が小さいこと，男性無職者の自殺率は依然として極めて高いレベルにとどまっていること，取り組みの進んでいる自治体と遅れている自治体の格差が拡大したこと等が，課題として残った．そのため，2016年に抜本的な改正がなされることとなった[3][13]．

6　改正自殺対策基本法（2016年）の概要と新しい取組み

　改正自殺対策基本法は，生きることの包括的支援として自殺対策を基本理念として位置づけた．法改正の実務的な柱は次の3点である．1点目は自殺対策計画の策定が，全ての都道府県並び市町村に義務づけられたことである．これは，自殺対策の取組み状況に大きな自治体格差があることに対する対策として実施された．2点目は，国及び自治体レベルにおける自殺対策推進体制の強化である．各都道府県並びに指定都市には，市町村の自殺対策推進の拠点として，地域自殺対策推進センターの設置が義務付けられた．3点目は，これまで補正予算で対応していた地域自殺対策に関する予算を，毎年当初予算に計上することにより恒久財源化されたことである．

　ついで策定された新しい自殺総合対策大綱では，自殺総合対策の基本理念を，「誰も自殺に追い

込まれることのない社会の実現を目指す」ものとされ，自殺対策は，「社会における生きることの阻害要因を減らし，生きることの促進要因を増やすことを通じて，社会全体の自殺リスクを低下させる」，とされた．すなわち，自殺対策は，ハイリスクの個人に焦点を宛てた対策ではなく，社会を変える対策として位置づけられたのであった．また，重点施策として，地域レベルでの取組みへの支援強化，子ども・若年者の自殺対策，勤務問題による自殺対策の推進等が追加された．また，国レベルでの自殺対策の数値目標として，2015 年と比較し，2026 年までに，自殺死亡率を 30％以上の減少が設定された．

　子どもに対する新しい自殺対策として，新しい自殺対策大綱に明記されている「児童・生徒への SOS の出し方教育の推進」が挙げられる．厚生労働省と文部科学省は 2018 年 1 月に，自治体に対して連名で通知を出し，SOS の出し方教育は，命や暮らしの危機に直面したとき，誰にどうやって助けを求めればよいか具体的かつ実践的な方法を学ぶ教育であり，全ての学校での実施を求めている．

　2017 年 10 月に発覚した座間事件[1]が契機となり，若年者が日常的なコミュニケーション手段として多用する LINE などの SNS を活用し，生きづらさ，孤立，死にたい気持ちを抱えた人に対する相談が，2018 年 3 月より実施された．これは厚生労働省の補助金の活用により民間団体や自治体による取組であった．2018 年 3 月 1 カ月間の厚生労働省による全国集計では，10 代，20 代の相談者が約 8 割，そして女性が 9 割近くを占めていた．これは，壮年や高齢者の割合が高い窓口での相談や電話相談と特徴が異なり，従来の相談では相談につながらなかった人々に相談の機会を提供する機能を果たしていることを示唆している．なお，導入された SNS 相談には，自殺リスクが高いと判断された場合には，本人の承諾を得て電話による相談に切り替え，必要に応じて本人に会い，社会資源に同行する等のサポートを行っているものもある．

　改正自殺対策基本法や新しい自殺対策大綱に基づく自殺総合対策は，① 自殺対策のため，病める個人に対する対策だけでなく，「生きごこちの良い社会づくり」を謳い，社会をそのターゲットとして変革することを志向して，制度や社会的環境を修正しようとしている．② 自殺の実態を社会的診断として把握するとともに，その効果の科学的検証にも重点を置いている．③ 保健医療セクターによる精神保健的なアプローチだけでなく，国や自治体の公的責任を明らかにしたうえで，諸機関，諸セクター（民間を含む）の協働に基づく，包括的自殺総合対策を施行している．したがって，自殺対策基本法や自殺対策大綱に基づく包括的な自殺総合対策は，国レベルにおけるセーフティプロモーションとしての自殺対策とも解釈できることがわかる[4]．

⑦　自殺手段の制限による自殺の予防
——もう一つのセーフティプロモーションとしての自殺予防——

　近年，飛び込み自殺や転落事故防止のため，日本の都市部では鉄道ホームへの柵設置が進められている．これをみて，ホーム上での自殺は減っても，自殺を企図した人は別の手段を使って自殺を

するのではないか，と効果を懐疑的に思っている人がいると思う．しかし，自殺手段の入手しやすさを制限することは，自殺を企図しようとする人に，自殺計画を思い直したり，援助を求めたり，自殺念慮を捨て去るのに必要な追加の時間を与える．また，自殺を企図する人にはそれぞれ親和性の自殺手段があり，その手段を封じられて使用することができなくなった場合，必ずしも別の手段による自殺を企図する訳ではないことが，国内外の研究により明らかにされている[14][15]．したがって，特定の自殺手段の入手制限は自殺死亡率を下げ，予防対策として有効とされている．

英国，オーストラリア，ノルウェーでも，睡眠薬の入手制限を行い，薬物による服毒自殺率の低下に加え，総自殺率を低下させることに成功している．台湾，中国，韓国では，農薬の入手や所持について法的規制をかけることで，服毒自殺を減らすとともに，総自殺率を低下することに成功している．このような実践と研究に基づき，WHO は銃規制，家庭用ガスの無毒化，農薬を含む有害物質の入手規制等により，自殺手段の入手しやすさを制限することは，最も科学的根拠のある自殺予防対策であるとして，推奨しているのである．

ところで，練炭の不完全燃焼による一酸化炭素中毒を用いた自殺は，1998 年に香港で流行し，それが東アジアの国々に伝播した．日本においても 2003 年から流行が始まり，その年にガスを用いた自殺の割合は倍増（2002 年が 6.3%，2003 年は 13.3%）し，その後高い割合が継続している[14]．特に，若年から壮年層の男性の自殺手段として大きな割合を占めている．他の手段による自殺が減少していないため，2003 年から認められる 20 歳代，30 歳代の自殺者数の増加傾向に，練炭自殺が導入されたことが寄与している可能性がある[14]．

香港では，練炭の入手制限を行うことによる自殺予防の地域介入研究が行われた[15]．量販店の開架棚からバーベキュー用の練炭をすべて撤去し，対面販売が導入されたのである．具体的には，店員に依頼して鍵のかかったコンテナから持ってこないと購入できないようにして，練炭を手に入れにくくしたのである．この介入は，Tuen Mun 地区で 2006 年 7 月から 2007 年 6 月まで介入が行われた．その結果，練炭自殺は 53.5% 減少し，総自殺率も 31.8% 減少し，他の自殺手段による自殺の増加はみられなかった．他方，対照地域の Yuen Long 地区（人口約 50 万人）では，練炭自殺は増加し総自殺率は横ばいであった[15]．

ところで，自殺総合対策推進センターが，自治体における自殺対策の推進や計画策定の支援のために，自殺対策政策パッケージを策定している．その重点パッケージの一つとして，「自殺手段」政策パッケージが提示されており，農薬の管理の徹底による服毒自殺の予防や練炭自殺防止のための香港や台湾での取組が紹介されている．日本でも，香港にならい，練炭の入手に制限をかけることにより，若年層の自殺死亡率を低下させることができる可能性がある．日本全体での法制化が困難であるのであれば，先進的な自治体が条例を制定して練炭の入手制限を図ることも，考慮に値する．また，未使用のまま保存されている農薬の回収等を進めることにより，農薬を用いた服毒自殺を減らすことができる可能性がある．

8　まとめに代えて

　本節では，自殺対策は生きることの包括的支援であり，自殺のリスクを抱える個人をターゲットにするだけでなく，生きる道を選択できる地域や社会をつくる視点や取組みが必要であることを，読者に理解してもらえるよう試みた．また，自殺手段の制限など多様な対策も自殺者を生み出さない社会づくりであることも示した．そして，そのような取組みや施策は，セーフティプロモーションとしての自殺予防として捉えられることを解説した．本節を読み，自殺予防に対するイメージは変わったであろうか？

　なお，職域における自殺対策については第10節過労死を，コロナ渦における自殺とそれに対する対策については，第5章「6　コロナ禍の自殺と予防対策」を参照して欲しい．

注
1）2017年10月30日に発覚した神奈川県座間市で発生した女性8名，男性1名が殺害された連続殺人死体遺棄事件.

参考文献・資料

[1] 世界保健機関. 事例：日本国一社会経済的変化に直面した中での自殺予防. 自殺を予防する―世界の優先課題―. P55, 2014〈http://apps.who.int/iris/bitstream/handle/10665/131056/9789241564779_jpn.pdf;jsessionid=E5AFF5A7FDFBC7B7F46E1A5A41FE0414?sequence=5.〉（2023年2月23日アクセス）.

[2] 森山花鈴. 自殺対策の政治学. 晃洋書房, 2018.

[3] 反町吉秀：日本の自殺対策―これまでとこれから―. 日本セーフティプロモーション学会誌 11(2)：1-6, 2018.

[4] 反町吉秀, 新井山洋子. セーフティプロモーションとしての自殺予防. 日本セーフティプロモーション学会誌 5(1)：1-8, 2012.

[5] 本橋豊, 渡邉直樹. 自殺は予防できる―ヘルスプロモーションとしての行動計画とこころの健康づくり活動. すぴか書房, 2005.

[6] 岡檀. 生き心地の良いまち―この自殺率の低さには理由がある. 講談社, 2013.

[7] Osorno J, Svanström L, Beskow J. (eds.) Community Suicide Prevention, Karolinska Institutet, Department of Public Health Sciences, Division of Social Medicine, Stockholm, Sweden, 2010.

[8] Motohashi Y, Kaneko Y, Sasaki H, Yamaji M. A decrease in suicide rates in Japanese rural towns after community-based intervention by the health promotion approach. Suicide and Life-Threatening Behavior 37: 593-599, 2007.

[9] 自殺実態解析プロジェクトチーム. 自殺実態白書2013〈https://www.lifelink.or.jp/Library/whitepaper2013_1.pdf〉（2023年2月23日アクセス）.

[10] NPO法人自殺対策支援センターライフリンク. いのちと暮らしの相談ナビ〈http://lifelink-db.org/〉（2023年2月23日アクセス）.

[11] 一般社団法人社会的包摂サポートセンター. 寄り添いホットライン〈https://www.since2011.net/yorisoi/〉（2023年2月23日アクセス）.

[12] 世界保健機関. 自殺対策を推進するためにメディア関係者に知ってもらいたい基礎知識2017年版. 翻訳 自殺総合対策推進センター 2019年〈https://www.mhlw.go.jp/content/000526937.pdf〉（2023年2月23日アクセス）.

[13] 小牧奈津子. 「自殺対策」の政策学. ミネルヴァ書房, 2019.

[14] 反町吉秀. セーフティプロモーションの視点からみる若年層の自殺予防. 学校保健研究 55(6)：492-498, 2014.

[15] Yip PS, Law CK, Fu KW et al. Restricting the means of suicide by charcoal burning. Br J Psychiatry 196(3): 241-242, 2010.

Column 7

中途障害者の生きがい支援

徳珍温子

　人が自ら命を断つという行為は，多様で複雑な要因が絡み合って起こる．自殺の原因・動機の数値をみると，「健康問題」が第1位で約3割を占めているが，「経済・生活問題」や「家庭問題」等の問題や心の問題などが複雑に絡み合って自殺に至る[1][2]．

　自殺と生きがいを失うことと「＝」で結びつけることはできないが，著者が過去に看護師として経験したことについて述べてみたい．病気や怪我によって生涯を中途障害のある状態ですごすことになったA氏やB氏が，生きていくことよりも死を望む方向へ進んでいった心情を，彼らが自ら命を断つという選択を，看護者として身近で看ながら覆す力を持たなかったという自身の力の無さが悔やまれる．中途障害がある状況にあっても生きがいが在り続けるのだろうかという思いが，中途障害の生きがいを支援する知識と技術と態度を見出すことができないだろうかと考えている．生きがいとは，これがあるから生きていくことができると思える感情であり状況である．また自らの存在意義を示すものであると考える．

　一方，ある「脳卒中患者会（当事者会）」で中心的役割を担っている人と話をする機会を得た時のことを紹介する．その人は「三度自殺を試みたが死にきれず，自殺未遂によって家族や周囲の人が警察に呼ばれたりと，とても（家族や周囲の人が）大変だったので，これ以上自殺を図って迷惑を掛けることはできないと，死ぬことを諦めました」と語った．これは中途障害者の生きがい支援を考えるうえで大切な言葉であった．

　脳血管障害による中途障害のある人を中心とした作業所で数人に「あなたにとって，何が前向きに気持ちを向かわせているのでしょうか」というインタビューを看護学生とともに行ったことがあった．また「生きがいと感じることは何でしょうか」という質問も行ったことがあった．いずれも，感覚の麻痺や運動障害がある中で，発症前にはできていた趣味や仕事（役割）が果たせなくなる，言葉が思い通りに話すことができないことによって他者との関係性が変化せざるを得ない状況の中で，今後のことや自分自身のことについて不安や困難を感じてはいるものの，聞き手に「原因となる疾患について」語り，社会資源の活用を含む公的なサポートやインフォーマルなソーシャルサポートが語られる結果となった．

　このことは中途障害者自身が変えることのできない現実を語ることで確かめ受

表1　中途障害者へのインタビュー

何が前向きに気持ちを向かわせているのか	生きがいと感じること
原因の疾患	原因の疾患
自殺を考えた	外へ出ることへの不安
発症からの経過	作業所との出会い
ソーシャルサポート インフォーマル・ソーシャルサポート	社会資源の活用
答えることは難しい	外へ出ることが好き
後ろ向きにならないようにする	将来やりたいこと
家族	作業所以外の活動

出典：筆者作成.

け入れることと，他者から存在していることを認められることだと言える.

　人と人との関わり，特にインフォーマルソーシャルサポートに目を向けてみると，隣近所の付き合いから生まれるつながりに始まり，町内会や自治会などの地縁組織に参加することによりつながりが生まれるが，年々，近隣住民同士の交流は低下傾向にある. 特に若年層が顕著である. 一方，ボランティアへの参加は現在参加している人または今後の参加を希望する人は多い. このことは，顔の見える関係性は避けたいが，顔の見えない関係であれば他者と繋がっていたいという傾向を示しているともいえる.

　病気や障害といった誰にでも起こり得る他者の支援が必要な状態にあって，かつての地域の中で相互支援するインフォーマルなシステムが適切に機能することへの期待が薄れていく中で，中途障害のある人の自己を見つめる過程とそこに存在することを認め寄り添うことが地域の中で見出すことが難しい現在，医療従事者や福祉関係者だけにとどまることなく対人援助に就く者は，フォーマルなソーシャルサポートである社会資源への情報提供を行うことも重要な役割であると考える.

　最後に，この文章中「障害」という文字を使用してきたが，「障がい」「障碍」などと表記されることがあり，多様な意見を聞くこともある. その中で大切に思うことは，様々な考えを聞き入れながら考え続けることであり，中途障害のある人の傍にあって寄り添い，自身にできる事は何かを考え行動することであると考える.

参考文献・資料

[1] 警察庁 Web サイト. 自殺者数. 〈http://www.npa.go.jp/publications/statistics/safetylife/jisatsu.html〉（2023 年 1 月 25 日アクセス）.

[2] 厚生労働省. 平成 28 年版自殺対策白書 第 2 章自殺の状況をめぐる分析. 2016 年. 〈http://www.mhlw.go.jp/wp/hakusyo/jisatsu/16/dl/2-02.pdf〉（2023 年 1 月 25 日アクセス）.

[3] 総務省. 平成 22 年版情報通信白書 第 2 部情報通信の現況と政策動向. 2010 年. 〈http://www.soumu.go.jp/johotsusintokei/whitepaper/ja/h22/html/md121200.html〉（2023 年 1 月 25 日アクセス）.

[4] 内閣府. 平成 27 年度版世論調査. 住生活に関する世論調査 〈http://survey.gov-online.go.jp/h27/h27-juuseikatsu/2-3.html〉（2023 年 1 月 25 日アクセス）.

第 9 節

ひきこもりの長期化と家族心理教育

山根俊恵

要　約

　わが国のひきこもりは，約 115 万人と推計され，その長期化と高齢化が問題となっている. 親も年老いていく中，「親子共倒れの危機」に直面し，問題が顕在化してきた. 全国にひきこもり地域支援センターを設置し，ひきこもり支援体制を整備しているが，機能しているとは言い難く，家族支援でとどまっているのが現状である.

キーワード
ひきこもり，社会的孤立，共依存関係，家族心理教育

1 　ひきこもり概要

（1）社会的排除の視点

　「ひきこもり」という言葉は，DSM-Ⅲという精神科の診断基準に記された Social Withdrawal という言葉が直訳されて使われるようになった．これは診断名ではなく，統合失調症やうつ病の精神症状の一つにすぎない．ひきこもりは，日本固有の問題であると考えられがちで，日本の文化が影響しているのではないかと論じられることがある．ひきこもり問題は，決して日本固有のものではない．加藤らの国際共同調査では，米国，韓国，インドなどでもひきこもり症例が報告されている[1]．社会からの居場所を奪われた存在としてみるならば，ホームレスやネットカフェ難民も同様の問題である．社会から排除された人たちの居場所が「家の中」か「路上」か「ネットカフェ」の違いだけである．いずれになるかは，社会文化的な影響が大きいのではないか．個人主義的な文化が優位な地域ではホームレス，家族主義的な文化が優位な地域ではひきこもりが増えるのではないかと思われる．ひきこもりを「社会的排除」という視点で捉えるならば，包括的支援の対象として考えていかなければならない．

（2）高年齢化の問題

　「ひきこもり」という言葉が新聞記事に登場したのは 1980 年代末から 1990 年代初頭である．不登校の延長や就労の失敗をきっかけに，何年もの間自宅に閉じこもり続ける青少年を指す言葉として捉えられてきた．内閣府は 2019 年 3 月 29 日，40 歳〜64 歳のひきこもりの人が全国で 61 万 3000 人いるとの推計値を公表した[2]．この数値は 15 歳〜39 歳の 54 万 1000 人（2015 年）を上回る結果であり，中高年のひきこもりの問題の深刻な実態が社会的にも浮き彫りになったと言える．「当事者が求めるひきこもり支援者養成に関する調査報告書（2022 年 3 月）[3]」によると，ひきこもり本人の平均年齢は 34.6 歳，男性が 81.3%，ひきこもり期間は，平均 9.2 年で，著しい高年齢化傾向を示し，その増加や長期化が深刻な問題となっている[4]．ひきこもり者の高齢化が進み，親も年老いていく中，「親子共倒れの危機」に直面している．80 代の親と 50 代の無職の子どもが同居し，社会から孤立して困窮する状況は「8050 問題」と言われている[5]．親が元気な間は，親の年金で暮らすことができるが，親の介護がのしかかれば，双方の生活は破綻しかねない．最近では，親子の孤独死[6]，遺体遺棄[7]，無理心中事件[8]など世帯ごと地域で孤立したケースが明るみになっている．

2 　ひきこもりに関連の深い精神障害と医療の必要性

（1）精神障害との関係

　ひきこもりと関連の深い精神障害には，広汎性発達障害，強迫性障害を含む不安障害，身体表現

性障害, 適応障害, パーソナリティ障害, 統合失調症などが挙げられる. 特に発達障害の関連は稀[9]ではなく, 精神保健福祉センターでのひきこもり相談来談者の調査では全体の30％弱に発達障害の診断がついたという報告もある. ひきこもり状態に陥る要因には, いじめや体罰, 受験や就職活[10]動の失敗, 失業, 病気など様々で, 誰でもが起こり得る状態である. ひきこもり初期には, 過敏性大腸炎や頭痛などの心身症, 気分の落ち込み, 不安, 猜疑心, 対人不安, 不眠など適応障害の症状が多く出現する. また, 就労の失敗の挫折体験から他人の目に敏感になり社交不安障害やうつ状態になることもある. あるいは, 長期化によって二次的に社会生活を避ける「回避性パーソナリティ障害」や被害妄想を抱く「妄想性パーソナリティ障害」として固定化することや統合失調症などの精神疾患を伴っている場合もある. つまり, ひきこもり状態から二次的に様々な精神症状が生じること, ひきこもり状態が潜在する基礎疾患のカムフラージュになっている可能性もある.[11]

（2）ひきこもり問題の治療的流れ

ひきこもり外来を開設している中垣内は, ひきこもり治療における依存症モデルを提唱している.[12]ひきこもりは, 依存症と同様に「否認」の病理が基本的にある. ひきこもっている事実を本人や家族が「ひきこもりではない」と否認する, 「その気になれば抜け出せる」と過小評価する傾向は, アルコール依存症と同様である. また, 家族との関係においては共依存的になりやすいという点でも似ている. ひきこもり者は, 経済的のみならず心情的にも親に依存しており, 母親は「ダメな我が子の面倒を見る母親」という役割に依存しているため問題意識を持つことが難しい. このため, 相談機関や医療機関への受診行動も遅れるとされる. 一方で, 家族が精神科に相談しても「本人を連れてこないと……」と言われ, 諦めてしまうことも多い.

3 ひきこもりの定義と支援

（1）ひきこもりの定義

厚生労働省は, 「様々な要因の結果として社会参加（義務教育を含む就学, 家庭外での交遊など）を回避し, 原則的には, 6カ月以上にわたって概ね家庭にとどまり続けている状態（他者とかかわらない形での外出をしていてもよい）を指す現象概念である」と定義している. つまり, 外出できるかどうかでは[13]なく, 家族以外との関わりがない状態, または家族との関わりも持たない状態を指す. また, 原則として, 精神疾患は含まない, アルバイトは含まないとされている. この定義で, ひきこもり者は, 本当に救われるのだろうか.

筆者は, 「ひきこもり」ではなく, 「Social Distancing Syndrome（社会的距離症候群）」という用語を提案している. その定義は, 「さまざまな要因によって, 社会や人と一時的に距離を取った結果, 徐々に社会とのつながりがなくなり, 家族以外の人, は家族とのコミュニケーションの機会が減ってしまった状態である. この状態が長期化することによって自尊感情が低下し, 社会参加が難しくなった現象概念である」としている. 自尊感情（Self-esteem）の低下は, 「自分は価値がない人間と感

じ，自己否定によって自己効力感（Self-efficacy）の低下」を引き起こす．その結果，感情コントロール不全・抑うつ症状・対人恐怖・コミュニケーション障害・強迫症状・感覚過敏・生きる力の低下・セルフネグレクト（自己放任）などの症状が目立つようになり，自身の力での回復は難しくなる．このような症状は，個人の生きづらさや家族とのコミュニケーションも影響している．

（2）ひきこもり支援体制

　2009 年に「ひきこもり対策推進事業」が施行され，ひきこもりに特化した専門的な第一次相談窓口としての機能を有する「ひきこもり地域支援センター」が都道府県，指定都市 79 自治体に設置された．さらに 2022 年度からは，より住民に身近なところで相談ができ，支援が受けられる環境づくりを目指して，「ひきこもり地域支援センター」の設置主体を市町村に拡充するとともに，新たなメニューとして，ひきこもり支援の核となる相談支援・居場所づくり・ネットワークづくりを一体的に実施する「ひきこもり支援ステーション事業」が開始された．ひきこもり支援は，「出会い・評価段階」「個人的支援段階」「中間的・過渡的な集団との再会段階」「社会参加の試行段階」の4 段階とされている[14]．基本的に各段階の順番にしたがって進行をするものであり，支援者が強引に本人のアプローチを行うことや強引に集団の場に出すようなことがあってはならない．家族支援としては，同じ問題に苦しむ家族の集まりとして「家族会」がある．これは，「自由討論型」で支援者が介入しないといった形で運営されている．家族同士が支えあえるメリットはあるが，多くは第 1段階の支援で留まっている．

（3）ひきこもり家族心理教育

　従来の家族教育は，正確な知識が欠けているために問題行動が起きていると考え，欠けている知識を補うことにより自己管理能力の促進を図るものである．これは治療モデルで，専門家が家族に不足しているものを補う関係となる．これに対して心理教育的援助では，現在の家族の行動はこれまで各々の経験や周囲の人達との関係の中での対処であり，工夫した行動であると考える．そして，専門家がこれらを尊重しながら，相互交流を参加者ともち，その相互交流におけるやり取りの体験を通して，家族が自分にあった対処法を獲得していくという相互作用モデルである．

　筆者は，CRAFT[15][16]（コミュニティ強化と家族訓練：Community Reinforcement and Family Training）等を取り入れ，ひきこもり家族心理教育基礎編 6 回プログラムを作成した[17]．CRAFT は，物質乱用の問題を持つ家族の治療プログラムで，「できることは全てやり尽くした」と思っている人を対象にしている．叱責し，小言を言い，懇願し，物で釣る，距離をおいたりしながら頑張ってきた人に，まだ試したことがない方法を採用している．自分自身とひきこもりの子どもとの関係性を変えることによって家族の不安な気持ちを減らすとともに，ひきこもり者が安心して変化を起こせるようにするものである．また，ICA シート（対人関係コミュニケーションシート：Interpersonal Communication Analysis Sheet）を活用して問題となる場面の分析を行い，「悪循環」を「好循環」に変えるために家族自身ができることを考えている[18][19]．修了後は，月に 1 回の実践編を行うことで，アウトリーチ・居場所支援，就労支援と移行している．その実践・研究から，ひきこもり支援の段階と支援システム（山根モデ

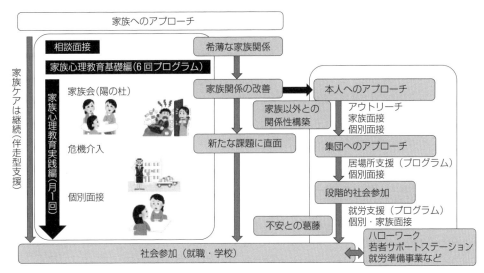

図 2-19　ひきこもり支援の段階と支援システム（山根モデル）

出典：筆者作成.

ル）を**図 2-19**のように考えている.

参考文献・資料

[1] 加藤隆弘, Alan R. Teo, 館農勝他. 社会的ひきこもりに関する日本, 米国, 韓国, インドでの国際共同調査の紹介. 臨床精神医学 44(12)：1625-1635, 2015.

[2] 内閣府ホームページ：生活状況に関する調査報告書（平成 31 年 3 月）, 内閣府政策統括官（共生社会政策担当）〈https://www8.cao.go.jp/youth/kenkyu/life/h30/pdf-index.html〉（2019 年 5 月 13 日アクセス）.

[3] KHJ 全国ひきこもり家族会連合会. 当事者が求めるひきこもり支援者養成に関する調査報告書. 厚生労働省「令和 3 年度 民間団体活動助成事業 ひきこもりの理解促進と支援体制の充実・活性化のための人材育成に関する事業」：7-54, 2022.

[4] 川北稔. ひきこもりの長期化・高年齢化と社会的支援の課題. 月刊福祉 100(7)：52-53, 2017.

[5] 池上正樹. ルポ「8050 問題」─高齢親子 "ひきこもり死" の現場から, 河出書房新社, 2019.

[6] 北海道新聞. 母と息子介護の果て「8050 問題」支援急務　札幌の住宅に 2 遺体. 1 月 21 日.〈https://www.hokkaido-np.co.jp/sp/article/268660?fbclid=IwAR2io8nPklFamm29dDQLRU3X7ryxABQ9LKxia-oo_-mQfFSvSEO13p1o4EQ〉（2019 年 2 月 12 日アクセス）.

[7] 日経経済新聞. 自宅で死亡の母放置の疑い　引きこもり 49 歳男逮捕. 2018 年 11 月 5 日.〈https://www.nikkei.com/article/DGXMZO37376520V01C18A1000000/〉（2019 年 2 月 12 日アクセス）.

[8] 朝日新聞. 岐阜の妻子殺害事件「ネクタイで首しめた」夫が供述. 2018 年 11 月 27 日.〈https://www.sankei.com/west/news/140626/wst1406260078-n1.html〉（2019 年 2 月 12 日アクセス）.

[9] 中垣内正和. 日本における「ひきこもり」の構造変化について「ひきこもり外来」218 名の統計分析から. アディクションと家族. 日本嗜癖行動学会誌 3：236-243, 2013.

[10] 齊藤万比古. ひきこもりの評価・支援に関するガイドライン. 厚生労働省「思春期のひきこもりをもたらす精神科疾患の実態把握と精神医学的治療・援助システムの構築に関する研究」, 2010.

[11] 斎藤環. ひきこもりと精神医療・総論. 医学のあゆみ 250(4)：243-248, 2014.

[12] 中垣内正和. ［大人のひきこもり］大人のひきこもりの現状と問題点. 地域保健 38(2)：44-52, 2007.

[13] 齊藤万比古. ひきこもりの評価・支援に関するガイドライン. 厚生労働省「思春期のひきこもりをもたらす

精神科疾患の実態把握と精神医学的治療・援助システムの構築に関する研究」：6，2007.

[14] 山根俊恵.「山根モデル」によるひきこもり支援の効果 社会的距離症候群（Social Distancing Syndrome：SDS）というとらえ方. 精神科看護 第 48 巻第 12 号：41-49，2021.

[15] 齊藤万比古. ひきこもりの評価・支援に関するガイドライン. 厚生労働省「思春期のひきこもりをもたらす精神科疾患の実態把握と精神医学的治療・援助システムの構築に関する研究」：25-65，2007.

[16] ロバート・メイヤーズ，ブレンダ・ウォルフ. 松本俊彦，吉田精次監訳，渋谷繭子訳. CRAFT 依存症患者のための対応ハンドブック. 金剛出版，2013.

[17] 境泉洋. CRAFT ひきこもりの家族支援ワークブック. 金剛出版，2013.

[18] 山根俊恵. 親も子も楽になる ひきこもり "心の距離" を縮めるコミュニケーションの方法 改訂版. 中央法規，2022.

[19] 山根俊恵. 家族支援（若者を中心に）特集ひきこもりの理解と支援. 精神医学 Vol. 64 No. 11：1501-1508，2022.

Column *8*

危険行動に関する思春期の意思決定

西岡伸紀

　危険行動は，心身の健康や生命に重大な結果を及ぼす行動であり，例えば，喫煙，飲酒，薬物乱用，危険な性行動，自傷・他傷，拒食・過食などがある. 危険行動は思春期に多発する. また，相互に関連性があり，複数の危険行動をとる傾向にある. 危険行動を行うか否かは，意識的あるいは無意識的な意思決定の一つと捉えられる.

　思春期の意思決定研究には，心理学，経済学等に加え脳・神経科学が寄与し，大きく進展している. それらを参考に[1]，青少年の危険行動に関する意思決定の特徴について述べる.

　一般的に，意思決定には 2 つの行われ方があるとされる（二重過程理論）[2]. 一つは熟慮型の意思決定であり，その過程は，意思決定課題の明確化，情報の収集，選択肢の列挙，各選択肢実行後の結果の予想，選択肢の選択などオーソドックスなものである. 他方は直感型の意思決定であり，経験，感情などに基づき行われる. 熟慮型は時間をかけて慎重に行われ，「遅い」「合理的・論理的」「努力必要（ストレスが大きい）」等の特徴がある. 直観型は短時間に，時に瞬時に行われ，「速い」「情動的・直感的」「努力不要（ストレスが小さい）」等の特徴があり，バイアスを伴いやすい. 日頃の意思決定は直感型が多くを占めるとされる.

　思春期の意思決定の特徴として，まず，様々なリスクに対する評価は，成人と比べて遜色ないことが挙げられる. 思春期に危険行動が多発する主な原因は，意思決定能力やリスク認知能力が不十分である（リスクの予想が甘い）ことと推測されてきた. しかしながら，青少年は，成人と並ぶ意思決定能力を有することがわかり，危険行動多発の原因が他に求められるようになった.

　2 つ目の特徴は，リスク認知とその後の危険行動との関連を調べた縦断研究によれば，思春期のリスク認知が低いほど危険行動をとりやすくなるということである. 一方，リスク認知は個人の中でも変化するが，思春期では，危険行動の経験により，リスクを低く評価するようになることがわかった. 例えば，経験後に「たいしたことはない」と捉えるようになることがある.

　3 つ目は，思春期の意思決定は，仲間，感情，メディアなどの内的要因や外的要因の影響を受けやすいということである. これには自己制御能力の発達が関わるとされる. 自己制御能力は成人期にかけて発達するため，思春期での発達は不十分と考えられる.

　要因のうち，仲間の影響は思春期に特徴的である. 飲酒，薬物乱用，性の問題などは仲間の誘いが強

力なきっかけになる．さらに興味深いことには，誘われなくても，仲間が存在するだけで危険行動が促される可能性が示唆されている．ビデオによる運転シミュレーションを行う「チキンゲーム」を用いた実験では，思春期（平均 14.0 歳），若者（同 18.8 歳），成人（同 37.2 歳）を対象に，単独の場合と仲間が脇に 2 人いる場合の運転を比べた．その結果，仲間がいる場合を単独の場合と比べると，運転の危険度は，思春期では顕著に高まり，若者ではある程度高くなり，成人ではほとんど変わらなかった．

　以上の特徴は，健康教育や安全教育に示唆を与える．

　一つは，熟慮型意思決定能力の育成の必要性が再確認されたことである．低いリスク認知が危険行動を促すこと，危険行動の経験によりリスク認知が低下することから，危険行動の発生防止のためには，リスク認知の向上を図る健康教育や安全教育が重要である．危険行動の健康や生命への悪影響に関する学習は，意思決定スキルにおける各選択肢を実行した場合の結果予想の学習として活用できる．ただ，結果予想について，健康影響に限定せず，人間関係に及ぼす影響等の社会的結果を取り上げることも必要とされる．思春期では，例えば，拒否による仲間の反応や仲間関係の悪化など，意思決定の社会的結果への関心が高い．

　2 つ目は，直観型の意思決定に関する学習の必要である．安全教育では，危険予測・危険回避など直観型の学習が既に行われているが，今後は感情やバイアスを取り上げることが考えられる．感情に関する学習は，例えば，「情動・社会性に関する学習」（SEL: Social Emotional Learning）において扱われている[4]．情動は感情と似ているが，短時間で（時に一瞬で）発生するものとされる．同学習では，様々な情動があること，それらの情動を無視するのではなく的確に捉えること，情動を適切にコントロールすることなどを学習する．危険行動に関わっては，好奇心，仲間の反応への期待や不安などの情動があるが，それらの認知や意思決定への影響，コントロールなどの学習が考えられる．「バイアス」については，思春期に限らないが，例えば，自分の安全性を過剰に評価し安全行動をとらない「正常性バイアス」の学習などが挙げられる．

参考文献・資料

　[1] Albert D, Steinberg L.　Judgment and decision making in adolescence.　*Journal of Research on Adolescence* 21(1): 211-224, 2011.

　[2] 阿部修士．意思決定の心理学　脳とこころの傾向と対策．講談社：13-38，2017．

　[3] Gardner M, Steinberg L.　Peer influence on risk taking, risk preference, and risky decision making in adolescence and adulthood: an experimental study.　*Develpomental Psychology* 41(4):625-635, 2005.

　[4] 松村京子編著．学校における情動・社会性の学習―就学前から高等学校まで―．日本学校保健会：14-18，2012．

第10節

過労死等の防止について

生越照幸

:::::
■ **要　約**

　過労死と過労自殺の背景には長時間労働や職場のパワーハラスメントの問題が存在している．そのため，過労死や過労自殺を防止するためには，長時間労働の解消や職場のパワーハラスメントを防止することが重要となる．

■ **キーワード**

　過労死，過労自殺，長時間労働，職場のパワーハラスメント，労災
:::::

① 過労死等の定義

　「過労死等」とは，過労死等防止対策推進法第2条において，「業務における過重な負荷による脳血管疾患若しくは心臓疾患を原因とする死亡若しくは業務における強い心理的負荷による精神障害を原因とする自殺による死亡又はこれらの脳血管疾患若しくは心臓疾患若しくは精神障害」と定義されている．

　すなわち，「過労死等」は，① 業務における過重な負荷によって発病した脳血管疾患若しくは心臓疾患とこれらの疾患により死亡した場合（以下「過労死」という.）と，② 業務における強い心理的負荷によって発病した精神障害とかかる疾患を原因とした自殺（以下「過労自殺」という.）に分類することができる．

② 過労死等の労災請求件数等の推移

（1）過労死について

　過労死の労災請求件数は，平成29（2017）年度840件，平成30（2018）年度877件，令和元（2019）年度936件，令和2（2020）年度784件，令和3（2021）年度753件と近年若干の減少傾向にある．労災として認定された件数を見ると，平成29（2017）年度253件（うち死亡92件），平成30（2018）年度238件（うち死亡82件），令和元（2019）年度216件（うち死亡86件），令和2（2020）年度194件（うち死亡67件），令和3（2021）年度172件（うち死亡57件）と同じく減少傾向にある．

　令和3（2021）年度に労災認定されたものを時間外労働時間別で見ると，「80時間以上〜100時間

未満」63 件（うち死亡 22 件），「100 時間以上〜120 時間未満」38 件（うち死亡 12 件），「60 時間以上〜80 時間未満」29 件（うち死亡 11 件），「120 時間以上〜140 時間未満」10 件（うち死亡 2 件）の順であった[1]．

このように，過労死の背後には，長時間労働の問題が存在しているといえる．

（2）過労自殺について

過労自殺の労災請求件数は，平成 29（2017）年度 1732 件，平成 30（2018）年度 1820 件，令和元（2019）年度 2060 件，令和 2（2020）年度 2051 件，令和 3（2021）年度 2346 件と近年徐々に増加する傾向にあり，過労死のおよそ 3 倍の請求件数となっている．労災として認定された件数を見ると，平成 29（2017）年度 506 件（うち自殺 98 件），平成 30（2018）年度 465 件（うち自殺 76 件），令和元（2019）年度 509 件（うち自殺 88 件），令和 2（2020）年度 608 件（うち自殺 81 件），令和 3（2021）年度 629 件（うち自殺 79 件）となっている．

令和 3（2021）年度の労災認定の原因となった出来事を見ると，最も多かったのが「上司等から，身体的攻撃，精神的攻撃等のパワーハラスメントを受けた」が 125 件（うち自殺 12 件），「仕事内容・仕事量の（大きな）変化を生じさせる出来事があった」が 71 件（うち自殺 20 件），「悲惨な事故や災害の体験，目撃をした」が 66 件（うち自殺 1 件），「特別な出来事」（月 160 時間を超える極度の長時間労働など）が 63 件（うち自殺 9 件），「同僚等から，暴行又は（ひどい）いじめ・嫌がらせを受けた」が 61 件（うち自殺 1 件），「セクシュアルハラスメントを受けた」が 60 件（うち自殺 0 件）と同じく増加傾向にある[1]．

このように，過労自殺の背景には，職場のパワーハラスメントの問題や，業務量の大きな変化など長時間労働の問題が存在しているといえる．

③ 長時間労働と職場のハラスメントの防止について

過労死と過労自殺の背景には，長時間労働や職場のパワーハラスメントが存在する．では，どのようにして長時間労働や職場のパワーハラスメントを防止すればよいのだろうか．

（1）長時間労働の防止について
a　労基法における防止制度

労働基準法（以下「労基法」という）は，労働時間の上限を定め，時間外労働時間については割増賃金を支払うこととし，違反した場合は罰則を科すことによって，長時間労働を防止しようとしている．

まず，労基法は，労働時間を原則として週 40 時間，1 日 8 時間に制限し（同法第 32 条第 1 項，同条第 2 項），毎週少なくとも 1 回ないしは 4 週を通じて 4 日以上の休日を与えなければならないと規定する（同法第 35 条）．そして，これらの制限を超えて労働をさせる場合，労働者の過半数で組織する

労働組合等との書面による協定（以下「36協定」という）の締結（同法第36条1項）と割増賃金の支払（同法第37条1項）を求めている．その上で，労基法は，労働時間の制限（同法第32条），休日労働の制限（同法第35条），及び割増賃金の支払（同法第37条）の違反について，6カ月以下の懲役または30万円以下の罰金という刑事罰を課している（同法第119条第1号）．

b　なぜ長時間労働が生じるのか

労基法がそのまま適用されれば，「長時間労働が生じることはないのではないか．」とも思える．しかし，現実には長時間労働によって過労死や過労自殺が生じている．では，なぜ労基法の規定が存在するにもかかわらず長時間労働が生じてしまうのだろうか．

(ア)　経営的・経済的な要因

業務量に対して労働者の数が不足している場合，労働者一人あたりの労働時間は増加し，長時間労働が発生する．そしてこのような場合，本来であれば，使用者は労基法に基づき労働者に対して割増賃金を支払わなければならない．

しかし，一般的に人件費は利益を圧迫するコストと評価されるため，使用者は人件費を可能な限り抑えようとする．

その結果，過労死や過労自殺が生じるような職場では，長時間労働が生じて割増賃金を支払う必要があっても，使用者はコストを優先させて長時間労働の実態から目を背けてしまう．すなわち，使用者は労働時間の把握を怠ることによって割増賃金の支払いを免れる一方で，長時間労働による仕事の成果を得るということになる．

このように，過労死や過労自殺が生じるような長時間労働は，使用者が，労働者の命と健康よりもコストを優先させ，業務量と労働者の数とのアンバランスを長期にわたって放置することに根本的な要因がある．

(イ)　組織的要因

長時間労働が常態化する職場において，労基法に基づいて正確な労働時間を申告し，割増賃金を請求することができるだろうか．

残念ながら過労死や過労自殺が生じるような職場では，労基法に基づいて正確な労働時間を申告することが，申告した労働者の職場の評価を下げてしまうかもしれない．また管理職の立場から見ても，部下から割増賃金が請求されることで人件費が大きくなれば，部下の管理が出来ず予算を守れないことを理由に，職場の評価を下げてしまうかもしれない．

このように，労基法を適用すれば割増賃金が発生するような場合であっても，自身の職場での評価を優先させた結果，組織的に長時間労働が慣習化する場合があるといえる．

(ウ)　社内制度的要因

組織的に長時間労働が慣習化した職場では，労基法が適用されないことを正当化するため，様々な社内制度が生み出される．

このような社内制度の中で最もポピュラーなものは，申告できる時間外労働時間の上限を定め

（36協定の限度時間であることが多い），その上限を超える労働時間は申告できないという暗黙のルールを作ることである（いわゆるサービス残業）.

　また，実際には経営者と一体となるような権限がないにもかかわらず，社内でマネージャー等の何らかの肩書きをつけて管理職扱いとし，労働時間を管理しないという手法もよくみられる（いわゆる名ばかり管理職）.

　裁量労働制の要件を満たさないのに裁量労働者として扱い，割増賃金を支払わないという手法もよくみられる（いわゆる名ばかり裁量労働）.

　過労死や過労自殺が生じた多くの職場では，労基法を適用すれば許されない長時間労働を，サービス残業，名ばかり管理職，名ばかり裁量労働といった社内制度によって許容してきたといえる.

c　働き方改革は長時間労働を解消するか？

　平成31（2019）年4月，働き方改革によって労基法の改正が行われた.36協定に基づき延長できる労働時間は月45時間，年360時間を原則とし，臨時的な特別な事情がある場合であっても年720時間，単月100時間未満（休日労働を含む），複数月の平均が月80時間（休日労働を含む）を超えないこととされ（労基法第36条第6項），さらに上限を超えた場合には6カ月以下の懲役又は30万円以下の罰金という罰則が科せられることになった（同法第119条1号）.しかし，この上限規制に対しては，単月100時間未満（休日労働を含む），複数月の平均が月80時間（休日労働を含む）を超えないという基準は，労災における過労死の認定基準や過労自殺の認定基準に当てはまってしまう可能性があるため批判が強い.[2]

　また，労働安全衛生法（以下「労安衛法」という）の改正が行われ，使用者の労働時間把握義務が明文化された.具体的には，長時間労働者の医師の面談指導を実施するため，事業者は，タイムカードによる記録，パーソナルコンピュータ等の電子計算機の使用時間の記録等の客観的な方法その他適切な方法により，労働者の労働時間の状況を把握しなければならないと定められた（労安衛法第66条の8の3）.しかし，例えばタイムカードなどの客観的な方法によって労働時間を把握したとしても，長時間労働が生じる要因を解消しなければ，タイムカードを打刻した後に時間外労働を行ったり，物理的に職場の電気が消されても自宅に持ち帰って仕事をしたりするであろう.

　したがって，働き方改革によって単純に長時間労働がなくなると考えることはできない.むしろ，時間外労働時間の上限が定められることを通じて，使用者が適切な労働時間管理を行うと共に，業務量と労働者の数とのアンバランス等に目を向け，業務を効率化して生産性を上げる取り組みを行った結果，長時間労働の解消につながるものと考えられる.

d　もし長時間労働に従事せざるを得なくなったら？

　労基法に定められた割増賃金が支払われず，長時間労働が常態化した職場はいわゆるブラック企業に該当するであろうから，可能な限り早く退職する必要がある.

　しかし，様々な事情があって退職することが出来ない場合，労基法違反を労働基準監督署に申告することが考えられる（労基法第104条）.労働基準監督署が労基法違反を認定した場合は，通常，労

働時間把握体制の改善や，一定の期間遡って未払の割増賃金の支払いを行うように指導が行われる．その結果，長時間労働が解消されることが少なくない．

　その他，長時間労働によって体調不良を感じている場合は，長時間労働者への医師による面接指導制度（労安衛法第66条の8）を利用し，産業医に対して体調不良を訴えるという手段も考えられる．産業医が使用者に対して職場改善のための意見を述べれば，長時間労働が解消される可能性がある．

e　新しい問題

　政府は兼業やダブルワークを進めようとしている[3]．しかし，ダブルワークによって長時間労働となり，過労死や過労自殺が生じた場合，労災によって補償されるのだろうか．

　この点に関しては，令和2（2020）年9月1日に労働者災害補償保険法の改正が行われ，複数の事業場で働いていた場合，労働時間を通算できるようになった．例えば，9時から18時までA会社で正社員として勤務し（休憩1時間とする），20時から24時までBコンビニでアルバイトをした場合，A会社とBコンビニの労働時間を合算できるため，1日8時間を超える時間外労働は20時から24時までの4時間となる．このような労働に週5日従事した場合，1カ月の時間外労働は80時間を超えるであろうから，労災として救済される可能性があるといえる．

　このように，近年，ダブルワークによる長時間労働も労災の救済対象になったことは被害者救済にとって前進であるといえる．

（2）職場のパワーハラスメントの防止について

a　何が職場のパワーハラスメントになるのか？

　令和元（2019）年6月1日に施行された労働施策の総合的な推進並びに労働者の雇用の安定及び職業生活の充実等に関する法律31条の2第1項は，職場のパワーハラスメントを定義すると共に，事業主に対して相談体制整備等の措置を義務付けた．その後，令和4（2022）年4月1日から，中小企業を含めた全ての企業において上記措置が義務化された．

　また，パワーハラスメントは，職場において行われる① 優越的な関係を背景とした言動であって，② 業務上必要かつ相当な範囲を超えた言動により，③ 労働者の就業環境が害されるものであり，①から③までの要素を全て満たすものと定義された[4]．

（ア）　優越的な関係を背景とした言動であること（①）

　業務を遂行するに当たって，当該言動を受ける労働者が行為者とされる者に対して抵抗や拒絶することができない蓋然性が高い関係を背景として行われるものを指す．

　具体例としては，職務上の地位が上位の者による言動，同僚又は部下による言動で，当該言動を行う者が業務上必要な知識や豊富な経験を有しており，当該者の協力を得なければ業務の円滑な遂行を行うことが困難であるもの，同僚又は部下からの集団による行為で，これに抵抗又は拒絶することが困難であるものが挙げられる．

(イ) 業務上必要かつ相当な範囲を超えた言動であること (②)

社会通念に照らし，当該言動が明らかに当該事業主の業務上必要性がない，又はその態様が相当でないものを指す．

具体例としては，業務上明らかに必要性のない言動・業務の目的を大きく逸脱した言動，業務を遂行するための手段として不適当な言動，当該行為の回数，行為者の数等，その態様や手段が社会通念に照らして許容される範囲を超える言動が挙げられる．

この判断に当たっては，様々な要素（当該言動の目的，当該言動を受けた労働者の問題行動の有無や内容・程度を含む当該言動が行われた経緯や状況，業種・業態，業務の内容・性質，当該言動の態様・頻度・継続性，労働者の属性や心身の状況，行為者の関係性等）を総合的に考慮することが適当とされている．

(ウ) 労働者の就業環境が害されるもの (③)

当該言動により，労働者が身体的又は精神的に苦痛を与えられ，就業環境が不快なものとなったために能力の発揮に重大な悪影響が生じる等の当該労働者が就業する上で看過できない程度の支障が生じることを指す．

この判断に当たっては，「平均的な労働者の感じ方」，すなわち，「同様の状況で当該言動を受けた場合に，社会一般の労働者が，就業する上で看過できない程度の支障が生じたと感じるような言動であるかどうか」を基準とすることが適当とされている．

b 職場のパワーハラスメントの発生要因について

職場のパワーハラスメントの発生要因については，加害者の問題によるものと，職場環境の問題によるものに分けることができる．

まず加害者の問題については，職場のパワーハラスメントに対する知識の欠如，感情のコントロールの欠如，コミュニケーションを図り適切に指導を行う能力の欠如，共感能力の欠如などをあげることができる．

一方，職場環境については，加害者の職場のパワーハラスメントを容認ないし黙認するような職場風土，職場のパワーハラスメントに対する教育の不足，労働者同士のコミュニケーションの希薄化やパワーハラスメントの行為者となる労働者に大きなプレッシャーやストレスをかける業績偏重の評価制度や長時間労働，不公平感を生み出す雇用形態，不適切な作業環境等の要因などをあげることができる．

c 職場のパワーハラスメントの防止策

職場のパワーハラスメントが行われた場合，加害者に対する刑事告訴（被害届）や，加害者ないしは使用者に対する損害賠償の請求を通じて，職場のパワーハラスメントを防止することが考えられる．しかし，これらの手段は全て職場のパワーハラスメントが行われた後の事後的な対応であり，防止の効果は大きいとはいえない．

そこで，上記法制化によって，事業主は，職場のパワーハラスメントがあってはならない旨の方針の明確化，当該行為が確認された場合には厳正に対処する旨の方針やその対処の内容についての

就業規則等への規定, それらの周知・啓発等の実施, 相談等に適切に対応するために必要な体制の整備 (本人が萎縮するなどして相談を躊躇する例もあることに留意すべきこと), 事後の迅速, 適切な対応 (相談者等からの丁寧な事実確認等) などの措置が義務付けられた.

また, 事業主が講ずることが望ましい取組として, 職場のパワーハラスメント発生の要因を解消するための取組 (コミュニケーションの円滑化, 職場環境の改善等), 取引先等の労働者等からのパワーハラスメントや顧客等からの著しい迷惑行為に関する相談対応があるとされている.

事業主が上記法制化によって義務付けられた措置を迅速かつ適切に運用した場合, パワーハラスメントの防止に大きな効果があると考えられる.

d　もし職場のパワーハラスメントを受けたら？

もし職場のパワーハラスメントを受けた場合は, まず録音やメモによって証拠化することが重要である. 多くの事例において加害者はパワーハラスメントの事実を否定し, 加害者に逆らえないような風潮のある職場では他の従業員も事実を話さない場合がある.

また, 周囲の信頼できる上司や同僚等に相談すると共に, 上記法制化によって設置された社内の相談窓口に相談して, 事業主に対して迅速かつ適切な対応を求めることが考えられる. さらに, 強いストレスを受けている場合はストレスチェック制度の医師面談を受け (労安衛法第 66 条の 10 第 3 項), 医師に対して職場のハラスメントがある事実を伝えるという手段も考えられる.

最後に, 社内で解決出来ない場合は, 社外の相談窓口に相談することが考えられる. 労働局の総合労働相談コーナー, 都道府県労働委員会の個別労働紛争担当窓口, 各地の弁護士会の労働相談などがある.

参考文献・資料

[1] 厚生労働省. 平成 29 年度過労死等の労災補償状況. 平成 30 年度過労死等の労災補償状況. 令和元年度過労死等の労災補償状況. 令和 2 年度過労死等の労災補償状況. 令和 3 年度過労死等の労災補償状況.

[2] 厚生労働省. 血管病変等を著しく増悪させる業務による脳血管疾患及び虚血性心疾患等の認定基準 (令和 3 年 9 月 14 日). 心理的負荷による精神障害の認定基準 (令和 2 年 8 月 21 日).

[3] 厚生労働省. 副業・兼業の促進に関するガイドライン (平成 30 年 1 月).

[4] 厚生労働省. 事業主が職場における優越的な関係を背景とした言動に起因する問題に関して雇用管理上講ずべき措置等についての指針 (令和 2 年 1 月 15 日).

第 11 節

看護の医療安全教育

徳珍温子

要　約

　看護基礎教育において学内での学びを統合し実践する臨地実習は不可欠なものである．しかし，一番に守るべきことは，看護の対象者の安全である．看護学生は対象者に安全で質の高いケアを提供するためには，学習の中でインシデント・アクシデントを予測し，主体的に思考する体験を，積極的に且つ継続的に行うことが大切である．

キーワード
看護基礎教育，臨地実習，インシデント・アクシデント

　医療機関等では国家資格を取得した専門職や様々な人々がチームとなって対象者に携わっている．ここでは医療安全教育について，看護学教育を例に考えてみたい．

　大学や短期大学・専修学校における看護学教育を看護基礎教育という．看護基礎教育は，学内で知識・技術・態度を学び，臨地実習でそれらを統合し実践することによって看護の専門性を修得する．だから看護専門職の養成において臨地実習は不可欠なものである．しかし臨地実習は，看護の対象者の善意の協力があって成り立っている．患者若しくは療養者といった看護の対象者自身が，療養生活を教材化することに許可を与えるという前提で学習行為が成立しているのである．だから一番に守るべきことは，看護の対象者の安全である．

　臨地実習の事前に「人々にとって良質で安全なケアの提供に向けて，継続的にケアの質と安全を管理するための基盤を学ぶ」ことや，「日常的に起こる可能性がある医療上の事故・インシデント（誤薬，転倒・転落，院内感染，針刺し事故）等やリスクを認識し，人々にとってより安全な看護を学ぶ」[1]ことは必須とされている．

　看護学生の医療安全について意識について紹介する．各看護学領域の臨地実習前の看護学生のインシデントの予測について，グループワークで記述された文章を分析してみると，「体調管理不足による患者への感染」「報告・連絡・相談・確認の怠り」「物品の管理不足」「輸液管理不足」「個人情報の漏えい」「学生の技術不足」「転倒・転落」という 7 つのクラスターであった．しかし，インシデント予防についての文章の分析では，「報告・連絡・相談」「技術の確認」「与薬・食事のチェック」「物品を丁寧に扱う」「輸液管理を見る」「知識・学習の確認」という 6 つのクラスターとなった．[2][3]その中で「確認」という語について焦点を当てると，予測では「報告・連絡・相談・確認」が同じ枠組みに分類されたが，予防策については知識や技術に対して確認するというという認識であることが分かった．

　予測と対策の隔たりについて，予測では看護学生は対象者に安全で質の高いケアを提供するため

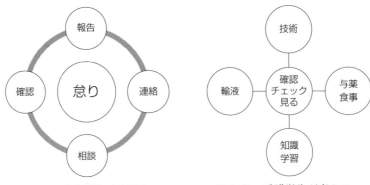

図 2-20　看護学生が予測する
インシデント

出典：筆者作成.

図 2-21　看護学生が考える
インシデント予防策

出典：筆者作成.

には，報告・連絡・相談・確認が重要だということを知識として知っていた．しかし対策において
は確認という行為は，学生自身の実践に必要であると認識しているが，無資格者である学生の看護
行為を見守る有資格者である教員や指導者に，報告・連絡・相談し安全を確認するという意識には
至っていないのではないかと考える．

　医療機関でインシデント・アクシデントが起こった際に医療従事者が報告書を記す目的は，起こ
った出来事を客観的に記述することにより出来事の本質を確認することと，「医療安全」の視点を
自ら教育することであるとともに情報を共有化することである．報告書をもとにチームや組織で安
全を検討することは，更なる安全行動の促進につながる．

　医療安全の知識を習得しインシデントを予測することは重要である．しかし予測していてもイン
シデント・アクシデントは起こり得る．特に病院等の臨地実習では看護学生は緊張の中で学ぶこと
になる．しかし，前述したように臨地実習において学生の学び以上に優先されるべきことは看護の
対象者の安全である．そのために，臨地実習の前に学習者の安全・安心が保障されている模擬的な
環境の中で学習する機会を持ち，自らの判断で行動する学習経験を繰り返すといったシミュレーシ
ョン教育の導入や[4]，知識や技術だけにとどまらず報告・連絡・相談と確認を繰り返し行う等，学習
者が主体的に思考する体験を，積極的に且つ継続的に行うことが大切ではないかと考える．

参考文献・資料

[1] 看護学教育モデル・コア・カリキュラム～「学士課程においてコアとなる看護実践能力」の修得を目指した学
　　修目標～. 平成 29 年 10 月大学における看護系人材養成の在り方に関する検討〈http://www.mext.go.jp/
　　component/a_menu/education/detail/__icsFiles/afieldfile/2017/10/31/1217788_3.pdf〉（2019 年 1 月 31 日アク
　　セス）.

[2] 林資子，本村香，徳珍温子. 看護学生が実習中に予測するインシデント. 日本セーフティプロモーション学会
　　第 12 回学術大会プログラム・抄録集：20，2018.

[3] 本村香，林資子，徳珍温子. 看護学生のインシデント・アクシデントを予防する対策. 日本セーフティプロモ
　　ーション学会第 12 回学術大会プログラム・抄録集：22，2018.

[4] 阿部幸恵. 医療におけるシミュレーション教育. 日本集中治療学会誌 23：13-20，2016.〈https://www.jstage.
　　jst.go.jp/article/jsicm/23/1/23_13/_pdf/-char/ja〉（2019 年 1 月 31 日アクセス）.

第 3 章
セーフコミュニティ

第1節

セーフコミュニティ
――その歴史と基本的な考え方
及びわが国における活動――

衞藤　隆

要　約

　中立国のスウェーデンでは傷害防止研究が20世紀半ばの早い時期から進展し，実践研究を踏まえてセーフティプロモーションに結実した．この理念を地域に反映させたのがセーフコミュニティである．世界各地に広がり，日本でも2008年に初めて亀岡市が認証され，その後，次々に認証される自治体が生まれた．

キーワード

傷害予防，セーフティプロモーション，セーフコミュニティ，指標，認証

1 歴史と基本的な考え方

　人がケガをすることは人類の歴史と共に存在したと想像される．転倒・転落，機械的要因による創傷（切創，裂傷，割創，擦過傷，挫滅創，銃創，爆傷，骨折，内臓破裂，その他）などは今も昔もあり得たはずである．しかし，これらの外因による身体の損傷や死亡については，「不運な稀な出来事」としてとらえられていた時代がかなり長く続いたと思われる．稀にしか起こらない現象を大量に観測した結果がポアソン分布に従う例は多く知られている[1]．ロシア生まれのドイツの経済学者・統計学者であるボルトキーヴィッチが著書の中で示した「プロイセン陸軍で馬に蹴られて死亡した兵士数」の例はポアソン分布に従う例として有名である．「馬に蹴られ死亡する」という外傷による死亡が稀な事象である限り，その発生を予知し，予防するというアイディアは生まれなかったであろう．産業革命後，機械の導入等による物資の大量生産が可能となった．工場労働者が生産過程で外傷を負うことも起こり，労働災害として認識されるようになった．

　第二次世界大戦に参戦せず中立の立場をとったスウェーデンでは産業や生活のインフラストラクチャーが保持され，戦後の初期から労働災害や子どもの事故に関する予防的視点に立った研究が盛んに行われた．そして単なる運の悪い事象としてではなく保健医療の課題として事故予防を考えるようになった．さらに傷害予防（injury prevention）から出発し，より包括的なセーフティプロモーション（safety promotion）の概念が導かれた．セーフティプロモーションについての詳しい説明は「第1章　第2節　セーフティプロモーションとは？　その歴史と基本的な考え方」で詳しく書かれて

いるのでご参照いただきたい.

　セーフティプロモーションは机上で考えられたものではなく, むしろスウェーデンのモデル地域における実践と共に生まれてきた学理といえる. この学理を形作る複数の原則を地域における安全の推進のための計画・運動を展開することがセーフコミュニティ活動であるといえる. セーフコミュニティはある出来上がった理想型ではなく, セーフティプロモーションの理念を忠実に実現し地域の安全のレベルを, 住民はじめ関与する人々が共に取り組む過程にその姿があるといえる.

　セーフコミュニティ活動を進める上で大切と思われるポイントは以下の 6 点である[2].

1. 地域から発せられる様々な意見を丹念に収集し, それらを集約した結果を元に住民自身によって課題を整理し優先順位をつけること.
   〔解説〕セーフコミュニティ活動において大切な要素となりうる草の根的活動やその元となる意見聴取について述べている. ボトムアップ型の活動の高まりが期待される.
2. 地域の様々な段階の集団・組織同士で, セーフコミュニティに向けた取り組みを調整すること.
   〔解説〕既にそれぞれのグループとして独自の取り組みや活動をしている場合もある. 関係者の間で意見や方針が異なることもままある. 意見や方針の相違が明らかになった場合, 当事者が共に納得出来るように調整することが必要となる.
3. 住民に対し適切な情報提供を行うなどして傷害や事故の予防の意義についての認識を高めるよう努めること.
   〔解説〕住民全体の安全に対するリテラシーを高めることが大切である. 漠然と感じている安全を脅かす要因や実態をグラフや写真を用い「見える化」することは有用である. チラシやリーフレットの配布だけでは不十分なことが多い. また, 一方的な講演のような方法も効果を十分にあげることは難しい. 住民が参加し, 実体験を伴う実習やグループ討議なども適宜取り入れ, セーフコミュニティについての主体的関心を生じさせるような取り組みが大切である.
4. 傷害予防を推進する場合に, 法令や行政通知等, 政府や地方公共団体から発出された安全にかかわる政策を理解し, それらと矛盾しないようにすること.
   〔解説〕ケガの防止, 犯罪被害の防止など具体的施策について政府, 都道府県等から様々な情報がトップダウン的に流れてくるが, それらを整理し, セーフコミュニティ活動に関係があるものをリストアップしファイルにしておくとよい. 現在ではインターネット上にかなりの情報はアップされているので, 電磁的資料として整理しておくと有用である.
5. セーフティプロモーションに関する知識や技能を持った専門家や組織がセーフコミュニティを目指す地域の取り組みを支援すること.
   〔解説〕セーフコミュニティを目指すにあたり, 役立ちそうな資源は何でも活用する方針で, 自治体内や近隣にいる専門的知識を有した人々の協力を得ることは重要である.
6. 地域の住民を含む全ての人々が主体的なかかわりをもつことを意識出来るように取り組むこと
   〔解説〕セーフコミュニティにつながる様々な活動が軌道に乗り, 活発になり始めると全体会などでそれらの活動の間で意見交換が起こってくるようになる. 活動を通じ, 住民一人ひとり

が地域全体を見渡すことが出来るようなれば自ずと討論も活発になることが期待される．一人ひとりが地域につながっているという感覚を持つことが出来るように進めていくことが大切である．

　セーフコミュニティの認証を得るためには地域のトップ（市区町村であれば行政組織の長）がセーフコミュニティ認証を目指す宣言を行い，この旨を記した手紙と自治体の紹介文と登録料（2023 年 1 月現在，770 ユーロ）をセーフコミュニティ支援センターに提出しなければならない．同支援センターは認証センターおよび WHO 地域の安全向上のための協働センターにこれらの書類を提出する．これによりセーフコミュニティ活動を開始したとみなされ，待機リストに自治体名が掲載される．最低 2 年間のセーフコミュニティへの取り組み実績が必要とされ，後述する 7 つの指標を満たすように対策が練られる必要がある．多くの場合，7 指標の中で留意する必要があるのは，「組織づくり」，「地域安全診断」，「プログラムの企画・実施」，「取り組みの評価」，「国内外との情報交換」である．日本の場合，アジアにあるセーフコミュニティ支援センターからの事前指導を受け，セーフコミュニティとして認証されるために必要な要件を備えているかどうかが試される．修正すべき点，不足している内容の補充などを行いつつ，申請書の準備を行い認証センターに提出する．その後，現地審査が行われた上，総合審査が行われ，認証の可否が決定される．認証が決定されると認証式が当該の地域で行われ，認証センターや支援センターなどの代表者，首長，その他関係者との間でそれぞれの署名がなされた「同意書」が交わされる．認証を受けた自治体は 5 年毎に再認証を受ければセーフコミュニティが継続する.[3]

　セーフコミュニティが満たさなければならない 7 つの指標は以下の通りである.[2]

1．分野を超えた協働による基盤に基づいて取組みを進める．
2．全ての性・年齢，あらゆる環境・状況を対象とした継続的・長期的な取組みを実施している．
3．ハイリスクグループの集団や地域，弱者を対象とした取組みを実施している．
4．科学的根拠に基づいた取組みを実施している．
5．けがやその原因となる事故などの頻度や原因を記録する仕組みがある．
6．取組の内容・推進過程及びその影響（取組の成果）を評価基準（振り返る仕組み）がある．
7．国内外のネットワークに積極的に参加・貢献している．

　日本では平成 20（2008）年に京都府亀岡市が日本で初，世界で 132 番目のセーフコミュニティとして認証を受け，その後の平成 25（2013）年に再認証，平成 30（2018）年に再々認証を受けている．亀岡市では初回の認証後，自治会を中心とした地域ぐるみのコミュニティ活動，セーフコミュニティモデル地区活動の普及拡大，子どもや高齢者などハイリスクグループや環境に対する安全対策，予防活動の実働部隊であるセーフコミュニティ対策委員会の設置運営など，横断的な連携と市民との協働により取り組んで来たことが高く評価されたという．2023 年 5 月現在，日本国内の 17 の自治体が認証されている.[4]

参考文献・資料

[1] ウィキペディア「ポアソン分布」〈https://ja.wikipedia.org/wiki/%E3%83%9D%E3%82%A2%E3%82%BD%E3%83%B3%E5%88%86%E5%B8%83〉（2023 年 5 月 2 日アクセス）.

[2] 日本セーフコミュニティ推進機構「セーフコミュニティとは」（一部改変）〈https://www.jisc-ascsc.jp/safecommunity.html〉（2023 年 1 月 19 日アクセス）.

[3] 日本セーフコミュニティ推進機構「セーフコミュニティの取り組み」（一部改変）〈https://www.jisc-ascsc.jp/approach.html〉（2023 年 1 月 19 日アクセス）.

[4] 日本セーフコミュニティ推進機構「日本のセーフコミュニティ」（一部改変）〈https://www.jisc-ascsc.jp/sc_japan.html〉（2023 年 5 月 2 日アクセス）.

第 2 節

わが国における実際の活動

1　亀岡市

渡邊能行

（1）はじめに

　わが国におけるセーフコミュニティの取り組みは京都府亀岡市から始まったことは周知の事実である．スウェーデンのカロリンスカ研究所公衆衛生科学部・社会医学部門のレイフ・スヴァンストローム教授の所に留学して京都府立医科大学大学に帰学した反町吉秀博士が「セーフティプロモーション」[1]の概念をわが国に持ち帰り，社会医学の中で地域保健を専門としていた筆者に地域保健の中での展開を呼びかけたことから，京都府企画環境部・保健福祉部（現 健康福祉部）をも巻き込む運動の端緒となった．そして，京都府亀岡市においてその実践が始まり，現在も継続中であるので，その取り組みのシステム化や活動状況に焦点を当てて以下に報告する．

（2）セーフコミュニティ認証をめざすことの意義

　筆者は 1990 年代に WHO（世界保健機関）ヨーロッパ事務局が中心となって世界に拡げた「ヘルスプロモーション」の都市という場における展開である「ヘルシーシティーズ」を地域保健の場における街づくりの一つの方法として取り組んできたが，わが国の地域社会における進展ははかばかしく無かった．もちろん，21 世紀におけるわが国の国民健康づくり運動である「健康日本 21」は，「ヘルスプロモーション」の日本的展開とも言えるものではあったが，地域社会に本当に根付いていくのだろうかという危惧を持ち続けていた．[2]

　すなわち，「ヘルスプロモーション」という新しい概念は単に「健康増進」と和訳すれば良いだけ

の単純なものではない．わが国民の健康をまもり，増進するためには20世紀から行政機関も主体的に行ってきた健康教育といった住民への「教育的支援」だけでなく，地域社会で暮らす住民が日常生活の中で自ら健康を保持・増進できるような環境が整っているという「環境的支援」無しには，進展しないものである．例えば，最近では年齢認証の手続き無しにはコンビニや自動販売機でタバコを購入することはできなくなってきたが，かつては小学生であっても現金を投入すれば自動販売機からタバコを購入することが可能であった．このような状況は健康に留意している環境とは言えず，健康に対する環境的支援はないと断言せざるを得ないものであった．

　また，事故や傷害は健康を脅かすものとして「ヘルスプロモーション」の主たるターゲットである疾病と同じアウトカムとして健康づくりの中で対応することもできるが，自治体が主催する健康づくりを目的とした協議体に警察関係者や消防関係者の参画はほとんどの地域で無かった[3]．しかるに，セーフティプロモーションを地域において展開するセーフコミュニティを地域で着手しようとして警察関係者や消防関係者に声をかけると交通事故に起因する傷害が社会的課題であるという共通認識があるので，積極的に協議に参画してくれるのが普通であった．この枠組みを地域保健の現場で利用しないことはみすみす有効な協議の場を放棄するに等しいと考え，筆者はあえて「セーフティプロモーション」を「ヘルスプロモーション」から独立させて，地域における保健活動の一つの枠組みとして利用すべきと考えてきた．すなわち，疾病予防には「ヘルスプロモーション」を事故と傷害予防には「セーフティプロモーション」の枠組みを用いて，この2つの枠組みを両輪として地域保健活動を進めていくことが肝要であると考えている．言わずもがなではあるが事故と傷害予防は健康寿命の延伸にも直結するので，地方自治体の政策課題にもマッチするものと言える．

（3）初回認証への軌跡

　表3-1に亀岡市におけるセーフコミュニティの取り組みについて，3回の認証取得を軸として年表式に経過を示す．

　2006年7月に当時の亀岡市長がセーフコミュニティの認証取得を目指すことを宣言して報道に周知した．実は，2002年3月20日（水）にセーフティプロモーション・フォーラムと題して前述のカロリンスカ研究所のレイフ・スヴァンストローム教授による講演会を京都府立医科大学で開催し，その後2004年度から京都産学公連携機構による「文理融合・文系産学連携促進事業」への申請課題「京都セーフコミュニティ形成のための健康・福祉技術シーズ事業化研究―医系・理工系・社系連携によるアクシデント防止技術の事業化をモデルとして―」という事業として京都府立医科大学医学部医学科・看護学科関係者だけでなく，京都府企画環境部・保健福祉部，立命館大学政策科学部・理工学部も巻き込んだ体制で2005年度まで2年間にわたって「京都セーフコミュニティ研究会」を発足させて実務的取り組みの準備を行った．その中で，**図3-1**のようなセーフコミュニティ推進体制のイメージを策定した．この延長線上に2006年7月の亀岡市における始動がなったわけである．**図3-1**の中央上部には，京都セーフコミュニティ研究会を発展的に解消して設置した京都セーフコミュニティネットワークが専門的支援を行うことを念頭において位置付けてある．併せて翌年2007年9月24日に京都府立医科大学において設立された日本セーフティプロモーション学会

ともども科学的バックボーンを持たせる
ことがポイントとなっている．活動の主
たる場は地域であるので地域活動推進組
織として市町村，住民組織，医療機関，
大学，国や府の関係機関が位置づけられ
ている．アクションプラン検討員会が設
置されているのは京都府のアクションプ
ランとして支援していくことになってい
たからである．また，京都セーフコミュ
ニティ推進委員会は府の関係部局等が関
わるものである．

　このような体制を準備して，まず急い
で 2006 年 11 月に亀岡市に設置されたの

表 3-1　亀岡市セーフコミュニティ認証の歩み

2006 年	7 月	取組宣言
	11 月	セーフコミュニティ推進協議会設置
2007 年	2 月	事前審査
2007 年	8 月	認証申請
2007 年	9 月	現地審査
2008 年	3 月	初回認証取得
2011 年	3 月	セーフコミュニティサーベイランス委員会設置
2012 年	5 月	再認証事前審査（セーフスクール初回認証を含む）
2012 年	9 月	再認証申請（セーフスクール初回認証を含む）
2012 年	10 月	現地審査（セーフスクール初回認証を含む）
2013 年	2 月	再認証取得（セーフスクール初回認証を含む）
2015 年	11 月	新市長就任
2017 年	11 月	再々認証事前審査（セーフスクール再認証を含む）
2018 年	3 月	再々認証申請（セーフスクール再認証を含む）
2018 年	7 月	現地審査（セーフスクール再認証を含む）
2018 年	11 月	再々認証取得（セーフスクール再認証を含む）

出典：筆者作成．

がセーフコミュニティ推進協議会である．委員は市長の他，市役所内部からは企画管理部長，総務
部長，健康福祉部長，教育次長が，京都府の行政機関からは南丹広域振興局関係者，南丹保健所長，
京都府精神保健福祉総合センター所長，京都府家庭支援総合センター所長，医療機関からは亀岡市
立病院長，亀岡市医師会長，亀岡市歯科医師会副会長が入った他，亀岡市自治連合会長，亀岡商工
会議所関係者，亀岡市保育所・幼稚園関係者，亀岡市民生児童委員，亀岡市社会福祉協議会，亀岡
警察署，京都中部広域消防組合，大学関係者等が任命された．そして，トップの会長を亀岡市長が
務め，筆者と地元からの委員の計 2 人が副会長を務めてきた．このセーフコミュニティ推進協議会
が亀岡市のセーフコミュニティの進行管理を行う公的機関で，その事務局を健康部局ではなく，企
画管理部が担当したことが特徴的であった．市長からのトップダウンで事業展開を図るために市の
中枢を担う企画部門にウエイトが大きく課せられたので，逆に「ヘルスプロモーション」との関係

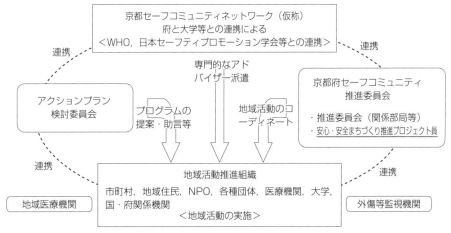

図 3-1　セーフコミュニティ推進体制のイメージ

出典：京都府作成（内部資料）．

性が希薄となってしまった感があった．筆者は，当初よりこのことを市役所内部に向けて発信し続けてきたが，なかなかうまく連携することができない状況が続いている．なお，市役所内部職員だけで申請作業，特に英語での大量の書類を準備する必要があるので，実務は日本セーフコミュニティ推進機構に委託して担ってもらった．そういう意味では一定の予算化が必要な事業である．

　亀岡市が認証取得に取り組むことを宣言してから約1年で認証のための申請書を提出するに至ったのは実は稀有な事例である．すなわち，一般的には3年程度の実践活動の実績を積み重ねてから申請に至るものであるが，前述してきたように，京都府における取組は既に2002年から京都府立医科大学と京都府において研究的側面からではあったが積み上げてきた経緯があったことと，国際的にみても質の高いわが国における地域保健活動が亀岡市においても認めれたことや警察署を中心とした交通事故対策は昭和の時代から脈々と実施されてきており，事務局を中心とした関係者の大変な努力もあり，また，このような良き背景が相俟って，事前審査における高い評価を経て異例の早期の申請となったものである．取り組み宣言の2006年7月から初回認証取得の2008年3月までの1年8カ月という期間は異例の短さである．そういう意味では異例なタイムスケジュールとなったことを指摘しておきたい．自画自賛になるが，この間，事前審査や本番の現地審査において公衆衛生学的統計指標の説明も求められたことがあり，専門家の関与もあって認証取得の短期決戦を総力戦として勝ち抜いてきた感がある．

（4）再認証・再々認証への軌跡

　初回認証の際には，南丹保健所が中心となって，亀岡市医師会の支援を得て，地域の4病院と17診療所において2007年5月から傷害患者を登録するサーベイランス事業を開始し2008年4月末まで続けた[4]．しかし，この事業の負担は大きく，継続・再開は難しかった．

　そこで，2011年3月には専門家（学識経験者）の委員を含めたセーフコミュニティサーベイランス委員会を立ち上げ，既存の統計資料を収集しながら，科学的評価を行うことを目指し，筆者が委員長に就任した．図3-2に現在の亀岡市のセーフコミュニティサーベイランス委員会の位置づけを図として示す．この委員会はセーフコミュニティための7つの指標のうちの「5．傷害が発生する頻度とその原因を記録するプログラムがある．」と「6．プログラム，プロセス，そして変化による影響をアセスメントするための評価基準がある．」を担保するものである．亀岡市においては図3-2のように，乳幼児対策小委員会，自殺対策小委員会，高齢者対策小委員会，交通安全対策小委員会，スポーツ対

図3-2　セーフコミュニティサーベイランス委員会の位置付け
出典：亀岡市作成．

策小委員会，防犯対策小委員会の6つの小委員会を設置して，それぞれ固有の課題について活動を行い，その活動を評価することのできる指標を同時に収集するように努めている．なお，セーフコミュニティの再認証の時から別途セーフスクールの認証取得も行っているので，そのような視点での評価もできるようにセーフコミュニティサーベイランス委員会は活動している．

　毎年度末には各対策小委員会から活動報告と関連指標の提出を求め――実際は事務局が担当している――その指標の推移を評価する作業も行っている．なお，現在事務局は亀岡市自治防災課内にセーフコミュニティ担当を置いて日本セーフコミュニティ推進機構と協同して実務を行っている．具体的な統計指標等の推移や評価については亀岡市のホームページに掲載されているのでここには記載しないので別途参照されたい．

　また，特記すべきこととして，亀岡市においては2015年11月に新しい市長が就任した．新しい首長は時に前任者との変化を演出するために政策変更を行うことが散見されるが，亀岡市においては後継市長として就任された経緯もあって，新市長のもとで2018年11月に無事再々認証取得が成った．この点は新市長の見識であると高く評価できる．亀岡市におけるセーフコミュニティの活動は，市役所の組織横断的な取り組みであり，犯罪認知件数や交通事故，自殺等の改善が認められて[5]おり，多くの住民や住民組織の中で高く評価されているのでこれを継続しないことはないという価値判断であると言えよう．

（5）セーフコミュニティの将来に向けて

　わが国におけるセーフコミュニティのリーディング・シティである亀岡市におけるセーフティプロモーションは3回の認証を経て，着実に発展・進化している．ただ，継続の中でのマンネリ化の打破や地域保健とのさらなる融合も必要であり，またトップダウンの手法でやってきただけに，さらにボトムアップのアプローチを織り交ぜ，一部の担当者や一部の市民のだけの範囲にとどまらない活動とすべく，目配り・気配りが必要であることを最後に指摘しておきたい．

参考文献・資料
[1] 反町吉秀，渡邊能行．Safety Promotionとは？　小児内科34(8)：1219-1222，2002．
[2] 渡邊能行．コミュニティの再構築と健康なまちづくり．公衆衛生70(1)：10-13，2006．
[3] 渡邊能行，反町吉秀．セーフコミュニティからみる保健活動．保健師ジャーナル63(12)：1070-1073，2007．
[4] 横田昇平，八木俊行，渡邊能行．亀岡市における外傷発生動向調査―WHOセーフコミュニティ認証を終えて．日本セーフティプロモーション学会誌2：49-54，2009．
[5] 渡邊能行，三谷智子，横田昇平．サーベイランスに基づく組織横断的なセーフコミュニティの展開．日本健康教育学会雑誌18：200-208，2010．

② セーフコミュニティ活動を振り返って感じること
——自治会活動でのセーフコミュニティの浸透・実践の難しさ——

山内　勇

（1）はじめに

　セーフコミュニティ（以下 SC という）活動の取り組みが，亀岡市で始まって 12 年が経過，昨年 11 月には再々認証を取得して，より高度な取り組みへの再スタートとなったところである．

　全国に先駆けて SC 活動を市政推進の基盤に据えた当時の想いや，12 年間の変化と関わりについて論じてみようと試みるが，何分，現役を退いて既に 5 年を経過しており，記憶が定かでないところもあって数値的なことや学術的なことが述べられないため，現在の自治会活動を通じて感じている事柄をコラムとして述べることとしたい．

（2）SC との出会い

　亀岡市役所に奉職していた 2006 年当時，企画部門に在籍してまちづくりプランや主要施策の進行管理などを担当するほか，団塊世代が第一線からリタイアする 2007 年問題への対応や人口政策，将来を元気付けるまちづくり政策などもトップの特命として受け，繁忙な日々を送っていた．

　中でも，人口減少が始まり，少子化・高齢化が顕著に進行すると予測でき，住民の将来に対する不安感を払拭して，住民が安心して笑顔で日々を暮らせる基盤づくり，まちづくりが喫緊の課題であると考え，模索していた丁度その時，京都府から SC 活動の概念の紹介を受けたため，興味をもって少し調べていくうちに，市政を刷新する一つの手になりえるのでは……として挑戦してみる価値があると考えた．

　「安全・安心こそが最大の福祉である」とのスローガンを掲げ，住民も一緒になって考え，チャレンジしていくことを通じて，協働意識の高まりと自主・自発による地域力向上にもつなげていける有効な施策となり得るとの期待を寄せて，SC の取り組みを市政の柱に据えてスタートさせた．

（3）SC 活動を始めた動機

　「安全・安心」は，行政のどの分野においても欠くことのできないキーワードである．

　亀岡市に限らず，どこの自治体にあっても「安全・安心なまちづくり」を政策の柱に掲げていろんな取り組みがなされている．しかし，現実はどうであろうか．安心感が実感できにくい社会へと移り変わっているのではないだろうか．

　11 年の東日本大震災以後も全国各地での震災や局地的豪雨とそれに伴う大規模な水害，土砂災害がこれまでの想定を超えて頻発している．また，東南海トラフを震源とする巨大地震や内陸型地震が危惧される中，さらに近年の異常気象で，いつ，どこで発生するかわかない風水害，土砂災害への不安は増大しているものと感じる．

　一方生活面においても，モノや情報があふれ，暮らしは豊かになっているものの，その反面，人

と人とのつながり，地域のつながり，きずなが薄れてきているといわれている．ピークを脱したものの毎年2万人を超える自殺者があり，弱者への虐待や人の心を逆なでする犯罪，子どもにかかわっての事件・事故も連日発生しており大変憂慮すべき事態に陥っているといえる．

　これからの時代，安心して暮らしていける社会を築いていくには，すべての人，環境，条件をカバーする長期的なプログラムでもって安全を確保していくことを目指すSCの取り組みが救世士となっていくのではと捉え，現在取り組んでいる様々な安全・安心施策にSC活動の理念を付加することで，より実効性のある施策になると思った次第である．

　2つ目には，現在取り組まれている様々な安全への施策，活動を横断的に連結させ，包括的にコントロールできると考えたことである．

　多くの地域で，子どもや高齢者の安全，犯罪防止，交通安全，暴力追放，虐待や自殺対策，自然災害に対する対応等々にそれぞれの関係機関が，また住民も加わっていろんな取り組みが行われているが，中には取り組みが重複しているものや，環境の変化に対応でき得ず継続している施策もあるのではないか．これらの取り組みを行政の縦割りの枠にとらわれることなく，SC活動として包括して管理・検証して進めることで，より効果的，効率的に取り組めると考えたことである．

　3つ目には，職員や住民の意識変革，シティセールスにも効果があると捉えたことである．

　SCという新たな切り口で行政施策を総点検する機会をつくることで，慢性化している意識を刷新し，行財政改革の新たな手法にSC活動を取り組んでいこうと考えたことである．既に行財政改革を推進する中でPDCAサイクルでの検証を呼びかけてはきたが，なかなか機能していないと感じていた時，科学的・数値的に評価する仕組みを有するSC活動を事例にして他の施策にも波及させることができると考えた次第である．

　また，補完性の原理や市民協働を叫んでも，行政と市民意識との距離がなかなか縮まらない中で，安全・安心という市民に最も関わりやすい分野を，市民とともに考えていくことで協働の再出発を図りたいという期待もあった．

　こうした新たな取り組みへのチャレンジは，職員や住民の関心を引き付けやる気を増幅させる起爆となり得ると信じ，わが国初のSC認証都市として計り知れないインパクトを内外に与えるものと考え，当時のマニフェストの一番に掲げた記憶が残っている．

（4）SC活動から見えてきた変化

　SC活動で包括した安全・安心を基軸にしたまちづくりが，住民意識に確かな変化を与えているので紹介したい．

　まず一番には，SCの取り組みを通して関係する機関の風通しがよくなったということである．

　前述のとおり安全安心はすべての組織，分野に共通するキーワードであって関係しない機関はないとも言い切れる．行政機関どうしが情報を共有して，連携して取り組むという機運の高まりを与えたことである．

　さらにSC活動を推進する中で，住民の意識，行動においてもその変化を顕著に感じ得るようになってきた．

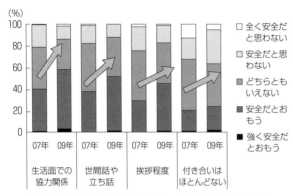

図3-3　生活における付き合いの程度×地域の安全
出典：亀岡市内部資料「安全安心に関する住民意識調査 2019年」.

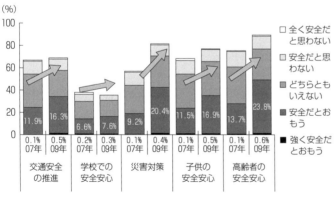

図3-4　地域課題に一緒に取り組んでいる×地域の安全
出典：亀岡市内部資料「安全安心に関する住民意識調査 2019年」.

図3-5　活動への参加（関心）×安全と感じる人の割合
出典：亀岡市内部資料「安全安心に関する住民意識調査 2019年」.

　SCを始めるときに住民意識調査を行っているが，認証取得した09年にも同様の調査を行い，SCの取り組みを通した意識変化を見てみた．

　地域での付き合いの度合いと安全に対する意識の相関関係では，いずれも安全と感じる人が増加している．中でも地域の付き合いが強くなるにしたがって安全感も比例して強くなっている．（図3-3）

　次に，地域活動への参画の度合いと安全に対する意識の相関関係についても同様の結果で，安全と感じる人が増えており，中でも地域課題に一緒に取り組む意識が強いほど安全への意識も高いことも明確であった．（図3-4）

　SC活動との関わりと安全への意識については，すべての活動分野で安全と感じる人が増えているが，特に交通事故，災害，子どもや高齢者への関心をもって参加している人ほど，その高まりが顕著であった．（図3-5）

　これらのアンケート結果から，SC活動は安全意識の高揚とアクティブな活動を誘発している効果があることは明らかとなった．

（5）現在は自治会長としてSC理念を実感

　亀岡市は，自治会組織が全域にあって，昔ながらの地縁意識が存続している農村地域と開発された都市団地が混在するまちで，血縁や地域との関わりに対する意識もライフスタイルの変化に合わ

せて薄れてきている感があった．当時に行った住民意識調査でも，近所の人とのつながりを大切と考えながらもお互いのプライバシーに配慮して，少し距離をおいたつながりを……という意識が勝って，近所づきあいに積極的でない住民が増加している状況にあった．

　セーフコミュニティ活動をスタートさせるにあたっては，従前から「向う三軒両隣の精神」でもって，高齢者や要支援者の存在認知と見守り活動に取り組んでいる自治会をモデルにして始めた．

　しかし，実際に地域へ入ってみると倫理観に対する個人差やコミュニティの希薄化が要因して，様々な問題があることもわかってきた．一番には，近所づきあいに積極的でない人たちは，自治会に加入していないということであった．自治会との接点がないこの人たちを，地域の住民であるという意識を持たせて振り向かせていくにはどうすればよいのか……．近所とのつながりが大切との意識を持たせていくにはどうすればよいのか……．個々の価値観がわからない中で頭の痛い問題である．子どもを介してのつながりや趣味・嗜好，職歴など個々人の接点を探していくとともに，成功事例を示して関心を持たせていく方法を考えたが，セーフコミュニティ活動は，行動の結果が見えにくいという点で時間と労力を要する問題であった．

　セーフコミュニティと出会ってから十余年．私は今，亀岡市役所を退職し，居住する地域の自治会長（町内会長）として，日々住民と接しながら過ごしている．

　千世帯余りの小さなまちではあるが，自治会加入率は60数パーセントで，3人に1人は，自治会と関わりがない住民がいる．そのためいろんな事業を行うにおいても，一筋ならではいかないものばかりで，毎日がチャレンジの気持ちで勤めている．

　年度替わりで役員交代がある際には，自治会を構成する各区の長や各組織の代表者と懇談を行っているが，共通して口に出るのは，地域の元気（活気）が薄れてきている，近所づきあいがなくなってきている，高齢独居世帯が増えて大変とのことである．

　子どもの数が減って元気な子どもの声を聴く場が少なくなったことや，高齢となって活動の範囲が狭まった人たちが増えたことが，元気が薄れてきたと映っていると思える要因の一つであるが，これは我がまちに限ったことではなく，他のまちにあっても同様と考える．

　問題は，自治会加入率の低さもさることながら，近所づきあいのできない人が増えてきていることである．昨年の冬は，数十年ぶりの大雪で団地内道路の雪かきが大変な年であったが，雪かきを一緒にしようともしないうえに，そこを通っても「ご苦労さま！」「ありがとう！」の声すらかけない住人もいる．ごみ集積所の掃除当番を輪番で決めても，掃除はしないが，ごみは当然のごとくに出しに来るといった状況で，若者に限ったものでなく高齢者であっても同じ傾向にあるということであった．

　また，民生委員との懇談では，独居高齢者の安否確認，特に風水害等有事の場合の避難方法についての相談があったが，自治会に加入していない上に近隣とも良好な関係にない人については，その対応が非常に難しいとしながらも，生命にかかわる事態も想定できるために継続して何らかの方策を考えていく必要があるとの切実な問題にも悩まされている．

（6） 被災経験から学ぶ

　昨年7月の西日本豪雨は，平成の時代で最大で最悪の被害を及ぼしたが，私の町内においても，山からの土石流が道路を通行する車を襲撃して，尊い命まで奪うという私の人生60数年でも経験したことのない未曾有の大災害となった．

　その後も次々と猛烈な勢力で襲ってくる台風の都度，避難勧告が発表され，多くの住民を避難所で迎え入れたが，住民の危機意識の弱さにあらためて驚かされた．

　避難情報がメールやテレビで流されても，自らがどのように行動すれば良いのかがわからない住民が多くいることである．

　「いま避難勧告が出ているようだが，どうすればよいのか？」「私の家は大丈夫なのか？」といった電話が頻繁に自治会にいる私のところへも直接にかかってきた．

　家の周囲の状況を確認しても，「わからないから見に来て欲しい．」といったようなことで，毎日暮らしている家で有りながら，周辺の状況が異変であるかどうかも判断できない．危険であることを人から教えてもらわないと判断できないほど危機意識が麻痺している状況にあることがわかった．

　地域の状況を全く知らないものが行っても異変であるかどうかを判断できないので，隣近所に尋ねるよう促すが，隣近所と付き合いがないために出来ないということである．

　こうした経験を通して，SC活動を始めた動機の一つに「マズローの段階欲求説」があったことを思い出した．

　これはアメリカの心理学者マズローが説いた学説で「人間は欲求を持って生存している．そしてその欲求は段階的により高度な欲求へと進化する」と説いているものである （図3-6）．

　動物本能から生まれる生理的欲求から最高位の欲求といわれる自己実現欲求へと段階を踏んで欲求が進化するとしいるが，その初歩の段階の欲求である「安全への欲求」という部分が欠落しているということが言えるのではないだろうか．「安全への欲求」も，動物本能から生じるもので，己よりも強いものに対して危険と感じたときには大きな声で威嚇したり，逃げたりして危険から逃れようとする本能である．

　動物が本能として有しているはずである「危機に対する欲求」，「安全への欲求」すら，平和な毎日を過ごす中で，今や我々は失いつつあるのではと危機感を持った次第である．

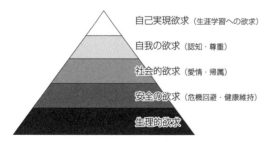

図3-6　マズローの段階欲求説

出典：マズロー AH. 小口忠彦訳. 人間性の心理学. 産業能率大学出版部，1991年.

（7） 危機意識の芽生えから安全なまちづくりへ

　しかし，この度の被災した経験が，住民のつながり・きずなを高めたという大きなプラス効果を与えたことも伝えておきたい．

　再々の避難勧告を受けて避難する住民同士が顔見知りとなって，被災時の話をしていく中で，「これから避難をするけれど一緒に行

かないか……」と近所に声掛けをしたり，また避難することを拒んだ人には，「不在にするので，何かあれば避難所まで連絡をするように……」と声を掛けてから避難するようにしていることの大切さを学び，次からは実践するという地区ができた．

　また，地区内の倒木や堆積した土砂の処理を住民が協力してするようになり，地区内に環境保全を恒常的に行っていくための委員組織をつくるにまで至った地区も誕生して，地区内のつながりが強まるという大きな変化もあった．

（8）結びに

　被災経験を活かして安全なまちづくりに気づく住民がある一方で，周辺の状況変化から危険と察知できなくなってしまった住民にどうして危機意識を養っていけばよいのか……．いざというときには，ご近所同士で見守っていく，支え合っていくことが大切とわかっていながらも，近所づきあいができない，拒否する住民をどのようにして振り向かせていけばよいのか……．

　朝，顔を合わせて声をかけても，あいさつすら返してこない住民をどのようにして良好な関係にしていけるのか……自治会を運営していく上で一番の課題である．

　「向う三軒両隣」は，現実とは大きくかけ離れていると捉え，この傾向はますます進んでいくとも思えることから，毎日出会う住民とはこの話をして，住民の力で，真に「向う三軒両隣」のコミュニティの輪が広がっていくよう，奮闘しているところである．

　大人の意識を変えていくのは大変であるが，私が学んできたセーフコミュニティの基本「向う三軒両隣の精神」「安全安心は最大の福祉である」を説き続けて，自治会長の務めを果たしていきたく思っている．

③ わが国におけるセーフコミュニティの実際活動
——十和田市——

新井山洋子

（1）はじめに

　十和田市は，2009年8月に国内では2番目，国外では159番目にWHOコミュニティセーフティプロモーション協働センターの提唱するセーフコミュニティの初回認証を取得し，2015年2月に再認証を取得，現在は2019年10月の現地審査を経て2021年2月に再々認証に向け活動中である．

　セーフティプロモーションの基本理念「いのちに関わる全ての外傷は，職種・部門を越えた協働と科学的根拠に基づく取組により予防可能である」というセーフコミュニティ活動は当市では保健分野から端を発し継続して推進してきた．

（2）十和田市の概要

　十和田市は，本州最北端である青森県の南東部中央に位置し（図3-7），十和田八幡平国立公園に代表される「十和田湖」「奥入瀬渓流」や官庁街通りに面した現代美術館は国内外からの観光客も多

図 3-7　十和田市位置図

数訪れている.

　市の中心部は，新渡戸稲造博士の祖父・新渡戸傳氏，父新渡戸十次郎氏により，約 160 年前に開拓され，日本における近代都市計画のルーツと言われ，現在では県南地方の医療，福祉，経済などの中核的役割を担う地域として発展している.

　十和田市の 2017 年 12 月末現在の人口は 6 万 2372 人，高齢化率は 31.4%，2017 年の出生数 383 人，死亡者数 763 人，少子高齢化・人口減少が進んでいる.

（3）認証（平成 21 年 8 月）までの取組の実際

a　青森県との協働

① 青森県子どもの外傷予防総合推進事業（2006 年度～2007 年度）県よりモデル指定を受け．健康推進課が担当し事業を進めた.

　市内 4 小学校区で部門横断的協議会を設置（PTA・警察・福祉施設・町内会・教育委員会・消防・病院）し，自主活動の展開により，自転車ヘルメット装着運動や通学路での子どもの見守り隊活動等子どもの安全安心な取組が強化された.

② 市民フォーラム開催

　2007 年 1 月「子どもの事故を減らすために」をテーマに，十和田市立中央病院にて関係者約 200 人が集いフォーラムの開催

③ ボランティア「セーフコミュニティとわだを実現させる会」の誕生

　市民フォーラム終了後，セーフコミュニティ推進のサポート隊として発足，3 年以内にセーフコミュニティ認証取得を目指す.

　当時は，「セーフコミュニティ」について知る市民は皆無だったが，青森県の支援や十和田市立中央病院院長等の大きな後押しがあり実現へと向かった.

④ 十和田市長，セーフコミュニティ認証取得正式表明

　2007 年 4 月，国内では，セーフコミュニティ推進の第一任者である反町吉秀先生が青森県上十三保健所長として赴任し，セーフコミュニティ支援コーディネーターとなったことが表明の契機になった.

b　セーフコミュニティ組織づくりへの参画

① 部門横断的な組織づくり

　セーフコミュニティ施策の捉え方や組織での位置づけについての議論を重ねた結果，保健師が配置されている健康推進課（現十和田市保健センター）が担当となり，職員研修会の実施（講師：反町保健所長），関係課長からなる庁内組織「十和田市セーフコミュニティ検討委員会」，関係課補佐等からなる庁内組織「セーフコミュニティプロジェクトチーム」，十和田市セーフコミュニティ推進協議会の設置（部門横断的組織市長会長他 19 人）等，急ピッチで進んだ.

「セーフコミュニティとわだを実現させる会」も行政組織に組み入れられ，全ての組織への参画と市の課題にそった8領域（子ども・高齢者・自殺・交通事故・暴力虐待・防災・観光・労働）全ての対策部会員となり，プログラムの推進にあたった．

c　「セーフコミュニティとわだを実現させる会」の具体的活動

会員は，保健・福祉・教育・医療関係者・市・県職員など30余名となり，企画と4ワーキングチーム（子どもの外傷予防・高齢者の転倒・自殺予防・外傷サーベイ）を設置，毎月定例会等を実施，熱心な議論のもと，高齢者の転倒予防対策を重点に活動した．

図 3-8　オリジナルマーク

右上の「＋」は十和田市の安全安心な街並み
真ん中の「和」は美しい郷土・十和田湖
左下の「田」は人々の協働と絆を表現
出典：セーフコミュニティとわだを実現させる会.

日本セーフティプロモーション京都学会や第17回セーフコミュニティ国際学会（タイ），スウェーデンカロリンスカセーフコミュニティ協働センター長・レイフ・スバンストロール教授の招聘等，国内外にも十和田市の高齢者の取組を紹介した．

2008年6月，十和田市の外傷実態把握のため，国内で最初の家庭訪問での外傷世帯調査（無作為600世帯）への協力，また市内全小中学校セーフコミュニティ標語募集（入選作品は桃太郎旗作成し掲示など），オリジナルロゴマーク（**図3-8**）や歌の作成を通じて普及活動を行った．

十和田市は，自殺率が県，全国より高かったため，会員である市保健師，保健所保健師OB，精神保健ボランティアと協働し，誰でも気軽に立ち寄れる傾聴サロン「こころの広場ルピナス」を開設した．

2009年3月セーフコミュニティ現地審査への全面協力，ついに8月「セーフコミュニティ」認証取得が実現した．

（4）認証から再認証までの活動

a　2009（平成21）年

新型インフルエンザが猛威を奮う中，11月行政主導により優先度の高い領域（子ども，交通事故，自殺，高齢者）ワーキンググループを再開した．

認証取得後の市民の「セーフコミュニティ」認知度は20％にも満たない状況であり，名称が英語であることが安全安心なまちづくりの理解の隘路となっていた．

b　2010（平成22）年

2010年1月「セーフコミュニティとわだをすすめる会」に名称変更し，市民に理解しやすい「セーフコミュニティ」普及啓発に取組んだ．

市ではセーフコミュニティ推進室（保健師OBが次長）を設置し本格的に再スタートした．

会では，セーフコミュニティの理念の普及を中心に，十和田市職員研修，町内会・サークルなど

図 3-9　出前講座の様子

出典：筆者撮影.

出前講座（転倒予防教室・百均グッズによる手軽にできる家庭内転倒危険個所改善や住宅火災警報器の普及，交通外傷予防反射材の普及）など会員のみならず地域組織のリーダーを講師に地域廻りを開始した（図 3-9）．一方，青森県知事との元気なまちづくりトークでの提言や市自治基本条例市民検討会にて安全安心な協働のまちづくりの提言を行うなどセーフコミュニティ推進の牽引役となり活動を続けた.

c　2011（平成 23）年

3・11 東日本大震災の発生・市セーフコミュニティ推進室に被災者支援窓口が設置され，被災者支援に奔走（6 カ月間）する中，借金等による自殺予防のため，多重債務・こころの相談会開始（弁護士・会所属保健師や精神保健福祉士と協働）更に市と協働し，とわだ安全安心まちづくり研修会（高齢者・防災・自殺予防）開催した.

d　2012（平成 24）年

市補助「元気な十和田市づくり市民活動支援事業」により，市建築士会等と協働，安全安心出前講座の開始（家庭内転倒危険個所改修・耐震診断・住宅火災警報器の設置訪問など）や十和田市いのちを守る運動月間総決起大会に協力した.

e　2013（平成 25）年

市まちづくり支援課新設（課長補佐の保健師配置）セーフコミュニティ係が設置され，再認証支援は，日本セーフコミュニティ支援機構となり，領域別対策委員会の見直しと活性化を図られ，会も全面的協力体制をとった．市補助金の継続により，出前講座やワークショップ等により，市民セーフコミュニティサポーター（子どもから高齢者まで）育成を開始.

f　2014（平成 26）年

セーフコミュニティ再認証事前審査への協力やセーフコミュニティ再認証本審査への協力，B-1 グランプリ十和田バラやきサポーターとの協働によるまちづくり活動開始する.

g　2015（平成27）年

「今日も無事でいてほしい」セーフコミュニティイメージソングの作成による普及活動の開始．

h　2015（平成27）年2月　再認証取得．

（5）再認証から再々認証に向けて

a　2016〜17（平成28〜29）年

会の活動停滞気味の中，再々認証に向けて活動の見直しをはかる．

b　2018（平成30）年

①2018年5月「とわだセーフコミュニティをみんなですすめ隊」に名称変更し「市民ひとり1セーフコミュニティ」の実行を旗印に再スタートをする．

②2018年8月十和田市まちづくり支援課とともに，青森県立十和田西高等学校観光科の生徒に「十和田市が実施しているセーフコミュニティとは」をテーマに出前講座を実施する．

受講生の全員が「初めて知った」「このような取り組みを市内全高校生に知った欲しい」などの意見がだされた．

c　2019（平成31）年

2019年2月上記の講座がきっかけとなり，高校生目線での普及活動がスタートし，すすめ隊・まちづくり支援課・高校生の新たな活動へと広がりを見せ始めた．

（6）活動の成果・評価

a　市民のセーフコミュニティ認知度の上昇

会の目的であるセーフコミュニティの理念等の普及をあらゆる機会を通じて行った結果，セーフコミュニティの認知度は，認証当初の19％から約50％になった．

b　自殺率の減少

人口10万人あたり，2009年39.1 → 2015年18.9に減少した．

c　家庭内外での転倒予防の普及につながった．

d　地域や学校で外傷予防の取組が盛んになり，安全安心な取組が拡大した．

e　行政の継続した取組に発展した．

市ではセーフコミュニティ推進事業を市の総合計画に掲げ，長期的視点で展開し，取り組みの効果や評価を検証しながら5年毎の認証取得を目指す決定をし，2021年2月再々認証にむけ8領域

部会（① 子どもの安全，② 高齢者の安全，③ 自殺予防，④ 交通事故予防，⑤ 防災，⑥ 暴力・虐待予防，⑦ 余暇活動の安全，⑧ 労働の安全）をもとに活動している．

（7） おわりに

2004 年 7 月にスタートした部門横断的「セーフコミュニティ」の取組は，各分野の域を出なかった従来の取組の突破口になり，関係職種のみならず，住民組織育成や関係者が各々の役割を担いつつ推進，発展してきた．

「セーフコミュニティ」は，外傷予防を契機にした全ての人々の命を守る安全安心を目指す協働のまちづくりの取組である．今後は，市行政と強硬なタッグを組み，更に多くの市民を巻き込んだ取り組みに発展できるよう努力して行きたいと考えている．

4　厚木市の取り組み
——今，求められる「地域力と絆の再生」のために——

倉持隆雄

（1） セーフコミュニティ導入の意義——市民ニーズと行政手法の乖離——
a　予防安全に対する市民の高い関心

本市のセーフコミュニティ導入は 2008 年であるが，当時は，近年の少子・高齢化の急激な進展，都市環境の変化，市民の価値観やニーズの多様化，地域コミュニティにおける絆の希薄化，地方分権の進展に伴う住民の自治意識の高まりなど，市民の生活基盤構造や環境条件の大きな変革期を迎えていた．

こうした潮流の中，市民生活の安心・安全をめぐっては，特に，① 交通事故や子どもの安全をおびやかす事案等の「事件事故の予防」，② 事件等に巻き込まれる不安の「体感治安不安感の改善」，③ 良好な近隣社会生活環境をつくる「コミュニティの絆の再生」の 3 課題について，市民から高い関心が寄せられ，市の最重要課題となっていた．

b　市民のケガの全体像の把握

しかし① 「事件事故の予防」，② 「体感治安不安感改善」等予防安全対策のために必要な基礎データは，既存の統計からはその全体像の把握が難しく，社会調査によって収集するほかなかった．

例えば，「事件事故（多くはケガや死亡に発展）」原因には，転倒，火傷，溺死，交通事故（自損・過失・故意），犯罪被害，災害など多岐にわたるが，これを予防するためには，事件事故の発生状況の全体像の把握が必要であるが，これまでのやり方は，事件事故の内容・場所・原因・程度・性格等によって取り扱う機関が違っており，それぞれバラバラに処理されていた（事後処理型安全の原則）．

それ故，市民が市域でどの位ケガをしているか（どこで，どんなケガが発生し，その原因は何か等の情報）は，セーフコミュニティ導入までは，市役所，病院，消防，警察のいずれもその全体像を把握して

いなかった.

　本市ではセーフコミュニティ先進の亀岡市の例を参考に，大規模な社会調査（2008年）を行った結果，1年間に市民の13％がケガをし，7.6％が受療（通院・入院）している実態や，15歳未満の子どもの45％がケガをしていることなど，予防安全対策に必要な興味深いデータを多数収集することができた．また，既存の各種統計データ類を収集・分析して予防安全対策への手がかりに努めた．ただ，予防安全に必要なデータには，既存の統計とは異なるものがあることを知った.

c　マトリックス分析

　セーフコミュニティの考え方は，小さなケガから大きなケガ（死亡を含む）まで全体像を把握し，その発生分布（場所・時間帯・性差・状況など），地域での偏在特性を抽出（マトリックス分析）し，その結果を，コミュニティのすべての安全関係者が情報共有し，コミュニティが主体となり「総合的に現場管理」（安全環境改善，安全意識と行動改善）していくという科学的合理的手法であり，本市としては全く新しい経験であった．本市の「コミュニティ推進リーダーのための手引き」（2008年）では，「『安心・安全』『健康』『コミュニティ』の3つの課題を同時解決しようとする画期的試み」と紹介している.

　この制度の理念である「予防」は，日本の「転ばぬ先の杖」に，また，「協働」は「文殊の知恵」，そして「地域コミュニティの絆」は「向こう三軒両隣」などと相通ずるものがあるが，最大の違いはセーフコミュニティの「データに基づく『科学的』な取組」であった.

（2）セーフコミュニティの導入・定着の促進要因

　セーフコミュニティ導入により新しい安心・安全なまちづくりを進めることになったが，本市において比較的スムーズにセーフコミュニティ活動を定着することができたのは，市政をめぐる厳しい環境変化に対する行政トップの危機感，厚木市役所内でのセーフコミュニティ勉強会，積極的な広報啓発活動の他，本市の地域特性やセーフコミュニティ導入前の地域主体の安全活動の取組等が影響していると思われる.

a　行政トップの危機感

ア　安全と安心の乖離（犯罪減少にもかかわらず体感治安悪化）

　本市の刑法犯認知件数のピークは，2001年の7163件であり，2002年には，暴力団の抗争事件や本厚木駅前広場における暴走族約100人による乱闘事件，52件に及ぶおやじ狩りと呼ばれる強盗事件，7件の連続不審火など凶悪犯罪が発生，市民生活の安全を守るため自治体としても自ら防犯対策を検討することとなったが，当時，犯罪を抑止する環境づくりなど安心・安全なまちづくりを本格的に実施している市町村は全国的にも少なく，前例もほとんどなく手さぐりで様々な取組を進め，2005年には刑法犯認知件数は5165件とピーク時から27.9％減少させることができた.

　ところが，2年毎に実施の「市民意識調査」で，「5年前と比べて治安が悪くなった」と答えた割合が，2001年は42.8％だったが2005年は54.2％と，犯罪発生総数は減少しているにもかかわらず

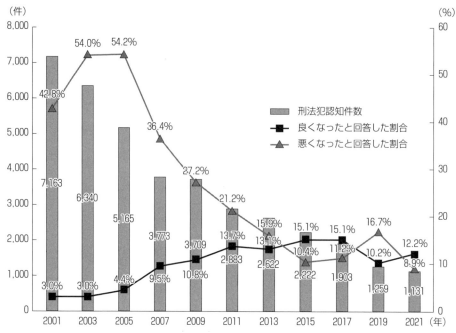

図 3-10　厚木市内の刑法犯認知件数と体感治安不安感の推移

出典：市民意識調査，警察統計．

体感治安は悪化するという予想もしない結果となった（図3-10）．

　さらに 2008 年の市民調査では，市民の不安感の第一位が「子どもが不審者に声をかけられたり，連れ去られたりする不安」49.3％であり，この種の体感治安不安感の改善対策が急がれていた．

　いずれにせよ，市民の生活基盤構造や環境条件の大きな変革期を迎える中で，行政トップの治安に対する危機感，あるいは，コミュニティの絆の再生の新たなツールとして，セーフコミュニティ導入があったといえる．

イ　体感治安の改善が市政信頼に

　詳細は省略するが，表の示すとおり市民の関心事であった体感治安不安感の改善は，セーフコミュニティ導入によって大きく前進し今日に至っている．

　また，市民のセーフコミュニティのまちづくりに対する満足度が，12 年間で 24.3％上昇（2009 年32.8％－2021 年57.1％），2021 年調査によれば市民の83.6％がセーフコミュニティを必要と考えているという結果を生み，他の様々な行政施策と相まって，市民の行政信頼を深めることにつながっているのではないかと考えている．

b　「安心安全なまち会議」

　「安心安全なまち会議」（2002 年に設置）は，地区市民センターを中心に市内で 15 カ所に設置され，自治会役員や交通安全指導員，防犯指導員など地域の安心・安全に関わる関係者で組織である．

　2005 年の市民不安感調査の結果を受けて，市では様々な官民一体の取組を講じたが，その中でも，

① 犯灯の照度アップ（65％以上が「人通りの少ない，暗い夜道」を不安に感じていることが判明し，見通しの悪い危険個所の防犯灯を照度の高いものに順次交換した），② 多様な防犯パトロール，③ 犯罪情報の状況共有（電子メール活用「ケータイSOSネット」），④ 地域の防犯意識の高揚（「愛の目運動」の推進，セーフティベストの着用）の4つの活動は，コミュニティの「安心安全なまち会議」を中心に行われた．従来の地域レベルでの安心・安全活動をより強固に，また，地域の課題は地域で解決するという意識の醸成を図る推進役となっていた．この地域の「組織と活動」が，セーフコミュニティというコミュニティ主体の新しい安心・安全なまちづくりの受け入れの良い土壌となったと考えている．

（3）セーフコミュニティ推進のための組織

a　セーフコミュニティ推進協議会

セーフコミュニティの認証指標では，分野横断的な組織による協働・連携に基づく安全向上のしくみを構築することが求められており，本市では，セーフコミュニティ推進協議会（市長が会長）を設置し，セーフコミュニティプランの実施計画策定，地域における取組の推進及び評価，その他，安心・安全なまちづくりの推進に関することなど重要な事項の決定・評価を行っている．委員には関係団体や行政機関の代表者に就任いただき，また，取組を実践する組織として8つの対策委員会を設置し，それぞれその分野の関係団体，関係行政の代表者がメンバーとなっている．

b　8つの対策委員会の設置と対策効果

本市では，統計データ等の分析により抽出した課題に応じ，8つの対策委員会を設置してそれぞれ外傷リスクに対する対策を検討し必要な対策を実施している．なお，各対策委員会の事務局は市が担っており，対策委員会と行政が各々実施している対策の全体像を把握し，安心・安全な取組を効果的に実施できるよう努めている．

ここでは紙面の関係もあり，交通安全対策委員会及び自転車生活の安全対策委員会の対策効果を紹介する．
- ●交通事故：発生件数の推移：交通事故発生件数は年々減少し，セーフコミュニティ取組開始前の2007年1899件だったものが，直近の2021年には711件と62.6％減少した．
- ●自転車事故：発生件数の推移：年々減少し，セーフコミュニティ取組開始前の2007年411件と比較すると，直近の2021年は156件と62.0％減少した．

c　サーベイランス（動態分析）委員会

指標4，5，6関係を担当するサーベイランス委員会は，「サーベイランス委員会はセーフコミュニティ推進のエンジン機能」と国際的に称せられているものである．

データから地域課題の発見，整理，優先順位の提示など，トレンド分析，プロセス管理（介入効果の測定），対策の有効性分析，検定（統計学）など，セーフコミュニティの科学的アプローチの要となる組織である．

ア　科学的有意性

　数字上，成果が出たように見えても，それが本当に成果があったと言えるのか（科学的に有意性があるか否か）は，検定という統計学の手順を踏まなければ「成果」とは言えない．

　普通の行政職員としてはこれまで馴染みの薄い分野であり，専門家の科学的知見を得て，これまでの経験則的な安心・安全なまちづくりに奥行きと深みが増したのではないかと思う．

d　安心・安全セーフコミュニティ推進地区

ア　セーフコミュニティ推進地区

　交通事故データや犯罪データなどを活用するとともに，ワークショップなどを通じて，地域の安心・安全に関する課題や対策を検討するなど，セーフコミュニティの手法を用い，様々な安心・安全に関する活動を展開している．また，地域で導き出した課題の対策として，対策委員会が実施している対策を用いることもあり，地域・対策委員会・行政が連携してセーフコミュニティ推進地区の取組を進めている．2022年7月に指定した地区は16地区である．

イ　戸室地区の交通安全に関する取組の事例

　戸室地区では，高齢者の交通事故が多発していたことから，厚木警察署から「高齢者交通事故防止地区」に指定されたことを契機に，地区内の交通安全対策を検討するためのワークショップを，セーフコミュニティの手法を用い実施した．

（4）絆の強化と市民意識の変化

a　セーフコミュニティを通じコミュニティの絆の強化

　セーフコミュニティは，不慮の事故の予防安全のために，コミュニティに着目した地域安全向上活動であるが，セーフコミュニティ活動を通じ，地域の人々の安全意識や住んでいる地域を良くしようという機運が醸成されたところが多い．安心感の増加，安全意識の共有，相互見守り，セーフコミュニティプロセスの成果，相互協力，信頼感増大という好循環となり，こうした活動がコミュニティの絆の強化につながっていっていることが確認できた．

b　セーフコミュニティ認知度・関心度・必要度

　セーフコミュニティの取組を導入して以降，市民の意識が変化していることが見てとれる．「セーフコミュニティの推進によるまちづくりに対する満足度」は，セーフコミュニティ認証前の2009年には32.8％だったものが，直近の2021年には57.1％（市民満足度調査）に，また，「セーフコミュニティの考え方に関心がある」と答えた割合は，セーフコミュニティ取組前の2009年には38.3％だったものが，直近の2021年には62.4％に増加（市民意識調査）している．

　さらに，2019年に実施の安全・健康・コミュニティに関する調査によると，「セーフコミュニティを知っている」と答えた割合は60.0％，2021年市民満足度調査によると「セーフコミュニティの取組推進が必要である」と答えた割合は83.6％となっている．

（5）　今後の課題と展開

a　環境や情勢の変化への対応

　本市が取組を始めた当時，国内で自治体は2つしかセーフコミュニティの取組を行っておらず手探りで活動が続いたが，2010年に認証取得することができ，2015年には本認証制度で定められている5年に1度の再審査を経て再認証取得，そして2021年には3回目の認証取得を果たすことができた。

　これまでの歩みの中で，本市は，環境や情勢の変化に応じ，新たな課題に対応するために，対策委員会の再編成や対策の改善，工夫に努めてきた。なかなか効果が表れない取組もあったものの，データの分析結果に基づいて対策を改善していくなど，立案プロセスの変化がもたらす良い影響も出てきている。一つの形にとらわれず，状況と環境を捉え柔軟に対応してきたことが，認証審査員からも高い評価を受けることとなった。

b　市民への浸透，周知

　セーフコミュニティの取組は，地域の主体的な活動が大切であり，また，継続的に取組を展開していくためには，地域に根差した恒常的な活動として浸透していかなければならない。

　当初，セーフコミュニティという横文字のことばに対する馴染みにくさから，「何やらよくわからないもの」というイメージが先行しがちであったが，地域に出向き，勉強会や研修会などを開催することや，地域の皆さんとマップづくりやワークショップを行うことで，市民がセーフコミュニティに関わる機会を増やすとともに，リーフレットやチラシなどを作成，配布し，取組の内容や成果に触れる機会を増やすことにより，地道ではあるが，少しずつ市民の間にセーフコミュニティの考え方を伝達していった。今後とも一層の理解を得ていきたいと考えている。

c　継続的な活動

　本市では，市の条例や総合計画において「セーフコミュニティの推進」を規定し，取組の継続性を確保している。

　セーフコミュニティ認証指標では，「長期的かつ持続的なプログラムの実施や評価」が求められており，認証取得のための重要な要素の一つである。また，一過性ではない将来を見据えた取組を展開していくことにより，コミュニティに根差した地域ぐるみの取組へと発展していくことが期待できる。

　また，地域に住む人々が，継続的に取組を展開していくためには，課題の変化に対応できる柔軟性が重要であり，随時データの再確認と検証を行い，対策プログラムの方向性を確認するとともに，国内外のセーフコミュニティプログラムの推進状況や変化を確認し，プログラムの改善に活かしていきたいと考えている。

d　経済的な効果の検証

　事故やけがの減少という点では，交通事故件数や刑法犯認知件数の減少など，一定の効果を上げ

ることができたが，医療費や介護費用の縮減といった経済的な効果については，まだ検証ができておらず，今後の課題と捉えている．

　費用対効果を数字によって表すことができれば，セーフコミュニティの有効性をさらに示すことができるものと考えている．市民にとっても，節減効果が目に見えるということは，取組への関心や理解を進める要因となるだろう．将来的には社会的な損失にまで踏み込んだ効果検証に取り組んでいく必要がある．

第4章
セーフティプロモーションスクール
──その歴史と基本的な考え方及び実際の活動──

藤田大輔

要　約
　　セーフティプロモーションスクールとは，「自助・共助・公助」の理念のもと，わが国独自の学校安全の考え方や「共感と協働」の視点を基盤とする包括的な学校安全の推進に取り組んでいると評価された学校を認証する活動である．現在は日本国内の学校に加えて，中国，イギリス，台湾やタイの学校へも活動が広まっている．

キーワード
　セーフティプロモーションスクール，学校安全総合支援事業，学校安全委員会，S-PDCASサイクル，第3次学校安全の推進に関する計画

1　セーフティプロモーションスクールとは

　大阪教育大学では，平成13（2001）年6月8日に発生した附属池田小学校事件の反省と教訓を基に，事件の再発防止と学校における安全教育と安全管理，そして組織活動の有機的連携を含めた包括的かつ持続可能な学校安全の推進を目指した「セーフティプロモーションスクール（Safety Promotion School: SPS）」の普及に取り組んでいるところである．このセーフティプロモーションスクールとは，かつてスウェーデン王国のカロリンスカ研究所に設置されていた WHO Collaboration Centre on Community Safety Promotion（WHO-CCCSP）が提案していた International Safe School（ISS）の考え方や英国 UNICEF が推進している Child Friendly School（CFS）の考え方などを参考にしつつ，平成24（2012）年5月に閣議決定されたわが国の教育振興基本計画に示された「自助・共助・公助」の理念のもと，筆者が，わが国独自の学校安全の考え方や「共感と協働」の視点を基盤とする包括的な学校安全の推進を支援することを目的として構築した取り組みである．具体的には，[1]表4-1 に示すセーフティプロモーションスクールの理念となる「7つの指標」に基づいて，学校独自の学校安全（生活安全・災害安全・交通安全）の推進を目的とした中期目標・中期計画を明確に設定し，その目標と計画を達成するための組織を整備し，後述する S-PDCAS（Strategy-方略：Plan-計画：Do-実践：Check-評価：Act-改善：Share-共有）サイクルに基づく実践と協働，さらに活動成果の分析を通じた客観的な根拠に基づいた評価の共有が継続されていると認定された学校を「セーフティプロモーションスクール」として認証しようとする取り組みである．特に学校における安全推進の取り組みの実践と成果を，学校から家庭へ，地域へ，そして近隣の学校へと発信し共有していこうとする「共感と協働」の視点が特徴とされる制度である．

　このようなセーフティプロモーションスクールの認証のための審査にあたっては，「安全が確保された，完成された安全な学校」であることが評価基準とされるのではなく，「教職員・児童（生徒・学生・幼児を含む）・保護者，さらには子どもの安全に関わる地域の機関に所属する人々が学校安全の重要性を共感し，そして『チーム学校』として組織的かつ継続可能な学校安全の取り組みが着実に協働して実践され展開される条件が整備されている学校」であるという学校安全に関わる活動の「過程」が評価されることが重要であると考えている．言い換えれば「セーフティプロモーショ

表 4-1　セーフティプロモーションスクールの 7 指標

指標 1 （組織）	学校内に,「学校安全コーディネーター」等を中心とする学校安全推進のための「学校安全委員会」が設置されている.
指標 2 （方略）	学校において,「生活安全」・「災害安全」・「交通安全」の分野ごとに, セーフティプロモーションの考え方に基づいた「中期目標・中期計画（3 年間程度）」が設定されている.
指標 3 （計画）	学校安全委員会において,「中期目標・中期計画」に基づいた学校独自の学校安全推進のための「年間計画」が,「安全教育」・「安全管理」・「安全連携」の領域ごとに具体的に策定されている.
指標 4 （実践）	「年間計画」に基づいて, 学校安全委員会を中心に, 学校関係者が参加して, 学校安全推進のための活動が年間を通じて継続的に実践されている.
指標 5 （評価）	学校安全委員会において, 実践された学校安全推進に関わる活動の成果が定期的に報告され, それぞれ分析に基づく明確な根拠をもとに学校安全推進活動に対する評価が行われている.
指標 6 （改善）	学校安全委員会における次年度の「年間計画」の策定にあたって, それまでの活動成果の分析と評価を参考に, 当該校における学校安全に関わる実践課題の明確化と「年間計画」の改善が取り組まれている.
指標 7 （共有）	学校安全推進に関わる活動の成果が, 当該の学校関係者や地域関係者に広報・共有されるとともに,「協働」の理念に基づいて, 国内外の学校への積極的な活動成果の発信・共有と新たな情報の収集が継続的に実践されている.

出典：筆者作成.

ンスクール」とは, 包括的かつ協働的な学校安全の推進をゴール（目標）とするスタートラインに立っていると評価された学校であるといえるのである. そして後述する「日本セーフティプロモーションスクール協議会」による実地審査において, セーフティプロモーションスクールとしての活動が評価された学校は,「日本セーフティプロモーションスクール協議会」との間に「セーフティプロモーションスクール協定書」を締結し, 学校の安全に対する分析と評価を基盤とする未来志向に基づいた協働的な安全推進の取り組みを持続的に推進していくことを相互確認することとなっている. 加えて, セーフティプロモーションスクールの認証では, 最初の認証に続く 3 年ごとの再認証の継続が重要な意味を有していると考えられている. つまり認証されて活動が完了するのではなく, 学校が存続する限り, その学校に所属する「人」である児童・生徒, 教職員, 保護者, 関係機関の担当者や地域住民には「異動」や「移動」が想定されるため, たとえ「人」が変わっても当該校における学校安全に関わる活動が着実に継続されていくためには 3 年ごとの再認証を繰り返すことで, より実効性を持った持続可能性が保障されるものと期待しているところである.

　さらに可能であれば, 他のセーフティプロモーションスクールに認証された学校との間に安全を協働して推進することを目的とした「セーフティプロモーションスクールネットワーク」を構築し, 日本国内はもとより学校安全に関わる多くの課題を共有するアジア・太平洋地域や, さらにはアメリカやヨーロッパ地域を含めて, セーフティプロモーションスクールの理念を共通基盤としつつ, 各国の優れた学校安全推進の取り組みを発信・共有することを通じて相互に安全推進の成果を協働的に高めあう活動へと発展させていきたいと考えているところである.

② セーフティプロモーションスクールの展開

　大阪教育大学では，わが国におけるセーフティプロモーションスクールの一層の普及とその活動の発展を継続的に支援していきたいと考え，平成26 (2014) 年10月11日に，学校危機メンタルサポートセンター（令和2年4月：「学校安全推進センター」に改組）内に「日本セーフティプロモーションスクール協議会」を設立し，平成27年3月6日に，大阪教育大学附属池田小学校，大阪教育大学附属池田中学校並びに東京都台東区立金竜小学校との間に「セーフティプロモーションスクール協定書」を締結し，この3校をセーフティプロモーションスクールに認証した．その後，平成27年3月13日の第189回国会の衆議院予算委員会では，内閣総理大臣から「平成13年の附属池田小学校事件を教訓とした大変に先進的な取り組みである[2]」との評価を受け，さらに続く3月25日の衆議院文部科学委員会においても，文部科学大臣から「附属池田小学校事件を教訓とした極めて意義深い制度である[3]」と評価を受けるに至った．そして文部科学省初等中等教育局健康教育・食育課の平成28年度の概算要求事業として，「学校健康教育の推進」の「防災教育を中心とした実践的安全教育総合支援事業」の中に，「セーフティプロモーションスクール等の先進事例を参考に地域の学校安全関係者（有資格者等），関係機関及び団体との連携・協力[4]」という新たな国の事業として位置づけられ，わが国におけるセーフティプロモーションスクールの認証・普及への取り組みが，文部科学省並びに都道府県・政令指定都市教育委員会の支援を受けつつ日本各地で開始された[5]ところである．

　文部科学省の事業としての位置づけに連携し，日本国内では，平成28 (2016) 年度に京都市立養徳小学校と高知県宿毛市立山奈小学校，平成29 (2017) 年度に宮城県石巻市立鮎川小学校，大阪市立堀江小学校と大阪市立堀江幼稚園，高知市立旭小学校，大阪市立新高小学校，宮城県石巻市立広渕小学校，石巻市立住吉中学校，平成30 (2018) 年度に大阪府立中央聴覚支援学校，宮城県石巻市立万石浦小学校，石巻市立青葉中学校，大阪市立瓜破中学校，令和元 (2019) 年度に宮城県石巻市立渡波小学校，宮城県石巻市立湊中学校，兵庫県立東播磨高等学校，令和2 (2020) 年度にあけぼのほりえこども園，宮崎県立門川高等学校，宮崎県門川町立門川中学校，宮城県石巻市立河北中学校，宮城県石巻市立湊小学校，大阪府高槻市立寿栄小学校，令和3 (2021) 年度に宮崎県立佐土原高等学校，宮崎市立久峰中学校，神奈川県平塚市立土屋小学校，大阪府羽曳野市立羽曳が丘小学校，宮城県石巻市立石巻小学校，宮城県石巻市立河南東中学校，大阪府河内長野市立石仏小学校，大阪府寝屋川市立中木田中学校，大阪教育大学附属高等学校池田校舎，令和4 (2022) 年度に高知県黒潮町立南郷小学校，宮崎県日南市立飫肥中学校，宮崎県立高鍋農業高等学校，宮崎県高鍋町立高鍋東中学校，宮崎県高鍋町立高鍋西中学校，宮崎県立日南高等学校，宮城県石巻市立牡鹿中学校，宮城県石巻市立桃生小学校，大阪府高槻市立第三中学校，大阪府高槻市立芝生小学校，大阪府高槻市立丸橋小学校，奈良県上牧町立上牧第二中学校，奈良県上牧町立上牧第二小学校，合計47校園をセーフティプロモーションスクールに認証した．また平成30 (2018) 年度以降は3年ごとの再認証の継続を促し，認証校の学校安全の持続可能な取り組みを支援しているところである．

　一方，海外では，平成28 (2016) 年度に，中華人民共和国の深圳市にある蛇口育才教育集団第4

小学，平成 29（2017）年度に中華人民共和
国の雲南省の昆明市西山区金果幼児園，深
圳市の南山区香山里小学，南山区陽光小学，
南山区海浜実験小学，平成 30（2018）年度
に深圳市南山区育才教育集団第 1 幼児園，
深圳市南山区育才教育集団第 3 幼児園，深
圳市南山区育才教育集団第 4 幼児園，深圳
市南山区育才阳光幼児園，山東省濰坊市高

表 4-2　セーフティプロモーションスクールの認証・支
援校園数

(2023.3.31 現在)

	日本	中国	イギリス	タイ王国	台湾
認証校園	47（19）	30（1）	2	2	1（1）
支援校園	9	42	3	16	―
計	56（19）	72（1）	5	18	1（1）

注：表中の（　）は，再・再々認証した延べ学校数を示す．
出典：筆者作成．

新技術産業開発区淀景学校，台湾の東華大学，山東省の濰坊新華中学とイギリスのロンドン市の
Millfields Community School，さらに中華人民共和国の武漢市・濰坊市及び青島市の 19 校を，令
和元（2019）年度にタイ王国の Namdibwittayakom School，Thanakhonyanwaropat Uthit School，
イギリスのロンドン市の Torriano Primary School，令和 3（2021）年度には中華人民共和国の山東
省青島市の青島通済実験学校をセーフティプロモーションスクールに認証した．この結果，**表 4-2**
に示したように，セーフティプロモーションスクールの認証校園数は，日本国内で 47 校園（うち 19 校
は再認証），中華人民共和国で 30 校園，イギリスで 2 校，タイ王国で 2 校，台湾で 1 校となっている．
さらに令和 4（2022）年度末時点で，日本国内で 9 校，中華人民共和国で 42 校園，連合王国（イギリ
ス）で 3 校，タイ王国で 16 校の計 70 校園からセーフティプロモーションスクールの認証支援の申
込を受け，各校園におけるセーフティプロモーションスクールの認証取得を目指した活動への支援
を展開しているところである．

　このようにセーフティプロモーションスクール認証の取り組みは，制度創設から 9 年を経過する
中で，国内外での普及活動に関わる実績が評価され，前述したように平成 28（2016）年度から文部
科学省の「学校安全総合支援事業」の中で，「学校種・地域の特性に応じた地域全体での学校安全
推進体制の構築を図るため，セーフティプロモーションスクール等の先進事例を参考とする」と明
記され，令和 5（2023）年度も，わが国におけるセーフティプロモーションスクールの認証・普及へ
の取り組みが，文部科学省並びに都道府県・政令指定都市教育委員会の支援を受けつつ，国内外で
継続して展開される予定である．さらに，セーフティプロモーションスクールの国内における普及
活動の評価については，平成 29（2019）年 3 月 24 日に閣議決定された「第 2 次学校安全の推進に関
する計画[6]」の中で先進事例として紹介され，さらに令和 4（2022）年 3 月 25 日に閣議決定された
「第 3 次学校安全の推進に関する計画[7]」の中では，「Ⅱ　学校安全を推進するための方策」の「1．学
校安全に関する組織的取組の推進」の中で，「第 3 次計画期間においては，セーフティプロモーシ
ョンスクールの考え方を取り入れ，学校医等の積極的な参画を得ながら，学校種や児童生徒等の発
達段階に応じた学校安全計画自体の見直しを含む PDCA サイクルの確立を目指す」と明記される
とともに，同計画中に，セーフティプロモーションスクールとは「学校安全に関する指標（組織，方
略，計画，実践，評価，改善，共有）に基づいて，学校安全の推進を目的とした中期目標・中期計画（3
年間程度）を明確に設定し，その目標と計画を達成するための組織の整備と S-PDCAS サイクルに基
づく実践と協働，さらに分析による客観的な根拠に基づいた評価の共有が継続されていると認定さ

れた学校を認証する取組」と説明されているところである.

3 セーフティプロモーションスクールの認証プロセス

セーフティプロモーションスクールの認証を受けるためには，認証を希望する学校において，次の**図**4-1の①〜⑨に記載したプロセスに従ってセーフティプロモーションスクールの活動に関わる取り組みを進めることが必要である.

　①学校長のリーダーシップの下に，前述した「セーフティプロモーションスクールの7指標（**表**4-1）」の達成を目指した取り組みを開始することを，教職員・児童（生徒・学生・幼児を含む）・PTA・地域における子どもの安全に関わる機関や活動団体の代表者等との間で共有する. そのSPS認証活動の開始を決定するにあたって必要があれば，学校長から「日本セーフティプロモーションスクール協議会」に対し「SPS事前打合せ（SPS事前研修）」の開催依頼を申し出て，同協議会の協力のもと，当該校内でSPS活動の展開に関わる教職員等を対象とした事前研修を開催する.

　②セーフティプロモーションスクールの認証を希望する学校長から，「日本セーフティプロモーションスクール協議会」へ「セーフティプロモーションスクール認証支援申込書」と「「セーフティ

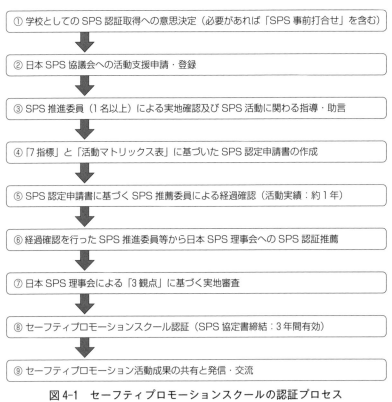

①学校としてのSPS認証取得への意思決定（必要があれば「SPS事前打合せ」を含む）

②日本SPS協議会への活動支援申請・登録

③SPS推進委員（1名以上）による実地確認及びSPS活動に関わる指導・助言

④「7指標」と「活動マトリックス表」に基づいたSPS認定申請書の作成

⑤SPS認定申請書に基づくSPS推薦委員による経過確認（活動実績：約1年）

⑥経過確認を行ったSPS推進委員等から日本SPS理事会へのSPS認証推薦

⑦日本SPS理事会による「3観点」に基づく実地審査

⑧セーフティプロモーションスクール認証（SPS協定書締結：3年間有効）

⑨セーフティプロモーション活動成果の共有と発信・交流

図4-1　セーフティプロモーションスクールの認証プロセス
出典：筆者作成.

プロモーションスクール登録書」を提出する.

　③ 上記の認証支援申請を受けた「日本セーフティプロモーションスクール協議会」は，当該校へ「日本セーフティプロモーションスクール協議会」の「理事」もしくは「セーフティプロモーションスクール推薦委員」を派遣し，「実地確認」を行う．実地確認を受けた学校は，日本セーフティプロモーションスクール協議会から派遣された「理事」もしくは「推薦委員」の指導・助言及び協力のもと，「セーフティプロモーションスクールの 7 指標」に基づいた「活動マトリックス表」を作成し，当該校の校務分掌及び年間学校安全計画中にセーフティプロモーションスクールに関わる取り組みを位置づける.

　④ 認証支援申請校における「活動マトリックス表」の作成にあたっては，「日本セーフティプロモーションスクール協議会」から派遣された「理事」もしくは「推薦委員」と，当該校の管理職及び大阪教育大学が認定した「学校安全コーディネーター」等の資格を有する教職員が協力して，中期計画の期間となる 3 年間の間に達成可能な内容を考慮した「活動マトリックス表」を作成することが望ましい．その際，最初の中期計画の 3 年間のうちに「活動マトリックス表」のすべてのマトリックスを埋める活動を展開することは必須ではなく，再認証を受ける第 2 期の中期計画を視野に入れたマトリックス表の作成であっても支障はない．繰り返しとなるが，セーフティプロモーションスクールは「安全が完成された学校」を認証する制度ではないため，最初の「セーフティプロモーションスクール認証申請書」を作成した段階で「活動マトリックス表」の 45 項目の内容をすべて設定・実践している必要はなく，最低限として，「生活安全」・「災害安全」・「交通安全」の少なくとも一つの分野（3 領域：「安全教育」・「安全管理」・「安全連携」）の 15 個の「活動マトリックス表」中に，S-PDCAS（Strategy-方略：Plan-計画：Do-実践：Check-評価：Act-改善：Share-共有）サイクルに基づいて展開されている具体的な取り組みが確認できれば「認証推薦」を受けることが可能である．さらにこの取り組みにおいて，後述する「セーフティプロモーションスクール推進員」の資格認定を受けた教職員やチーム学校関係者が，当該校におけるセーフティプロモーションスクールの認証活動に協働的に参加していることが確認されることも「認証推薦」の重要な観点となる.

　⑤ 認証支援申請校において，活動開始からおよそ 1 年間のセーフティプロモーションスクールの取り組みの成果を取りまとめた「セーフティプロモーションスクール認証申請書」を作成する．この「セーフティプロモーションスクール認証申請書」の作成にあたっては，基本的に「セーフティプロモーションスクール」の認証を目指した取り組みの開始から 1 年間程度の活動実践（実績）とその評価に基づいて作成されることになるが，当該校において，もしセーフティプロモーションスクールの認証を目指した取り組みを開始するまでに実践していた学校安全の推進に関わる取り組みの実績（概ね 3 年以内の実績）があれば，先行実績として「セーフティプロモーションスクール申請書」に含むことが可能である．なおこの「セーフティプロモーションスクール認証申請書」はそれぞれの母国語で作成するものとする.

　⑥ 認証支援申請校からの「セーフティプロモーションスクール認証申請書」の提出を受け，「日本セーフティプロモーションスクール協議会」は「推薦委員等」を当該校へ派遣し，その推薦委員等による「経過確認」を実施する．経過確認を受けた認証支援申請校は，派遣された推薦委員等に

よる「経過確認」に基づいて作成された「認証推薦書」を添えて，「日本セーフティプロモーション
スクール理事会」へ「実地審査」の実施を申し出る．なお「日本セーフティプロモーションスクール
理事会」へ提出された認定申請書は，前述した成果の「共有」の観点から，セーフティプロモー
ションスクールの認証校間における情報の発信と成果の共有を目的として活用されることに同意の
上，日本セーフティプロモーションスクール協議会のホームページ等を通じて公開されることを原
則とする．

　⑦ 提出された「セーフティプロモーションスクール認定申請書」をもとに「日本セーフティプロ
モーションスクール協議会」から派遣された「理事」による「3観点」に基づく「実地審査」を経
て，「日本セーフティプロモーションスクール協議会」との間に「セーフティプロモーションスク
ール協定書」が締結される．この「実地審査」では，学校長によるセーフティプロモーションスク
ールの認証を目指した取り組みの経緯・成果の説明と校内実地見学以外に，セーフティプロモー
ションスクールの取り組みに参加した児童生徒等の代表及びPTAや地域機関や住民代表者等への聞
き取りも重要な実地審査事項に含まれる．なお「3観点」の内容については，後述の「5．セーフ
ティプロモーションスクールの「指標」と「観点」の考え方」の単元の中で説明している．

　⑧ 「セーフティプロモーションスクール」に認証された後に日本セーフティプロモーションスク
ール協議会と認証校の間で締結される「セーフティプロモーションスクール協定書」の有効期間は
3年間である．そのためセーフティプロモーションスクールの認証を受けた学校がセーフティプロ
モーションスクールであり続けていくためには，3年ごとに，日本セーフティプロモーションスク
ール協議会による再認証を受け，学校安全推進の取り組みを着実に継続していくことが必要となる．

　⑨ セーフティプロモーションスクールに認証された学校には，認証後の重要な活動として，「活
動マトリックス表」に記載された活動の着実な継続と発展に加えて，セーフティプロモーションに
関わる自校の優れた取り組みの成果の発信と共有や，他校の取り組みに関する情報収集の継続に積
極的に努めていくことが期待されることとなる．

④　セーフティプロモーションスクールの活動を支える人材の育成

　大阪教育大学では，セーフティプロモーションスクールの活動を継続・発展させていくことを目
的として，前述したように学校安全推進センター内に「日本セーフティプロモーションスクール協
議会」を設立している．この協議会は，「日本セーフティプロモーションスクール理事会」と「セー
フティプロモーションスクール推薦委員会」から構成されており，このうち「日本セーフティプロ
モーションスクール理事会」は学校安全推進センターの関係者が理事として運営にあたっている．
一方，セーフティプロモーションスクールの学校現場での活動を支援する人材として「セーフティ
プロモーションスクール推薦委員」，「学校安全コーディネーター」及び「セーフティプロモーショ
ンスクール推進員」の3種類の専門職種の資格制度を創設するとともに，当該校の児童生徒を
「SPSサポーター」に委嘱する制度を開始し，大阪教育大学及び日本セーフティプロモーションス

クール協議会がその人材養成と資格の認定を行っている.

（1）セーフティプロモーションスクール推薦委員

　日本セーフティプロモーションスクール理事会では，わが国におけるセーフティプロモーションスクール活動の学校教育現場における一層の充実と発展を目的として，セーフティプロモーションスクールの認証活動に実績があったと認められた教職員，主にセーフティプロモーションスクールに認証された学校でセーフティプロモーションスクールの活動を主導した実績を持つ教職員に対して，「セーフティプロモーションスクール推薦委員」を委嘱している.この「セーフティプロモーションスクール推薦委員」は，日本セーフティプロモーションスクール理事会の要請により，以下にあげた3件の業務の遂行に協力することに同意が得られた人物で，委嘱期間は，委嘱を受けた日から3年間となっている.

　① セーフティプロモーションスクール認証支援申請校に出向し，「日本セーフティプロモーションスクール理事会」と協働して，活動の状況を確認（実地確認）し，当該校におけるセーフティプロモーションスクールに関わる具体的な取り組みが，セーフティプロモーションスクールの理念に基づいて効果的かつ着実に展開されるよう指導と助言を行う.

　② セーフティプロモーションスクール認証支援申請校において作成された「セーフティプロモーションスクール認定申請書」が「日本セーフティプロモーションスクール協議会」へ提出された後，「日本セーフティプロモーションスクール理事会」の要請を受け，申請書に記載されたセーフティプロモーションスクールに関わる取り組みの状況や成果を現地で確認（経過確認）する.

　③ 経過確認された活動がセーフティプロモーションスクールの認証に相応しい活動であると評価した場合には，「セーフティプロモーションスクール認証推薦書」を作成し，当該校が作成した「セーフティプロモーションスクール申請書」と共に「日本セーフティプロモーションスクール理事会」に提出する.

（2）学校安全コーディネーター

　「学校安全コーディネーター」の資格は，基礎資格として大阪教育大学学校安全推進センターが開講している「安全主任講習会」を受講し，その上で，同一年度内に開講される「学校安全コーディネーター養成研修」を受講して認定を受けることができる.ただし，独立行政法人教職員支援機構が開催している「学校安全指導者養成研修」の受講をもって，大阪教育大学の「学校安全主任講習会」の受講に代えることも可能としている.

　「学校安全コーディネーター」は，所属する学校園で学校安全推進の中心的役割を担うとともに，セーフティプロモーションスクールの認証活動の中核を担う人材として「セーフティプロモーションスクール認証申請書」を作成することや，「セーフティプロモーションスクール推薦委員」による実地確認及び経過確認や「日本セーフティプロモーションスクール理事会」による実地審査に協

力することが必要とされる．またセーフティプロモーションスクールに認証された後には，セーフティプロモーションスクールの取り組みに関わる情報の収集と国内外への成果の発信を担当し，その共有に努めることも職務の一部として期待されている．

　なお，学校安全コーディネーターの認定期間はセーフティプロモーションスクールの認証期間と同じく3年間とし，「学校安全コーディネーター」でありつづけるためには，大阪教育大学学校安全推進センターが開催する「学校安全コーディネーター養成研修」を3年ごとに受講する必要がある．

（3）セーフティプロモーションスクール推進員

　「セーフティプロモーションスクール推進員」の資格は，大阪教育大学学校安全推進センターが開講する「セーフティプロモーションスクール推進員養成セミナー」を受講することにより認定される．そして「セーフティプロモーションスクール推進員」に認定された後は，「チーム学校」の一員としてセーフティプロモーションスクールの第1指標で規定される「学校安全委員会」の構成員となり，関係する学校園の「学校安全コーディネーター」が取り組むセーフティプロモーションスクールの認証活動に協力して推進する役割を担うことが期待される資格である．またセーフティプロモーションスクールに認証された後には，「学校安全コーディネーター」と協働して，関係する学校園のセーフティプロモーションスクールの優れた取り組みに関わる情報の収集と国内外への成果の発信に協力し，その共有に努めることも職務の一部として期待されている．

　なお，セーフティプロモーションスクール推進員の認定期間はセーフティプロモーションスクールの認証期間と同じく3年間とし，「セーフティプロモーションスクール推進員」でありつづけるためには，大阪教育大学学校安全推進センターが開催する「セーフティプロモーションスクール推進員養成セミナー」を3年ごとに受講する必要がある．

5　セーフティプロモーションスクールの「指標」と「観点」の考え方

　セーフティプロモーションスクールの認証を受けるためには，前述した7つの「指標」が着実に実践されていることの確認が必要とされる．そしてその確認を行う視点が「3領域（安全教育・安全管理・安全連携）」ごとの「観点」である．

　まず7つの「指標」のうちの「指標1」では，表4-3に示したように，学校安全コーディネーターが中心となって，教職員・PTA・児童生徒の代表・地域関係機関の代表等から構成される「学校安全委員会」が校内に設置され，「指標2」〜「指標7」の立案と円滑な実施を統括する組織として運営されることが必要とされる．この「学校安全委員会」の設置については，平成22（2010）年3月に文部科学省から発刊された「「生きる力」をはぐくむ学校での安全教育」の中で「地域学校安全委員会」の設置が推奨されたものの，全国の学校園でその設置が進められていないのが現状である．

しかしながら現行の学校保健安全法の前身となる学校保健法が昭和 33（1958）年に制定された直後に出された文部省体育局長通達の中で開催が位置付けられた「学校保健委員会」については，平成 17（2005）年時点で全国の小・中・高等学校の約 80％に設置されていることから，この「学校保健委員会」に対応した組織として「学校安全委員会」の設置を検討していただければ，「学校保健委員会」の設置と同様に，全国の学校園での「学校安全委員会」の実装が進められるものと期待しているところである．

　次に，セーフティプロモーションスクールの活動への参加を検討している関係者からの問い合わせが多い「指標 2」～「指標 7」の内容項目に関する理解を支援するために，既にセーフティプロモーションスクールに認証されている複数の小学校が策定したセーフティプロモーションスクール認証申請書の「生活安全」領域に関わる「指標 2」～「指標 7」に関連する部分を参考として，新たに作成した参考資料を**表 4-4** に示す．

表 4-3　「指標 1」の学校安全委員会の構成例

	委員の構成
委員長	学校安全コーディネーター
委員	教職員代表 ・（校長）：　　　　　・（副校長・教頭）： ・（教務主任）：　　　・（養護教諭）： ・（教諭）：　　　　　・（教諭）： ・（教諭）：　　　　　・（事務）：
委員	児童生徒代表［SPS サポーターなど］
委員	PTA 代表 ・（会長）　　　　・（副会長）
委員	警察関係者
委員	消防関係者
委員	保健関係者（学校三師・保健所）
委員	児童福祉機関関係者
委員	市町村危機管理部局関係者
委員	地域自治会代表
委員	地域ボランティア代表

出典：筆者作成．

　この**表 4-4** に示しているように，まず中期目標・中期計画である「指標 2」の「生活安全」領域のうちの「外傷予防」の観点の事例として，「養護教諭によるけがの統計に基づいた傷害発生箇所及び児童と教員が行う安全点検による校内の危険箇所の把握と校内環境の改善に努める」という 3 年間の中期目標が設定されている．このことから保健室で集計されている当該校内で発生した外傷データの収集を継続し，得られたデータを，外傷の発生場所や発生時間帯，受傷部位や受傷程度などの視点から集計・分類して校内で発生した外傷の特徴を分析し，その結果を教職員と児童が共有し，校内での事故災害の発生の予防に活用することを中期計画の一つとして位置付けられていることが理解される．そしてこの中期計画の成果を評価するための中期目標として，「校内でのけがの発生件数を 3 年間で 10％減少させる」ことと，「教職員・児童・PTA が参加する校内環境の安全点検を年間 2 回以上行う」ことを評価基準として策定されている．つまり，校内におけるけがの発生件数を取り上げて，数値を用いて具体的な目標として明確化することで，当該校に関わる人々（教職員と児童・PTA）の学校安全に関わる目標の共有が促されるものと期待される．また教職員のみが校内の安全点検を担当するのではなく，児童や PTA にも校内の安全点検に参加してもらうことにより，参加した児童や PTA の校内の安全点検に対する関係者としての主体的かつ協働的な意識への変換，言い換えれば学校における安全点検を教職員任せにする「ヒト事意識」から，自ら学校安全に参加しているという「共感と協働」を基盤とする「ワガ事意識」へと意識改革を促すことにつながり，さらには，校内における上級生から下級生や家庭における保護者から児童への学校内における安全推進に関わる注意喚起と実践が充実されるものと期待されるところである．

表4-4　「生活安全」領域の「指標2」～「指標7」の策定例

指標2 （方略）	中期目標1：養護教諭によるけがの統計に基づいた傷害発生箇所及び，児童と教員が行う安全点検による校内の危険 　　　箇所の把握と校内環境の改善に努める. 中期計画1-1：けがの発生件数を3年間で10％減少させる. 中期計画1-2：教職員・児童・PTAが参加する校内環境の安全点検を年間2回以上行う. 中期目標2：安全教育を通して児童が自ら危険を予測し，回避できる能力を育成する. 中期計画2-1：気づき，考え，判断し，行動できる子の育成をめざした安全教育を推進する. 中期計画2-1：安全ノートを活用した独自の安全教育カリキュラムの作成に取り組み，安全教育を実施する. 中期計画2-1：低学年児童の防犯ブザーの着用率をアップする. 中期計画2-1：5年生での応急手当の学習，4年生と6年生での防犯教室による学習を行う.
指標3 （計画）	○外傷の原因や発生場所を振り返ることで，自ら進んで外傷予防に取り組もうとする意識を高める. ○安全学習（KYT）によって一人一人の危険予知能力及び，危険回避能力を育成する. ○廊下の歩き方や休み時間の約束について児童会で企画・提案し，全校児童が校内で安全に過ごせるようにする. ○不審者対応避難訓練（パワーポイント学習・実地訓練）を児童と教職員が行うことにより，緊急事態に落ち着いて 　対応できる力を身につける. ○防犯ブザーや登下校ルートの確認をし，児童が安全に過ごせるようにする.
指標4 （実践）	○けがをした児童自身が，けがの種別と発生場所を保健室前の平面図に記録する. ○安全教育の授業で，児童の危険予知能力や危険回避能力を高めるために，様々な危険から身を守るためにはどのよ 　うな行動をとるべきかを考えさせる. ○児童会の提案によって校内で安全に過ごすためのキャンペーンを実施する. ○児童と教職員が授業中に不審者が侵入したという想定での避難訓練を行う.
指標5 （評価）	○これまでの実践を踏まえた安全教育カリキュラムを学年毎に系統立てて構築する. ○けがの種別発生場所データを検証し，けがの起こる原因や状況を明確にすることで，児童のけがを予防する意識を 　高める. ○教職員が毎月1回安全部会を開き，現状の意見交流や実践に対する振り返りを行い，新しい企画や取組・改善につ 　いて検討する.
指標6 （改善）	○けがや防犯について，各学年・学級でカリキュラムに沿って計画的に充実した指導へと改善する. ○安全教育における独自カリキュラムの構築，見直し・改善を行う. ○月1回の安全部会による評価を基にして，教育活動を改善する.
指標7 （共有）	○校内安全部会を定期的に開催し，児童の傷害発生状況等について教職員間で情報共有を行う. ○保護者による学校安全に関わる学校評価の情報を公開する. ○研究発表会を開催し，近隣校への安全教育の成果の発信を行う. ○地域別懇談会で地域の安全について情報共有を行い，その成果を学校から地域へ発信する.

出典：筆者作成.

　また「安全教育」の観点からは，「児童が自ら危険を予測し，回避できる能力を育成する」ことが中期目標として設定されている. そして中期計画として，「気づき，考え，判断し，行動できる子の育成をめざした安全教育を推進する」，「安全ノートを活用した独自の安全教育カリキュラムの作成に取り組み，安全教育を実施する」，「低学年児童の防犯ブザーの正しい着用率をアップする」と「5年生での応急手当の学習，4年生と6年生での防犯教室による学習を行う」ことが策定され，ここでも主体的かつ協働的な安全行動が実践できる児童の育成が計画されているところである.

　次いで，「指標3」～「指標6」に示された「生活安全」領域の年間計画の内容を見ると，校内で発生した「外傷の原因や発生場所を振り返ることで，自ら進んで外傷予防に取り組もうとする意識を高める」という目的（P）を達成するため，「けがをした児童自身が，けがの種別と発生場所を保健室前の平面図に記録する」という「共感」とともに，「児童会の提案によって校内で安全に過ごすためのキャンペーンを実施する」という「協働」を基盤とする実践（D）を行うこととしている. そ

して「けがの種別発生場所データを検証し，けがの起こる原因や状況を明確にすることで，児童の
けがを予防する意識を高める」という「共有」の視点から実践の評価 (C) を行い，「けがや防犯に
ついて，各学年・学級でカリキュラムに沿って計画的に充実した指導を行う」よう「安全教育の独
自カリキュラムの構築，見直し・改善を行う」とともに，「教職員が月 1 回の安全部会による評価
を基にして，教育活動を改善する」(A) という安全に関わる「共感と協働」を基盤とした PDCA サ
イクルが策定されている．この指標例の特徴としては，独自の安全教育カリキュラムの開発に加え
て，児童が主体的かつ組織的に外傷予防活動に参加している状況を多面的に評価しつつ継続的に改
善していくという活動枠組みの構築が図られていることがあげられる．

　さらに「指標 7」の「共有 (S)」では，「校内安全部会を定期的に開催し，児童の傷害発生状況等
について教職員間で情報共有を行う」，「保護者による学校安全に関わる学校評価の情報を公開する」，
「研究発表会を開催し，近隣校への安全教育の成果の発信を行う」，「地域別懇談会で地域の安全に
ついて情報共有を行い，その成果を学校から地域へ発信する」ことが策定されている．これらのこ
とから，当該校において取り組まれた学校安全推進に関わる実践の経過と成果を，単に学校内の教
職員と児童の間で共有するだけでなく，学校と家庭，学校と地域，そして当該校と近隣の学校園の
間で，学校安全に関わる実践の経過と成果を双方向的に発信するとともに，近隣校における学校安
全に関わる優れた実践事例を学び，その実践を自校の実践に取り入れていくという共有の取り組み
を継続していくことが，PDCAS サイクルを基盤とするセーフティプロモーションスクールの活動
を通じた学校安全の持続可能な発展につながっていくものと期待しているところである．

　そして「指標 3」〜「指標 7」に示された PDCAS サイクルに基づいて展開された活動を，セー
フティプロモーションスクールとしての活動基盤として確認する視点として，**表 4-5** に示した「3
領域（安全教育・安全管理・安全連携）」ごとの「観点」を設定している．

　例えば「安全教育」の観点からは，当該校におけるセーフティプロモーションスクールの活動が，
「学校安全に関わる<u>意識と知識の獲得と共有</u>を目的とした教育活動が PDCAS サイクルに基づいて
展開され，児童・生徒と教職員が当該校の安全推進に関わる活動に<u>主体的・継続的に参加</u>してい
る」ことが確認されることが必要とされる．次に「安全管理」の観点からは，当該校の「学校の管
理下で<u>発生するリスクやクライシス</u>に対する<u>動的な対応</u>が可能となるような安全管理システムが

表 4-5　セーフティプロモーションスクールの 3 観点

安全教育	学校安全（生活安全・災害安全・交通安全）に関わる意識と知識の獲得と共有を目的とした教育活動が PDCAS サイクルに基づいて展開され，児童・生徒と教職員が当該校の安全推進に関わる活動に主体的・継続的に参加している．
安全管理	学校の管理下で発生するリスクやクライシスに対する動的な対応が可能となるような安全管理システムが PDCAS サイクルに基づいて構築・運用され，児童・生徒と教職員が当該校の安全推進に関わる活動に主体的・継続的に参加している．
安全連携	児童・生徒と教職員と，学校安全を目指した「チーム学校」を構成する PTA や地域の組織や人々との間で，学校安全の推進を目指した協働活動が PDCAS サイクルに基づいて展開され，学校と地域が一体となった安全推進に関わる活動への相互信頼が構築・持続されている．

出典：筆者作成．

PDCAS サイクルに基づいて構築・運用され，児童・生徒と教職員が当該校の安全推進に関わる活動に主体的・継続的に参加している」ことが確認される必要がある．言い換えれば，学校の管理下に存在するヒヤリハット事例を含めた潜在的なリスクや顕在化したリスク，さらには事件や事故により発生したクライシス（危機）への対処を含めた動的な安全管理システムが，児童・生徒や教職員の参加型システムとして改修されつつ運用されていることの確認が必要とされる．そして最後に「安全連携」の観点から，「児童・生徒と教職員に加えて，学校安全を目指した「チーム学校」としての PTA や地域の組織や人々との連携のうえ，学校安全の推進を目指した協働活動が PDCAS サイクルに基づいて展開され，学校と地域が一体となった安全推進に関わる活動への相互信頼が構築・持続されている」ことが確認される必要がある．特にこの「安全連携」の観点は，現在，地域の人々の努力により安全が守られている子どもたちに，学校と地域が一体となった相互信頼に基づく安全推進活動の実効性を理解し，そこから派生する安心感を実感してもらうことを通じて，次世代の人材育成の視点から，将来の自分たちが住む地域の安全と安心を担う「チーム学校」を構成する安全協働人材へと成長してくれることを願って設定しているところである．

6 最後に
——セーフティプロモーションスクールの国際協働を目指して——

　日本セーフティプロモーションスクール協議会では，文部科学省及び都道府県教育委員会等と協働してセーフティプロモーションスクールの国内での普及を図るとともに[9]，教育技術の国際貢献と国際協働の視点から，学校安全推進センターと中華人民共和国の上海市にある華東師範大学中国現代都市研究センター及び華東師範大学都市発展研究院が共同で，平成 29（2017）年 12 月に新たに「都市安全研究センター」を華東師範大学内に開設して，中華人民共和国におけるセーフティプロモーションスクールの認証活動を支援するための協働を開始するとともに，北京市にある中国教育科学研究院の基礎教育研究センターともセーフティプロモーションスクールの普及に関わる学術交流協定を締結した．さらに平成 30（2018）年 5 月には台湾の花蓮市にある国立東華大学に設置されている台湾安全促進学校研究センターと，平成 30（2018）年 6 月には大韓民国のソウル市にある誠信女子大学に設置されている学校安全研究所と，平成 31（2019）年 1 月にはタイ王国の教育省基礎教育局と，さらに平成 31（2019）年 2 月には中華人民共和国山東省の濰坊市教育局とセーフティプロモーションスクールの普及に関わる学術交流協定を締結し，アジア地域におけるセーフティプロモーションスクールの認証活動を支援する協働を開始しているところである．加えて，アメリカ合衆国の San Francisco School District，連合王国（イギリス）の Glasgow にある Strathclyde 大学とも，セーフティプロモーションスクールの認証活動の普及を目的とした互恵的な協働活動の開始について交流を開始・展開しているところである．
　大阪教育大学では，これらセーフティプロモーションスクールの国内外における支援活動を通じて，平成 13（2001）年の附属池田小学校事件の反省と教訓に基づいた学校安全構築の理念に共感い

ただいた学校園の関係者と協働しながら，子どもたちの健やかな育ちと学びが保証される学校安全の一層の推進と充実，そして持続可能な発展に取り組んでいるところである．本書を通じて，さらなる学校園においてセーフティプロモーションスクールへの参加について検討いただける契機となることを期待しているところである．

参考文献・資料

[1] 藤田大輔. 大阪教育大学における学校安全の取り組み～教員養成・教職員研修・教材開発とセーフティプロモーションスクールについて～. 中央教育審議会初等中等教育分科会学校安全部会（第 5 回）配布資料〈http://www.mext.go.jp/b_menu/shingi/.../1378368_7.pdf〉（2019 年 6 月 30 日アクセス）.

[2] 第 189 回国会　予算委員会　第 17 号（平成 27 年 3 月 13 日（金曜日））衆議院ホームページ〈http://www.shugiin.go.jp/internet/itdb_kaigiroku.nsf/html/kaigiroku/001818920150313017.htm〉（2019 年 6 月 30 日アクセス）.

[3] 第 189 回国会　文部科学委員会　第 2 号（平成 27 年 3 月 25 日（水曜日））衆議院ホームページ〈http://www.shugiin.go.jp/internet/itdb_kaigiroku.nsf/html/kaigiroku/009618920150325002.htm〉（2019 年 6 月 30 日アクセス）.

[4] 文部科学省初等中等教育局. 10 学校健康教育の推進. 07-4 平成 28 年度文部科学省 概算要求説明資料 4.〈http://www.mext.go.jp/component/b_menu/other/__icsFiles/afieldfile/2015/08/28/1361290_4.pdf〉（2019 年 6 月 30 日アクセス）.

[5] 藤田大輔. セーフティプロモーションスクールの理念と認証制度. 日本セーフティプロモーション学会誌 9(2)：2-7, 2016.

[6] 文部科学省総合教育政策局. 学校安全総合支援事業. ①学校安全推進体制の構築. 令和 5 年度予算概算要求主要事項, 2022〈https://www.mext.go.jp/content/20220829-mxt_kouhou02-000024712_4.pdf〉（2023 年 2 月 19 日アクセス）.

[7] 文部科学省初等中等教育局. 第 2 次学校安全の推進に関する計画. 2017〈http://www.mext.go.jp/a_menu/kenko/anzen/__icsFiles/afieldfile/2017/06/13/1383652_03.pdf〉（2019 年 6 月 30 日アクセス）.

[8] 文部科学省総合教育政策局. 第 3 次学校安全の推進に関する計画. 2022〈https://www.mext.go.jp/content/20220325_mxt_kyousei02_000021515_01.pdf〉（2023 年 2 月 19 日アクセス）.

[9] 文部科学省. （4）実践的な安全教育の充実. 令和 3 年度 文部科学白書：118, 2022〈http://www.mext.go.jp/b_menu/hakusho/html/hpab201801/1407992_011.pdf〉（2023 年 2 月 19 日アクセス）.

第 5 章
COVID-19 パンデミックの
社会への影響

序

衞藤　隆

　2019 年 12 月頃から海外からのニュースとして入って来た中国・武漢における新興感染症と推定される新型肺炎を生ずる呼吸器感染症が，約 1 カ月後には世界に拡大し，2020 年 1 月中旬には日本においても感染者の発見，そして拡大が始まった．1 月初旬には中国疾病対策センターは原因が新型コロナウイルスであると発表し，その遺伝子配列を公表した．これにより，ワクチンの開発が可能となり，実用化された．さらに治療薬の開発も着手され，2 年余りの間に既存薬，新規開発薬を含め抗炎症薬，抗ウイルス薬，中和抗体薬などが実用化されてきた．これらの評価や普及はまだ十分とはいえないが，世界規模で拡大した感染症の流行に対して有効な手立ては講じられつつあり，波のように繰り返す感染症の流行に対峙してきたといえる．

　新型コロナウイルスというこれまでに人間がかかる機会が乏しかった新種のウイルスがもたらした世界の人々への影響の中には，様々な情報に翻弄されたり，情報の多寡により適切な行動選択に影響が及んだりした場面もあったかもしれない．しかし，科学的な根拠のある情報がリアルタイムで発信されたことにより日本の状況，世界の状況を比較的簡単に入手出来たことは対策を考える上で大いに役立ったといえる．世界レベルの情報発信源の例としては，オックスフォード大学の "Our World in Data（データで見る私たちの世界）[1]" やジョンズ・ホプキンス大学システム科学工学センター（CSSE）の "COVID-19 Dashboard（新型コロナウイルス感染症の計器盤）[2]" などがあげられる．日本国内の情報発信としては，国立感染症研究所の「新型コロナウイルス感染症（COVID-19）関連情報[3]」，東洋経済新報社の「東洋経済 ONLINE. 新型コロナウイルス国内感染の状況[4]」などがあげられよう．これらは日々更新され，人々が最新の疫学情報を通じ現状を把握することに貢献した．

　セーフティプロモーションの観点から，噛み砕いて言うなら，人々の暮らしの安全の確保という立場から新型コロナウイルス感染が人々にもたらした様々な影響について考える機会として本特集を組むことにした．様々な立場から論じていただけるものと期待している．

参考文献・資料

[1] 〈https://ourworldindata.org/coronavirus-data-explorer?hideControls=true&yScale=log&zoomToSelection=true&casesMetric=true&totalFreq=true&aligned=true&smoothing=0&country=〉（2023 年 3 月 1 日アクセス）．

[2] 〈https://coronavirus.jhu.edu/map.html〉（2023 年 3 月 1 日アクセス）．

[3] 〈https://www.niid.go.jp/niid/ja/diseases/ka/corona-virus/covid-19.html〉（2023 年 3 月 1 日アクセス）．

[4] 〈https://toyokeizai.net/sp/visual/tko/covid19/〉（2023 年 3 月 1 日アクセス）．

1　コロナ禍の社会現象と日本

石附　弘

（1）「コロナ禍」の社会現象[1)]

1-1　2019 年 12 月，中国武漢市で「原因不明のウイルス性肺炎」が発症，瞬く間に世界に拡散した新興感染症 COVID-19 は，「公衆衛生上の緊急事態 2020 年 1 月」として，WHO は疾病の予防，監視，制御，対策を勧告し，各国で懸命な対策がとられたにも関わらず，2023 年 2 月段階で，世界で死者約 680 万人，日本では約 7 万人[1]の命が奪われた．

1-2　日本では，2020 年 2 月 3 日，横浜港のダイヤモンド・プリンセス号でコロナ禍が発生[2]，爾後，日々の市民生活から政治・経済・医療・学校・社会・文化，さらには刑務所の中までウイルスの脅威に晒された．

1-3　コロナ禍の初期段階では，病原性や感染経路が不詳で発症予防や治療が難しく，有効なワクチンや予防接種が実現するまでの間は，① 集団発生を防ぎ患者の「増加のスピードを下げる」，② 「流行のピークを下げる」という 2 つの対策が基本となる．2 月 25 日，新型コロナウイルス感染症対策専門家会議は，「感染の拡大が急速に進むと，患者数の爆発的な増加，医療従事者への感染リスクの増大，医療提供体制の破綻が起こりかねず，社会・経済活動の混乱等も深刻化する恐れがある」として対策の基本方針を決定，3 月 26 日政府対策本部設置（法律に従った感染拡大防止策），緊急事態宣言も 7 都府県から全国に拡大された．

1-4　このような情勢下では，平時の社会安全システムの機能不全が起こりやすく，社会の随所に軋み・歪・空白が生じ大小様々なリスクファクターが発生する．これが有機的に結合して事件事故に発展するため，セーフティプロモーション活動が重要となる．

（2）コロナ禍と社会生活の変化

2-1　感染予防対策では，一般に，① PCR（ウイルスの遺伝子の検出）検査，抗原検査，発症者の監視，追跡，隔離措置が，また，② 国境封鎖，都市封鎖（ロックダウン：事実上の経済封鎖），建物封鎖，外出禁止，学校閉鎖等の措置がとられることが多い．

2-2　コロナ禍による日常生活の変化

- 在宅勤務を基本的な働き方とする企業が増え，巣ごもりで自転車や歩いていける範囲など自宅中心の生活スタイルが増えた．他方，3 密自粛によるコミュニティ活動の低下，慢性的な運動不足，学校閉鎖による児童のストレスの増加，家庭内の自殺・虐待・いじめの増加など（なお，複雑化する子ども問題のため，2023 年 4 月こども家庭庁発足）

- 衛生行動では，令和 3 年版消費者白書は「1 年前と比べて，外食時に新たに行うようになった行動：食べる前に消毒・手洗いする（76.5%），食べる時以外はマスクを着ける（58.7%）」，また，「飲食店選びの重視するもの：店員のマスク着用（84.2%）」等消費行動の変化を紹介している．この衛生マスクから様々な色・柄の商品開発〜マスクファッション〜マスクファッションショーのサ

ブカルチャーが誕生した.

- 集団感染発生場所の分析により「密集・密閉・密接 3 密回避の行動規範（後に AI 分析で時間 15 分が追加）」が出され，企業には連続休暇やテレワークの推進で通勤抑制，国民にはレジャーや旅行・帰省の抑制の要請がされた.
- このような「人流」[3]の変化は，交通事故や犯罪情勢の変化に顕れた.

交通事故減少：令和 2 年は大きく減少（前年比 7 万 2059 件（18.9％）減），特に，目的別では「飲食」の死者・重傷者は，流行前の 2019 年に比し 2021 年は，40.8％減で，反面，徒歩・自転車の事故者が増えた（警察庁）.

犯罪情勢では，街頭犯罪 27％減（警察白書 2021 版），また，犯罪白書は，住宅侵入窃盗が令和 2 年 5・7・12 月は前年同月比 40％減少，迷惑防止条例違反の痴漢事犯が令和 2 年（前年比 31.3％減），持続化給付金の詐取事案 2578 件（令和 3 年末），Go To トラベル事業給付金の詐取事案 45 件（前同）などが発生した.

2-3　いつの世も未知のもの・先行き不明な事態が発生すると不安感が高まる. 例えば，感染症の拡散にともない，2021 年の 4〜9 月までは約 5 割弱の人が神経過敏や落ち込みなど何らかの不安等を感じていたが，感染者数が落ち着いた 10〜11 月ではこうした不安を抱える人は 30％未満に減少した. 心の健康については，この 1 年でコロナ禍によって自分の心の健康が「悪化した・やや悪化した」22.3％，「運動量」は「減ったまま」20％であった. なお，「家族と過ごす時間が増えた」（24.4％），「対人関係のストレスが減った」（13.4％），「睡眠時間が増えた」（7.9％）など良い影響も出ている.[4]

- また，コロナ保菌者に対する嫌悪・憎悪，差別，迫害が発生，法務省人権委員会の相談コーナーに相談が多く寄せられた. 他方，行政による自粛要請に応じない個人や商店に対して，私的な取り締まりや攻撃，看護師や医療関係者への攻撃（自主警察・コロナ自警団）が社会問題となり，全国 17 都府県の 20 自治体（2020 年 12 月）で『コロナ差別禁止条例』が制定された.

注

1) 災いは新しい言葉を生む.「コロナ禍」を始め，人流，3 密，ソーシャルディスタンス，黙食，まん延防止，おうち時間，テレワーク，ワーケーション等々，新しい生活スタイルを支える言葉が作られた. また，クラスター，濃厚接触者，変異株，オーバーシュートなど専門用語が日常社会用語になった（『放送研究と調査』2021 年 6 月号）.

参考文献・資料

[1] ニコラス・クリスタキス. 疫病と人類知―新型コロナウイルスが私たちにもたらした深刻かつ永続的な影響. 講談社，2021.（医師による米国の社会現象分析の書）.

[2] 大岩ゆり. 最後の砦となれ―新型コロナから災害医療へ. 中日新聞社，2022.

[3] 内閣府地方創生推進室ビックデータチーム.「人流」でみる緊急事態宣言 V-RESAS

[4] 厚生労働省　新型コロナウイルス感染症に係るメンタルヘルスとその影響に関する調査　2022.5.

② 災害としての新型コロナウイルス感染症パンデミック
――セーフティプロモーションの視点から――

境原三津夫

（1）災害としてのパンデミック

　新型コロナウイルス感染症（COVID-19）のパンデミックは，2019 年 12 月中国武漢市の肺炎患者に端を発した．年が明け 2020 年 1 月，WHO は武漢市で入院中の肺炎患者から新種のコロナウイルス（SARS-COV-2）が検出されたと発表した．わが国でも 1 月中旬，武漢市に渡航歴のある男性の感染が確認された．1 月 30 日，第 1 回「新型コロナウイルス感染症対策本部幹事会」が開催され，武漢から帰国を希望する在留邦人のためにチャーター機を派遣する旨が外務省から報告された．同日，政府はチャーター便の帰国者対応に DMAT（Disaster Medical Assistance Team：災害時派遣医療チーム）を投入することを決定した．

　また，2 月 3 日に横浜港に帰港したクルーズ船「ダイヤモンド・プリンセス号」において，途中の寄港地香港で下船した乗客が新型コロナウイルス陽性であったため，政府は乗員乗客の下船を許可しなかった．「ダイヤモンド・プリンセス号」にも DMAT が派遣され，トリアージの手法を用いた患者の搬送先の決定，船内発熱患者対応や大量の処方薬配布などが行われた．その後も，DMAT はクラスターが発生した施設や医療機関に派遣され，災害に準じた医療支援が続けられた[1]．

　DMAT は災害急性期に活動する機動性のある医療チームである．チームは基本的に医師 1 名，看護師 2 名，業務調整員（医師・看護師以外の医療職及び事務職員）1 名で構成されており，大規模災害や大事故などの現場において，急性期（おおむね 48 時間以内）から活動する．DMAT の投入は大規模災害や大事故に匹敵する危機が住民に迫っていることを意味しており，住民の生命を守るためには，災害に準じた対応が必要であることを示している．セーフティプロモーションは，災害や事故，犯罪などから生命を守り，安全で安心して暮らせるまちづくりを実践することを基本理念としており，感染症パンデミックがその射程であることを示したといえる．

（2）感染対策と地域社会

　DMAT を投入し水際対策が行われている間にも，新型コロナウイルス感染症は国内で拡大を続けた．4 月 7 日になり，新型コロナウイルス感染症対策本部は，埼玉県，千葉県，東京都，神奈川県，大阪府，兵庫県及び福岡県の 7 都府県を，新型インフルエンザ等対策特別措置法第 32 条第 1 項に基づく緊急事態措置を実施すべき区域とした（緊急事態宣言）．そして 4 月 16 日には，すべての都道府県が緊急事態措置の対象とされた．

　緊急事態措置の具体的な内容は，蔓延防止を目的とした外出自粛の要請（不要不急の帰省や旅行，都道府県をまたいだ移動の自粛，繁華街の接待を伴う飲食店等への外出の自粛など）が中心であった．医療機関への通院，食料・医薬品・生活必需品の買い出し，必要な職場への出勤，屋外での運動や散歩など，生活や健康維持のために必要なものについては自粛要請の対象外とされた．また，「三つの密（換気

の悪い密閉空間，多数が集まる密閉場所，間近で会話や発声をする密接場面）」を徹底的に避けるとともに，「人と人の距離の確保」「マスクの着用」「手洗いなどの手指衛生」等の基本的な感染対策の徹底が住民に求められた．

　2021 年 2 月 14 日，ファイザー社の新型コロナワクチンが薬事承認されたことで，感染対策に新たにワクチンが追加された．これは遺伝子工学を応用し作成されたワクチンで，mRNA（メッセンジャー RNA）ワクチンと呼ばれている．SARS-CoV-2 表面のスパイクタンパク質（ウイルスがヒトの細胞へ侵入するために必要なタンパク質）の設計図となる mRNA を脂質の膜に包んだもので，これを注射すると mRNA がヒトの細胞内に取り込まれ，その情報に従ってスパイクタンパク質が産生される．これに対する中和抗体の産生及び細胞性免疫応答の誘導により，SARS-CoV-2 の感染予防効果と重症化予防効果が期待できるとされている．医療従事者等への先行・優先接種は 2 月 17 日から開始され，また高齢者への優先接種が 4 月 12 日から開始された．

　このワクチンは実用化された人類初の mRNA ワクチンであり，長期的な感染予防効果や安全性に関する知見を得る前に，緊急事態を理由に接種が開始された．新型コロナウイルス感染症対策本部は，予防接種は最終的には個人の判断で接種されるものであることから，リスクとベネフィットを総合的に勘案し接種の判断ができる情報を提供することが必要であり，国民に対してワクチンの安全性及び有効性について情報提供し，国民が自らの意思で接種の判断を行うことができるよう取り組むことを政府に提言している．

　これらの感染対策については，内閣官房や厚生労働省のホームページで随時発表されてきたが，国民の多くは新聞，テレビ，SNS などで情報を得た．国が発した情報はメディアを経ることで一部偏向した情報になり，国民に正確に伝わらないなど混乱を生じた．ワクチンに関しても接種が進むにつれて新たな副反応が追加されるなど，接種の判断に影響する重要な情報が接種と並行して提供されることになった．ワクチンは自らの意思で接種の判断を行うとされているにも関わらず，同調圧力が強く働いた職場もあり，特に医療や介護の現場にあっては自らの意思に反して接種せざるを得ない場合もあった．

　新型コロナウイルス感染症の蔓延は，わが国の感染対策に潜む多くの課題を浮き彫りにした．ワクチン接種者と非接種者，高齢者と若年者，日本人と在日外国人など，感染対策に向き合う考え方の違いにより対立や分断が生じた．感染対策を実りあるものとするためには，お互いを認め合い協力する社会としなければならない．これらの課題は，住民の生命を守り，安全で安心して暮らせるまちづくりを実践するという意味において，セーフティプロモーションとして取り組むべき課題と考えられ，新型コロナウイルス感染症のパンデミックを機に新たなテーマとして顕在化したといえる．

参考文献・資料

[1] 大友康裕. 災害医療として取り組んだ新型コロナウイルス感染症パンデミック. J. J. Disast. Med.（27）: suppl, 2022.

3　コロナ禍は誰に影響を及ぼしたのか
——社会的弱者とコロナ禍——

徳珍温子

　新型コロナウイルス感染症（COVID-19）が 2019 年 12 月に報告されて以降，流行の拡大は全世界に拡大し，日々，私たちは，感染者数や死亡者数の報道を見聞きし，今まで体験したことのない未知の感染症に対し「よくわからないけど怖い」という感情をもって生活をスタートさせ，「よくわからないまま」マスメディアをはじめ様々な場で新型コロナウイルス感染症に対応した「新しい生活様式」を模索し現在に至る．COVID-19 による感染症流行は，社会生活活動に大きな影響を及ぼしコロナ禍とも言われているが，誰にどのような禍をもたらしたのだろうか．

　大阪府下にある中途障害者の作業所等を利用する，脳血管障害後遺症および頸髄損傷のある中途障害者で，研究の趣旨を説明し同意を得られた 55 名に，2021 年 9 月～2022 年 2 月の期間，「新型コロナウイルス感染拡大でどのような影響がありますか（あてはまるものにすべて○を付けてください）」と質問した．質問の選択肢を「健康（生命）への不安」「精神的な不安」「経済的な不安」「外出機会の減少」「学習機会の制限」「人（介助者）との接触制限」「その他」とした．

　結果，新型コロナウイルス感染拡大による影響について「あり」と回答したものが，「健康（生命）への不安」38％，「精神的な不安」35％，「経済的な不安」15％，「外出機会の減少」58％，「学習機会の制限」15％，「人（介助者）との接触制限」27％，「その他」は 9 ％で「その他」の横には，会食の機会の減少の自由記述があった（**図 5-1**）．

　元吉は 2020 年 5 月にインターネットモニターを対象に行われた調査において，「自身が感染することに不安を感じる」に対して「とてもあてはまる」「ややあてはまる」と回答したものを合わせて 70.2％あったとされており，また，「日本でウイルスが広がることに不安を感じる」では 82.4％であったとされている[1]．大久保らは 2020 年 9 月および 2021 年 2 月 9 月の横断的調査を基に，研究対象者の 9.2％が重度の心理的不調を自覚しており，メンタルヘルス悪化の危険因子として，女性や若年者，低所得者と自営業，介護負担感の増加やドメスティックバイオレンスなどが重要であることを報告している[2]．中途障害者の「健康（生命）への不安」「精神的な不安」を単純に比較することはできないが，大きな不安を抱えているのではないかと想像していたが，緊急に介入するべき心理的不調を懸念するに至っては

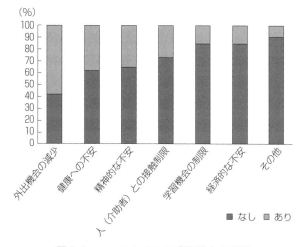

図 5-1　コロナウイルス感染拡大の影響

出典：筆者作成．

いない.

　また「外出機会の減少」58％が示していることは，COVID-19 による感染症拡大によって，中途障害者が健康管理として行っていた受診行動が制限されていると考えられる．2020 年 8 月に行った高校生の心身への影響の質的調査では，行動制限への苦痛と，感染への危機意識が報告されている[3]．行動の制限が健康管理の制限にもつながり，長期化すると「健康（生命）への不安」，更には「社会関係資本」や「インフォーマルなソーシャルサポート」と呼ばれる利害関係のない横のつながりの減少による心身の不調が懸念される．

　経済的影響については，この調査の対象の中途障害者において経済基盤の主たる財源を社会資源としている者が 62％であり，今回の調査では「経済的な不安」は 15％であった．この数字をどのようにとらえるのかは，分析するための情報不足であるが，細やかに焦点を当てた調査が少ないと言えるだろう.

　令和 3 年版情報通信白書によると，多くの企業活動において大きく落ち込みを見せた後，第 1 回目の緊急事態宣言の解除とともに，回復傾向を示したと報告されている．しかし，非製造業や特に個人サービス，宿泊・飲食業は十分には回復していない[4][5]．個人サービス，宿泊・飲食業は「生きていくため＝生命を維持していく」こととは直結しない「娯楽・楽しみ」をもたらす産業である.

　今回，COVID-19 感染拡大あるいはコロナ禍という切り口から中途障害者の生活を支えるという視点に立った時，障害によって行動が制限されていることは知られている．つまり COVID-19 感染拡大以前から「娯楽・楽しみ」をもたらす活動が少ないということに改めて気づかされたのでないかと思う.

参考文献・資料

[1] 元吉忠寛. 新型コロナウイルス感染症による人々への心理的影響. 社会安全学研究, 11, 97-108. 2020 〈https://www.kansai-u.ac.jp/Fc_ss/center/study/pdf/bulletin011_2.pdf〉（2023 年 1 月 31 日アクセス）.

[2] 大久保亮, 吉岡貴史, 佐々木洋平, 池澤聡, 田淵貴大. 日本における新型コロナウイルス感染症流行下の心理不調とワクチン忌避. 予防精神医学 6(1): 3-15. 2021 〈https://www.jstage.jst.go.jp/article/jseip/6/1/6_3/_pdf/-char/ja〉（2023 年 1 月 31 日アクセス）.

[3] 徳珍温子, 森田美紀. COVID-19 感染拡大に伴う学校教育現場における生徒の心身への影響. 大阪信愛学院短期大学紀要　55. 2021 〈https://adm.osaka-shinai.ac.jp/upload/library_bulletin/file/55/C1-1.pdf〉（2023 年 1 月 31 日アクセス）.

[4] 総務省. 令和 3 年版 情報通信白書. 経済指標で見るコロナ禍での企業活動 〈https://www.soumu.go.jp/johotsusintokei/whitepaper/ja/r03/html/nd123100.html〉（2023 年 1 月 31 日アクセス）.

[5] 経済・物価情勢の展望（2022 年 1 月）〈https://www.boj.or.jp/mopo/outlook/gor2201a.pdf〉（2023 年 1 月 31 日アクセス）.

4 コロナと災害
——新型コロナとの複合災害に対して万全の備えを！——

後藤厳寛

　近年，多発する災害へのリスク対策に加えて，2023 年 2 月現在で約 7 億人近い感染者と，700 万人近くの死者を出すなど昨今，世界的に猛威を振るう新型コロナウイルス COVID-19 への感染対策とを，複合的に考慮する必要性が求められている．仮に，第〇波と呼ばれるコロナ感染のピーク時に何らかの災害が発生した場合，通常の災害避難所の運営に加え，室内感染を回避するためのソーシャルディスタンシングや隔離措置といった対応が併せて不可欠となる．

　災害や事故などの予防をはじめ，人々が地域で安全に，安心して生活することを確保し，これに寄与することを目的とするセーフプロモーションにおいて，このような複合的な災害への備えに関する検討や準備が，国や自治体などの行政機関で充分に行われているか懸念される．

　実際，1995 年 1 月 17 日の阪神淡路大震災，2011 年 3 月 11 日の東日本大震災は，何れも冬期の季節性インフルエンザの流行期間中の発災であったため，災害避難所において同疾病などの感染症罹患者の隔離対応が求められたものの，当時は震災関連死という概念が未だ浸透しておらず，感染症罹患者，ならびに（とくに基礎疾患のある）高齢者や妊産婦，乳幼児などに対する隔離措置などの対策が充分に取られなかった．結果として前者では，兵庫県内の死者 6402 人のうち約 350 人が震災直後の避難所でインフルエンザ等に感染し，既往症を悪化させて亡くなったとみられている．

　このほかにも，東日本大震災時のインフルエンザの流行，熊本地震の際にはノロウイルスやロタウイルスによるクラスターが発生したこともあった．このように，地震や台風，大雨洪水といった自然災害だけでなく，今般の新型コロナウイルスによるパンデミック（世界規模での感染症・伝染病の流行）などの疾病が同時に併発する「複合災害」状況下では，避難所において発熱者と濃厚接触者を隔離するだけでなく，要配慮者とされる高齢者や障害者，妊産婦らのスペースを分けて配置する必要がある．

　ただし，避難所において隔離対象者用の部屋，または分離避難のために充分なスペースを確保することができないような大規模災害が発生した場合，また高齢者施設や介護施設などが被災して，災害時要支援者が多人数で避難してきた場合には，どうすれば良いのだろうか？

　もちろん，多様な対応方法が考えられるだろうが，ここでは 3 つの対策を提案する．

　1 つ目は，【段ボールの間仕切り】の活用である．これにより避難者同士，避難者グループ毎に充分な距離が確保できない場合には，咳やクシャミなどによる飛沫感染のリスクを低減させることが可能である．留意点は，飛沫の飛散を防ぐためにある程度の高さ，できれば大人の身長よりも高く，2 メートルほどの間仕切り「壁」が望ましいことと，壁の定期的な交換（またはアルコール消毒）である．

　2 つ目は，【雑魚寝の回避・段ボール製ベッド設置】だ．密閉・密集・密接の，いわゆる「3 密」を防ぐうえで，換気の必要性については多様なメディアから一般へも周知がなされたことで対応が

図5-2 段ボールの間仕切り

出典：https://www.ac-illust.com/main/search_result.php?word=%E9%81%BF%E9%9B%A3%E6%89%80.

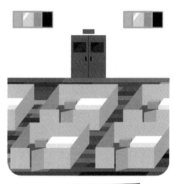

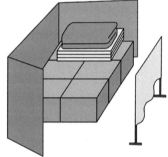

**図5-3 雑魚寝の回避・段ボール
製ベッド設置**

出典：https://www.ac-illust.com/main/
search_result.php?word=%E9%81
%BF%E9%9B%A3%E6%89%80.

なされているものの，密集・密接の温床となる「雑魚寝」については課題が残る．その解決方法として「段ボール製簡易ベッド」の積極的な活用を提唱したい．板張りや絨毯張りの床にブルーシート等を敷いた上に，段ボールや毛布といった簡易敷布団で雑魚寝することは極力避けてほしい．とくに冬期の避難所においては，朝晩だけでなく日中の底冷えが要配慮者や災害時要支援者の体力を奪い，免疫機能を低下させるという研究結果もある．この問題は，イタリアほか海外からも「避難所後進国・日本」と指摘されており，改善対応が急がれる．

段ボール製簡易ベッドは，この問題を解決すべく，避難所の床上に高さ数十センチメートルの空間が保持されることで低体温症を予防し，静脈血栓塞栓症（エコノミークラス症候群）や呼吸器疾患の予防に有効であり，菌やウイルス等が付着した床上の埃や塵の吸引減少などの効果も有している．このほか，高齢者ら要配慮者の基本的なADL（日常生活動作）の低下やストレス低減をはじめ，避難所でのQOL（生活の質）の確保，改善にも役立つとされる．

そして3つ目に【分散避難】の推奨を挙げる．新型コロナパンデミック以前と同様に避難所のような狭い空間に多数の人が密集すると，集団感染の拡大リスクが懸念される．ウィズコロナ禍では災害時に，避難所のほかホテル宿泊施設をはじめ，安全な地域に住む親戚宅や知人・友人宅，または一時的に車の中で過ごす「車中泊」，さらには安全が担保されていれば「在宅避難」を含む多様な避難先へ分散して避難することも検討すべきである．

コロナ禍などで感染症対策も併せて必要な災害避難時には，狭い空間に多数の避難者が密集する避難所への一極集中的な避難による集団感染リスクを避けるべく，分散避難という避難所以外の場所への避難を検討することも大切である．

最後に，ここで懸念すべき最も重要なことは，コロナ禍の影響で地域の避難訓練ができない点だ．漠然とした避難所での「3密」回避ではなく，具体的な感染対策の【実践マニュアル】づくりと，

これに基づいた訓練やドリルが重要で，感染リスクを減らすためにどんな対策ができるか，日頃から家族や学校，仕事場で話し合ったり，必要なものを備えたりするなど，イメージトレーニングを繰り返しておくことが求められる.

　新型コロナなどの感染症と災害の脅威という複合災害に対する備えとして，上述のような感染症対策を含む避難所環境の改善が不可欠であることは言うまでもない. 今，まさに医療関係者だけでなく，複合防災関連の多様なプロフェッショナルらが集結して，異分野融合・多職種連携による対策チームを組成して，知恵を出し合うべき時なのかも知れない.

5　コロナ渦で起きた DV 問題と対策

須賀朋子

　新型コロナウイルス感染症の持続的な流行のなかで，女性や女児に対する暴力（DV）が国境を越えて増加している状況は，「影のパンデミック」と言われた[1]. その実情を知るために，2020 年 6 月，A 市の DV 民間シェルターにインタビュー調査を実施した.

（1）コロナ渦で DV が増えた背景は何か.

　DV が増えたわけではなく，もともとあった家庭内暴力が，コロナで顕在化された. 仕事が在宅勤務になり，夫が常時，家に居るようになったことが，女性や子どもに対しての暴力の増加のきっかけである. 今までは，夫が昼間は仕事に行っていたから，多少の暴力や暴言があっても，我慢できたが，緊急事態宣言が発令されているコロナ渦では，夫は家でテレワーク，子どもは学校が休校で自宅学習. そのような状況のなかで，「音を立てたら夫に怒鳴られた」や，「じっと，音をたてないようにして子どもと息をひそめている.」という相談が寄せられた. 緊急事態宣言下で，子どもを外に遊びに連れ出すこともできないし，逃げることもできない. 相談するにも，夫に見つからないように相談をしなければならないから，来所相談や電話相談も困難な状態となった. それでも，何とか，相談に結びついて，コロナ渦に，子どもを連れて逃げてきた女性はたくさん存在した.

（2）DV 被害の相談先

　内閣府男女共同参画局のホームページを検索すると，DV 相談ナビ[2]と，DV 相談プラス[3]の 2 種類の相談先が紹介されている. 2 種類とも，現在も運用中（2022 年 12 月 14 日現在）であり，どのように違いがあるかを説明しておきたい.

a　DV 相談ナビ[2]

　DV 相談ナビは，DV 防止法が制定された，平成 13 年 4 月から，運用していた公的機関の電話相談システムである. このシステムは，電話相談（＃ 8008）に電話をかけると，相談者の最寄りの都道府県，または市区町村の，配偶者暴力相談支援センターに電話が転送される. 電話での相談後，必

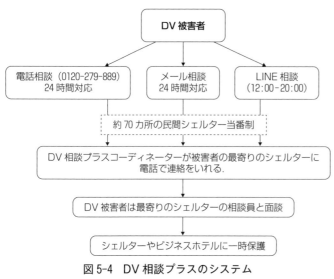

図5-4　DV相談プラスのシステム

出典：筆者作成.

要であれば，面談や一時保護，同行支援も行ってくれる．このシステムは公的機関であるため，一時保護になった場合は，都道府県が運営をしている婦人保護施設で過ごすことになり，規則がある（共同部屋や，食事の時間や入浴の時間も決められていることや，ペット不可など）．しかし，公的機関であるため，無料で過ごすことができる．

2020年4月16日に日本全国に緊急事態宣言が発令した時は，DV相談ナビへの相談件数が，1年前の同時期の2019年4月の相談件数の1.3倍になり，都道府県，市区町村の配偶者暴力相談支援センターは，どこの地域も，飽和状態になった.[4]

b　DV相談プラス[3]

DV相談プラスは，コロナ渦のなか，DV相談ナビだけでは飽和状態になり，DV被害者の救済が難しい状態になっていることを鑑みてNPO法人全国シェルターネットが，新しいDV相談システムの計画書を，内閣府に提出をした.[5] 全国シェルターネットの具体的な提案が，2020年4月20日から，「DV相談プラス」という名称で開始された.[4]

DV相談プラスは，全国シェルターネットに加盟している，約70カ所の民間シェルターが相談を担当し，支援をしているシステムである．DV相談プラスに係る費用は，すべて政府からの資金で運営される．

DV相談プラスのコーディネーターを任された相談員へのインタビュー調査を元に，筆者がDV相談プラスの模式図を，**図5-4**のように示した.[6] DV相談プラスは24時間の電話相談の他，メール相談，LINE相談，10カ国語の外国語相談も24時間体制である．民間シェルターでDV支援を専門にしている人たちが対応するため，的確な判断が可能である．DV被害者が電話，メール，LINEで相談を入れると，被害者の最寄りの民間シェルターに連絡を入れる．そして，同行支援，保護，緊急の宿泊提供（民間シェルターまたは，ビジネスホテル）も，政府からの補助金で，行うことができるようになった．さらに「つなぎ支援」という，DV被害者が，自立をしていくための支援まで，DV相談プラスは支援をする．このシステムは現時点（2022年12月）でも，継続ができている．

参考文献・資料

[1] 湯澤直美. 女性への相談支援の必要性——コロナ渦の経験からの考察. 学術の動向. 17-23, 2022.5.

[2] 内閣府男女共同参画局. DV 相談ナビ.〈https://www.gender.go.jp/policy/no_violence/dv_navi/index.html#dv_navi〉(2023 年 1 月 7 日アクセス).

[3] 内閣府男女共同参画局. DV 相談プラス.〈https://soudanplus.jp/〉(2022 年 12 月 14 日アクセス).

[4] Tomoko Suga. Response to Domestic Violence During the COVID-19 Outbreak in Japan. Violence and Gender, 8(3) 129-132, 2021.〈https://doi.org/10.1089/vio.2020.0043〉(2022 年 12 月 15 日アクセス).

[5] NPO 法人全国シェルターネット.〈https://nwsnet.or.jp/ja/〉(2022 年 12 月 15 日アクセス).

[6] Tomoko Suga. Protecting women: new domestic violence countermeasures for COVID-19 in Japan. Sexual and Reproductive Health Matters, 29(1), 464-466, 2021.〈https://doi.org/10.1080/26410397.2021.1874601〉(2022 年 12 月 15 日アクセス).

　コロナ禍の自殺と予防対策

反町吉秀

（1）コロナ禍における自殺の動向

　2010 年から減少を続けていた日本の自殺者数は，コロナ禍に見舞われた 2020 年に 2 万 1081 人となり，前年と比較して 912 人 (4.5%, 自殺統計) 増え，11 年ぶりに増加に転じた．女性の自殺者は 7026 人となり 935 人 (15.4%) 増加し，男性の自殺者数は 1 万 4055 人となり 23 人減 (0.2%減) と，ほぼ横ばいであった．また，未成年者の自殺者数も 777 人となり，118 人 (17.9%) 増加した．そのうち児童生徒の自殺は，499 人と過去最多を記録し，100 人 (17.0%) 増加した．日本の自殺者数は，2021 年には 2 万 1007 人 (自殺統計) と微減したものの，2022 年には，2 万 1584 人 (自殺統計速報値)，と再び増加に転じた．

（2）コロナ禍における女性や子ども・若者の自殺者増の背景

　コロナ禍における感染予防のための人的交流の制限は，従来の対面相談や訪問などによる支援を困難にした．加えて，感染予防対策に多くの人手が取られ，自治体は自殺予防対策の人材配置に支障をきたすこととなった．コロナ禍以前から自殺ハイリスクであった人々は従来の支援を受けることが難しくなり，更にリスクが高まったと推察される．また，緊急事態制限による人的交流の制限や営業制限は，飲食店や宿泊業に従事する非正規労働者の就労数やシフト数を著しく減らし，その影響は女性の方が大きかった．コロナ禍は，これまで自殺リスクが高くなかった人々をハイリスクに追い込んだと推察されている．また，ステイホームの呼びかけの中で，リモート授業やリモートワークが増えたことは，家庭内の緊張や葛藤を高め，自殺のリスクを高める方向に作用したとも言われる．その傍証として，DV 相談や子どもの虐待の相談件数は増加した．また，2021 年 4 月に実施された全国約 2 万人を対象とした自殺意識に関する調査により，1 年以内の自殺念慮を持った人の割合が，15〜19 歳では男性が約 11%，女性が 21%と高い割合を示していた．[1]　国立成育医療研修センターが実施した子どものこころの実態調査では，小学校 5-6 年生の 9%，中学生の 13%に，中等症以上のうつ症状があるとの結果が得られている．[2]　コロナ禍での自殺リスクの高まりが，若い世

代で特に顕著であることが示された．なお，世界における自殺と自殺企図へのコロナ禍の影響に関する systematic review によっても，家庭内の葛藤や暴力，経済的損失，不安やうつ，コロナ禍前のメンタルヘルスの状態が，考慮されるべきとされている[3]．また，2020 年に起きた有名女優の自殺報道では，報道前 2 週間の自殺者数と比較し，報道後 2 週間の自殺者数は，男性が 119 人（22.5%），女性が 147 人（51.6%）増加した．コロナ禍での自殺者増の一部は，有名人の自殺報道が影響していることが示唆された[4]．

（3）コロナ禍における自殺対策

政府は，コロナ禍に伴う 2020 年 4 月の緊急事態宣言発令に対応し，雇用環境の悪化に対応するため，コロナ禍の影響により，事業活動の縮小を余儀なくされた場合に，雇用維持を図るために，雇用調整（休業）を実施する事業主に対して，休業手当などの一部を助成する雇用調整助成金を導入した．また，失業，休業，シフトの減少に伴う急激な収入の減少に見舞われた人たちに対して，生活困窮者自立支援法に基づく住居確保給付金の要件緩和や生活福祉資金の特例貸し付けを実施した．また，2020 年 12 月には，厚生労働大臣（当時）が，生活保護の申請は国民の権利であり，生活保護が必要な状況であれば，ためらわずに申請するよう促すとともに，扶養照会等の要件緩和に踏み込む記者会見を行い，厚生労働省のホームページに同じ趣旨の記述を掲載した．これらの政策は，コロナ禍による生活困窮により自殺リスクが高まる人に対する国レベルでの自殺対策とも言えよう．

自治体レベルでは，新型コロナウィルス感染症対応地方創生臨時交付金，地域自殺対策強化交付金，同二次補正予算等を活用し，オンライン・電話の総合相談会の開催，自治体間の連携による SNS 相談やフリーダイヤル電話相談，女性，若者，働く世代等の自殺対策，支援者の支援，新型コロナ感染者の支援などが行われた自治体があった．長野県では，ハイリスクの子どもの把握と「子どもの自殺危機対応チーム」による対応困難ケースの個別支援・人材育成に取り組む，極めて先進的な取り組みが実施されている[5]．

（4）今後に求められること

数百万人に及ぶ生活福祉資金利用者の貸付金償還が 2023 年 1 月から開始した．もともと返済が困難なため，返済が免除されている住民税非課税世帯以外に，貸付金の返済が困難な人たちが相当数いると想定される．2022 年に自殺者が再び増加に転じていること，子ども・若者の自殺者数が増加傾向を継続していることなどから，適切な自殺対策なしでは，自殺者数は更に増加することも危惧される．したがって，新たな自殺対策大綱（2022 年 10 月閣議決定）に基づき，すべての自治体が，自殺対策の政策的優先順位を高め，地域の自殺の実態にあった自殺対策計画の改定を行い，効果的な自殺対策に取組むことが求められている．

参考文献・資料

[1] 日本財団．第 4 回自殺意識全国調査 2021 年 8 月〈https://www.nippon-foundation.or.jp/app/uploads/2021/08/new_pr_20210831_05.pdf〉（2023 年 2 月 28 日アクセス）．

[2] 国立成育医療研究センター. コロナ禍における思春期のこどもとその保護者のこころの実態調査報告書. 2022 年 3 月 23 日発刊，同年 6 月 15 日修正〈https://www.ncchd.go.jp/center/activity/covid19_kodomo/report/CxCN_repo.pdf〉（2023 年 2 月 28 日アクセス）.

[3] Malshani P, Nandasena H et al. Impact of the COVID-19 pandemic on suicidal attempts and death rates: a systematic review. *BMC Psychiatry*. 2022 Jul 28; 22(1): 506.

[4] 厚生労働省. 第 2 章第 3 節新型コロナウィルス感染症の感染拡大下における自殺の動向. 令和 3 年度版自殺対策白書：57-98. 2021.

[5] 厚生労働大臣指定法人　いのち支える自殺対策推進センター. コロナ禍における自殺対策の取組事例. 2020.

7　コロナと交通事故

市川政雄

　コロナ禍で私たちの移動や行動は制限された. 国内ではじめて新型コロナウイルスの感染者が確認されたのは 2020 年 1 月 16 日，その後 1 カ月あまりが経過した 2 月 27 日には全国の小中学校，高校に一斉休校が求められた. その後，東京オリンピック・パラリンピックの延長が決まり，4 月 7 日には新型インフルエンザ等対策特別措置法に基づき緊急事態宣言が 7 都府県に初めて発出された. この法律は，新型インフルエンザや新型コロナのような全国的にまん延するおそれのある新感染症に対する対策を強化・実施するために制定されたものである.

　緊急事態宣言を機に，不要不急の外出を控えるよう強く要請されるようになり，それに伴いステイホームやテレワークが推奨され，学校ではオンライン授業が導入されるようになった. そのような新しい生活様式や行動制限は人びとの移動や行動に変化をもたらし，交通事故の発生に影響を及ぼしたかもしれない. 例えば，人びとの外出機会が減り，経済活動が停滞すれば，交通量は減り，交通事故も減りうる. 一方，交通量が減れば，車はスピードを出しやすくなり，重傷な交通事故が起こりやすくなるかもしれない. また，感染のリスクを減らすため，公共交通の代わりに自転車や徒歩での移動が増えれば，交通弱者の被害が増えるかもしれない. さらに，感染症の見えない先行きに不安やストレスを抱え，それによって睡眠のリズムが崩れたり，飲酒量が増えたりすれば，それが交通事故の発生に寄与する可能性もある. いずれも交通事故の発生に寄与する要因として知られており，それらの要因がコロナ禍で大きく変化したとしたら，それが交通事故の発生に影響したかもしれない.

　はたして，わが国ではコロナ禍で交通事故の発生動向に変化はあったのだろうか. 2010 年 1 月 4 日から 2020 年 9 月 6 日までに全国で発生した交通事故による死亡（事故後 24 時間以内の死亡）データを週ごとに分析した研究によると[1]，国内で新型コロナ感染者がはじめて確認された 2020 年 1 月以降，例年と比べ，交通事故死者数が少ない週はあったものの，ほとんどの週で平年並みであった（交通事故死者数の観察値は統計学的にみて期待値の範囲内にあった）. 緊急事態宣言が出された 7 都府県に限った分析でも同様の結果がみられた. 一方，2010 年 1 月から 2020 年 5 月までに全国で発生した，運転者が第 1 当事者の交通死亡事故の月次データを分析した研究によると[2]，速度超過違反による交通死

亡事故はそれ以外の交通死亡事故に比して，緊急事態宣言下の４月に増えていた（観察値が期待値の範囲を超えていた）．しかし，緊急事態宣言が続いた５月には増えていなかった．

　日常の交通手段，要請された行動制限，感染拡大の経済への影響は地域によって異なるため，コロナ禍の交通事故の発生動向には地域差があったかもしれない．しかし，交通量や交通手段に比較的大きな変化があったと考えられる，緊急事態宣言が発出された７都府県において，交通事故の発生が平年並みであったことを考えれば，コロナ禍の人びとの移動や行動の変化は，交通事故の発生に大きな影響を及ぼすほどではなかったのかもしれない．

　新型コロナの感染拡大が私たちの生活に大きな影響を及ぼしたことは間違いない．しかし，交通事故に関しては感染拡大前と比べ，上述の研究で検討した感染拡大初期においては大きな変化がなかった．私たちは感染拡大の影響をともすれば感覚的に解してしまいがちであるが，その影響を緩和する対策を講じる際にはデータに基づく状況理解が大切といえよう．

参考文献・資料

[1] Nomura S, Kawashima T, Yoneoka D, Tanoue Y, Eguchi A, Gilmour S, Hashizume M. Trends in deaths from road injuries during the COVID-19 pandemic in Japan, January to September 2020. Inj Epidemiol. 7:66. 2021.

[2] Inada H, Ashraf L, Campbell S. COVID-19 lockdown and fatal motor vehicle collisions due to speed-related traffic violations in Japan: a time-series study. Inj Prev. 27:98-100. 2021.

終　章
地域におけるセーフティプロモーションが
持続可能であるためには

反町吉秀

要　約
　本章では，地域における様々なセーフティプロモーション（safety promotion）活動が持続可能となる条件について論じる．まず，セーフティプロモーション発祥の地，スウェーデンにおける発展の経緯とそこに見出される持続可能であるための促進要因を振り返る．次に，傷害予防の研究とセーフティプロモーションの実践のギャップをめぐる指摘について触れる．次に，コクランレビューによるセーフコミュニティ活動のアウトカムに対する評価とそれに対応した国際的動向について触れる．最後に，セーフティプロモーション活動の持続可能であるためのカギが，行政，住民，研究者が，お互いの視点や価値観を相互理解の上，協働することにあることについて論じる．

キーワード
セーフティプロモーション，持続可能性，コクラン共同計画，相互理解

1　はじめに

　自治体レベルでのセーフティプロモーション活動に取組むセーフコミュニティ活動では，認証を取るまでのプロセスでは求心力が生じやすい．しかし，認証を取得した後も，住民参加で多職種協働の取組みが求心力を維持し，持続可能な発展を遂げることは容易ではない．なぜなら，いつまでも，safety を改善する仕組みができたというだけでは，活動の動機付けは持続しないからである．それでは，活動が持続可能となる条件は何なのか，それが本章のテーマである．

　セーフティプロモーション活動が継続されるには，関係者の積極的な関与に基づく協働が形骸化せず機能し続ける必要がある．そのためには，関係者それぞれに対する動機づけが行われる必要がある．動機づけとしてまず挙げられるのは，活動によりアウトカムが改善すること，すなわち，事故，暴力，自傷行為による深刻な傷害や死亡，犯罪被害等が，その地域で減少することである．そこで，次項ではそのための条件について考察を始めることとする．

2　セーフティプロモーション活動により地域における傷害やそれによる死亡が減少するには？

　最初に，スウェーデンでのセーフティプロモーション活動の歴史を振り返ることにより，傷害やそれによる死亡の減少を促進する要因を考察する．スウェーデンでは 18 世紀には国レベルでの死亡統計が開始され，社会統計の整備を進められ，それに基づき社会的なニーズを判断し政策を作ろうとする基盤が創られた．このことは，セーフティプロモーション活動を進めるための地域診断と効果評価に必要となる傷害サーベイランスシステムの構築がなされやすい素地となった．また，スウェーデン各地でのセーフティプロモーション活動は，国立公衆衛生研究所による国レベルでのセ

ーフティプロモーション政策のサポートを受けていた（1985 年頃から 2000 年頃）ことも，その発展の重要な要素であった．また，活動により傷害を持続的に減少させることに成功したファルショッピング市，リードショッピング市やモータラ市では，カロリンスカ医科大学やリーンショッピング大学の専門家たちと政治家や行政とが，数十年にわたり継続して二人三脚で協働の取組みを進めてきた[1]．科学的根拠に基づく介入プログラムの採用やアウトカムの科学的評価を的確に行うという点で，専門家の継続的な関与は大きな利点があったと推定される．

　ところで，ハンソン，D らは，傷害予防の研究とセーフティプロモーションの実践の間に大きなギャップが生じ，活動によって傷害の減少に成功しない要因について，構造的分析を行い，次の 2点を挙げている[2]．ア）効能（efficacy）と効果（efficiency）のギャップ：一般に，良く制御された実験的条件では有効な予防介入は効能があると判定されるが，複雑な現実世界の設定で効果があるとは限らないのである．イ）傷害予防研究とセーフティプロモーションの実践のギャップ：地域におけるセーフティプロモーション活動などの公共政策は，介入するのに十分なコンセンサスを築く政治家や行政実務家により設定される．傷害予防の研究者の多くは，傷害を減少することに成功しないその主な原因を，科学的な研究成果が実務家に理解できるように適切に「翻訳」されていないためと考えている．そして，傷害予防の研究を施策化するプロセスや持続可能性，住民への影響については，傷害予防の研究者からは見逃されがちな点である．研究者が提示するセーフティプロモーションに関するエビデンスが，介入を政策化する権力を持つ人々によって自動的に受け入れられるわけではない[2]．一方，政治家や行政実務家は，コミュニティが問題を自分たちの問題として解決できるようにエンパワーすることによって達成されると考え，コミュニティにそのキャパシティがあるかどうかが，成功のカギとして重視する傾向がある[2]．

③　国内外の地域におけるセーフコミュニティ活動の現状は効果的で持続可能か？

　国内外の各地におけるセーフコミュニティ活動の現状をどう評価するかは，意見が分かれている[3][4]．21 世紀に入ってからのセーフコミュニティ活動は各地の事情を尊重することを大切にし，傷害予防の評価システムも含めたプログラムの企画・運用には柔軟な対応がなされてきた．そのことは，セーフコミュニティ活動が世界の様々な地域に適応され，活動が量的な拡大を遂げることに大きく寄与しているとして積極的に評価する立場もある[3]．しかしこのことは，他方でセーフコミュニティ活動を，専門家による持続的な支援に基づく厳格な効果評価を特徴とするファルショッピング市での実践モデルから遠ざけてしまい，効果的な傷害予防のマイナス要因とする評価もありうる[4]．

（1）コクランレビュー
　コクラン共同計画は，2005 年と 2009 年の 2 回，セーフコミュニティモデルの傷害予防に対する有効性に対して系統的レビューを行っている[5][6]．コクラン共同計画は，エビデンスに基づく医療を提

唱した専門家の国際的な協働により，人々がヘルスケアの情報を知り判断することに役立つことを目指す国際プロジェクトであり，それによるコクランレビューとは，エビデンスに基づくヘルスケアのもっとも高い基準として，国際的に認識されている．セーフコミュニティに関する2回目のコクランレビューは，世界のセーフコミュニティの中から，5カ国21のコミュニティに関する80の論文レビューを行い，認証を受けることと傷害発生率との間には，一貫した関係はないと結論付けている[6]．いくつかのセーフコミュニティでは著明な傷害発生率の減少を認めたが，他のセーフコミュニティではそうではなく，傷害発生率の減少効果に大きなばらつきがあることを指摘している．その原因として，モデルの実施アプローチの不均質性，活動や戦略の効能のばらつき，プログラムの実施強度のばらつき，評価における方法論的限界等を指摘している．そして，セーフコミュニティの認証指標が，標準的な活動方法や評価の方法論を処方するには，あまりに一般的に過ぎると批判したのである[6]．そして，様々なセーフコミュニティが，セーフコミュニティモデルをどのように実現化しているのかについての十分な記述が限られているため，どんな要因が成功に影響を及ぼすのかも不明確になっている，との指摘もしている[6]．

（2）コクランレビューに対する反響と反論

コクランレビューによるセーフコミュニティプログラムに対する否定的な評価に対して，世界のセーフコミュニティ活動のリーダーたちは危機感を募らせた．2010年に韓国水原市で開かれた第19回国際セーフコミュニティ会議では，評価と持続可能性に関するシンポジウムが開催された．プログラムが，実際に傷害やそれによる減少をもたらす効果を保証することをめざし，「認証基準をもっと厳しくすべき」，「再認証時の基準を厳しくすべきだ」，「認証されたセーフコミュニティに対して，介入効果の評価に関する科学論文投稿を呼びかけるべきだ」等の様々な意見が出された．議論の末のコンセンサスは，セーフコミュニティ活動が傷害による死亡やけがを実際に減らすためには，できる限りエビデンスのある予防プログラムを採用することと，しっかりとした評価システムを持つことの2点あった．そして，5年毎の再認証手続きが義務化されことになった．また，認証指標は，それまでの6つの指標に加え，「入手可能なすべての科学的根拠（エビデンス）に基づくプログラムの作成」という指標が追加された新しいものに改定された（2012年）．これらは，セーフコミュニティの認証を受けるコミュニティの傷害発生率を減少させる実効性をもたせるために実施された．

なお，追加された認証指標で述べられているエビデンスとは，質の確保された科学論文の蓄積によりその有効性が確認されていることを言う[7]．エビデンスが十分認められる予防対策の例は，WHOのサイトにも，代表的なものが列挙されている．ところが，改定された認証指標の5に書かれた「エビデンスに基づく」を，「データに基づく」と誤解している場合があるが，これは誤りである．

4 活動が持続可能となるカギは，視点の異なる行政，住民，研究者が相互理解して協働すること

　地域におけるセーフティプロモーション活動の持続可能性について考察するには，活動の意義についても，研究者，政治家，行政実務家，住民，民間団体の間で，認識が異なるかもしれない，というところまで遡って考えるべきである．

　傷害予防の研究者の立場からすれば，あくまで，事故，暴力による死亡や傷害が減少しなければ，活動には意義がないと思える．また，傷害予防の研究者は，人々の主観的思いである安心より，客観的なアウトカムで測定可能な指標（例．傷害発生率）で示される安全をより重視する傾向があるかもしれない．

　一方，政治家や行政実務家にとっては，まずは，国，都道府県の政策や，自らの自治体が掲げる政策との整合性が重要と考えるかも知れない．また，地域の様々な関係者が協働して安全・安心な取り組みを行うプロセスで生じるつながりや仕組みそのものの存在に，活動の主たる存在意義があると考えるかもしれない．また，安全より安心をより重視するかもしれない．

　他方，住民や民間団体にとっては，地域における safety にかかわる問題全体がどうなるかということより，自分が直接関与する問題の解決や改善が，活動により果たされたかどうかが重要と考える可能性がある．

　活動の存在意義についてさえ，このように大きな見解の相違が存在するかもしれないことに思いを馳せ，お互いを理解する姿勢と努力が，活動が持続可能であるための前提となると考えられる．なお，セーフティプロモーション活動の持続可能性については，別稿にて[8]，より詳細な検討を試みているので，興味のある人はそちらも参照して欲しい．

参考文献・資料

[1] Svanström L. It all started in Falköping, Sweden: Safe Communities - global thinking and local action for safety. Internationl Journal of Injury Control and Safety Promotion 19: 202-208, 2012.

[2] Hanson D, Finch C, Allegrante J, Sleet D. Closing the gap between injury prevention research and community safety promotion practice: revisiting the public health model. Public Health Reports 127: 147-155, 2012.

[3] 白石陽子．世界におけるセーフコミュニティ活動の歴史と展開．日本健康教育学会誌 18(1)：42-49，2010.

[4] 反町吉秀．日本におけるセーフコミュニティの展開．日本健康教育学会誌 18(1)：51-62，2010.

[5] Spinks A, Turner C, Nixon J, McClure RJ. The 'WHO Safe Communities' model for the prevention of injury in whole populations (Review). Cochrane Database of Systemic Reviews 2005, Issue 2.

[6] Spinks A, Turner C, Nixon J, McClure RJ. The 'WHO Safe Communities' model for the prevention of injury in whole populations (Review). The Cochrane Library 2009 Issue 3.

[7] Svanström L, Haglund B. *Evidence-based safety promotion and injury prevention- An introduction.* Karolinska Institutet, Department of Public Health Sciences, Stockholm, Sweden, 2000.

[8] 反町吉秀．WHO 推奨セーフコミュニティ活動の国際展開，評価と今後―効果的かつ持続可能な発展のために―．日本セーフティプロモーション学会誌 7(1)：11-19，2015.

索　引

執筆者一覧（執筆順）

衞藤　隆 （えとう　たかし）	東京大学 名誉教授	序章，第3章第1節，第5章序
今井博之 （いまい　ひろゆき）	いまい小児科クリニック 院長	第1章第1節，第2章第1節
反町吉秀 （そりまち　よしひで）	青森県立保健大学大学院 教授	第1章第2節，第2章第8節，第5章6，終章
桝本妙子 （ますもと　たえこ）	元 同志社女子大学 特任教授	コラム1
市川政雄 （いちかわ　まさお）	筑波大学医学医療系 教授	第1章第3節，第5章7
稲坂惠 （いなさか　めぐみ）	元横浜市栄区役所 セーフコミュニティ事業担当	コラム2
鈴木隆雄 （すずき　たかお）	桜美林大学大学院 教授	第2章第2節
岡山寧子 （おかやま　やすこ）	同志社女子大学 特任教授	コラム3
木村みさか （きむら　みさか）	京都府立医科大学 名誉教授	第2章第3節
吉中康子 （よしなか　やすこ）	（特非）元気アップAGEプロジェクト副理事長，元 京都先端科学大学 特任教授	コラム4
中原慎二 （なかはら　しんじ）	東京通信病院救急総合診療科 主任部長	第2章第4節
後藤健介 （ごとう　けんすけ）	大阪教育大学 准教授	第2章第5節
石附弘 （いしづき　ひろし）	日本市民安全学会 会長，元官房長官秘書官	コラム5，第5章1
松野敬子 （まつの　けいこ）	（一社）いんふぁんとroomさくらんぼ 代表理事，神戸常盤大学非常勤講師	第2章第6節
辻龍雄 （つじ　たつお）	つじ歯科クリニック 院長，（特非）山口女性サポートネットワーク理事	第2章第7節
境原三津夫 （さかいはら　みつお）	元 新潟県立看護大学 教授，SUBARU健康保険組合太田記念病院医師	コラム6，第5章2
徳珍温子 （とくちん　あつこ）	大阪信愛学院短期大学 教授	コラム7，第2章第11節，第5章3
山根俊恵 （やまね　としえ）	山口大学大学院 教授，（特非）ふらっとコミュニティ理事長	第2章第9節
西岡伸紀 （にしおか　のぶき）	京都女子大学 教授，元 兵庫教育大学 教授	コラム8
生越照幸 （おごし　てるゆき）	弁護士法人ライフパートナー法律事務所 弁護士	第2章第10節
渡邊能行 （わたなべ　よしゆき）	京都先端科学大学 教授，京都府立医科大学 名誉教授	第3章第2節1
山内勇 （やまうち　いさむ）	畑野町自治会長，元亀岡市セーフコミュニティ認証担当課長	第3章第2節2
新井山洋子 （にいやま　ようこ）	とわだセーフコミュニティをみんなですすめ隊 顧問	第3章第2節3
倉持隆雄 （くらもち　たかお）	厚木市セーフコミュニティ総合指導員	第3章第2節4
藤田大輔 （ふじた　だいすけ）	大阪教育大学 教授	第4章
後藤厳寛 （ごとう　たけひろ）	日本文理大学 教授，大阪大学大学院 招聘教授	第5章4
須賀朋子 （すが　ともこ）	酪農学園大学 教授	第5章5

《編者紹介》

日本セーフティプロモーション学会

本会の活動趣旨は，事故や事件などによる外傷は予防できるという基本理念のもと，行政，市民，企業など様々な主体が協働し，安全に安心して暮らせるまちづくりを進めていこうとするものです．事故，暴力および自殺を予防するセーフティプロモーションに関する学術研究・活動支援等を行い，市民の安全・安心に寄与することを目的としています（会則第2章第3条）．

改訂版　セーフティプロモーション
——安全・安心を創る科学と実践——

| 2019 年 9 月 30 日　初版第 1 刷発行 | ＊定価はカバーに |
| 2023 年 6 月 30 日　改訂版第 1 刷発行 | 表示してあります |

編　者　日本セーフティ
　　　　プロモーション学会 ©

発行者　萩　原　淳　平

印刷者　田　中　雅　博

発行所　株式会社　晃　洋　書　房

〒615-0026　京都市右京区西院北矢掛町 7 番地
電　話　075 (312) 0788 番㈹
振 替 口 座　01040-6-32280

装丁　野田和浩　　　　　印刷・製本　創栄図書印刷㈱

ISBN978-4-7710-3770-0